U0807119

国家科学技术学术著作出版基金资助出版

农田土壤-作物系统过程模型及应用

胡克林　梁　浩等　著

科学出版社
北　京

内 容 简 介

本书对农田土壤-作物系统过程模型（WHCNS）的基本原理、构建方法、功能特点及其应用进行了较全面的介绍，主要包括：WHCNS 模型中的土壤水分运动、热传导、碳氮循环过程和作物生长发育过程模拟；PEST 参数自动优化工具与 WHCNS 模型的耦合过程；土壤水力学参数的快速获取方法；模型在农田水肥优化管理、地下水动态模拟中的实际应用案例，以及在水稻覆膜栽培和暗管排水等方面的拓展应用。本书具有多学科交叉和系统性强的特点，为我国农田土壤-作物系统过程定量化研究提供了一个强有力的工具。

本书可供农业生态学、土壤学、植物营养学、环境科学、农学、农业气象与资源环境信息技术等专业领域的科研人员、大专院校师生及相关管理部门参考。

图书在版编目 (CIP) 数据

农田土壤-作物系统过程模型及应用/胡克林等著. —北京：科学出版社，2019.8

ISBN 978-7-03-061912-9

Ⅰ. ①农… Ⅱ.①胡… Ⅲ. ①农田–土壤–植物系统–过程模型–研究 Ⅳ. ①S154.4

中国版本图书馆 CIP 数据核字(2019)第 150906 号

责任编辑：李秀伟　闫小敏 / 责任校对：严　娜
责任印制：赵　博 / 封面设计：北京铭轩堂广告设计有限公司

科学出版社 出版
北京东黄城根北街 16 号
邮政编码：100717
http://www.sciencep.com
北京凌奇印刷有限责任公司印刷
科学出版社发行　各地新华书店经销
*
2019 年 8 月第 一 版　开本：B5 (720×1000)
2025 年 1 月第四次印刷　印张：14 3/4
字数：297 000
定价：128.00 元
(如有印装质量问题，我社负责调换)

前　言

粮食安全、资源高效利用与生态环境保护是当前我国农业生产面临的重大问题。要解决这些问题就需要从生态学的角度对我国农田土壤-作物系统中的各个过程进行量化，模型无疑是解决该类问题最有效的方法之一。国外学者对土壤-作物系统模型的研究已经有半个多世纪的历史，并且建立了一些比较成熟的土壤-作物系统模型，主要有 EPIC、CENTURY、WOFOST、DAISY、DNDC、APSIM、RZWQM、DSSAT、WNMM、HYDRUS-1D、AquaCrop 等模型。由于各模型构建的功能侧重点和假设条件不同，都具有各自特定的适用范围，大部分模型使用困难、维护性和移植性差，不适用于我国的气候、土壤、环境条件及农业管理特点。而国内在这方面的研究起步较晚，其中研发的模型以农田水分、水盐、水氮管理、作物生长等方面的居多，缺少系统性和综合性，不能适应当前我国高度集约化的农业生产特点。因此，迫切需要构建适合我国气候、土壤、环境条件和农艺管理措施的土壤-作物系统过程模型。

本书作者及其科研团队先后在教育部长江学者和创新团队发展计划项目"土壤-作物系统中的过程模型与应用"（IRT0412）、973 计划项目"主要粮食作物高产栽培与资源高效利用的基础研究"（2009CB118607）、863 计划项目"华北平原不同耕作方式对土壤水热氮过程影响的定量模拟技术"（2007AA10Z217）、国家自然科学基金项目"荒漠绿洲砂质土壤硝酸盐淋失特征及水肥动态优化管理模式"（41171184）、国家重点研发计划项目"化肥农药减施增效的环境效应评价"（2016YFD0201200）和"农田氮磷淋溶损失污染与防控机制研究"（2016YFD0800100）等多个项目的资助下，吸收和借鉴了国际上相关知名模型的原理方法，并结合我国的气候、土壤、环境及农业管理特点进行了改进与完善，构建了农田土壤-作物系统过程模型 WHCNS（soil water heat carbon nitrogen simulator）。该模型适用于我国高度集约化的农业生产系统，能够用于模拟不同农田管理措施（灌溉、施肥、耕作、栽培、轮作、秸秆还田等）下土壤-作物系统中水热运动、氮素去向、有机质周转、温室气体排放和作物生长发育等过程。同时针对当前模型应用中的"瓶颈"问题（参数获取及校准），对土壤水力学参数获取的最新方法及 PEST 模型参数的自动优化过程进行了介绍，极大地方便了用户的使用。

本书对 WHCNS 模型的基本原理进行了较为系统的阐述，并提供了其在多方面应用的实际案例。全书由胡克林教授主持编写并统稿。第 1 章，介绍了土壤-

作物系统模型的国内外研究进展及发展趋势（由胡克林、梁浩撰写）；第 2 章，详细介绍了农田土壤-作物系统过程模型 WHCNS 的构建方法原理及其功能特点（由梁浩、胡克林撰写）；第 3 章，应用来自国际模型会议的公共数据库对 WHCNS 模型进行了校验，并将该模型模拟效果与国际上 14 个功能类似模型的模拟效果进行了比较（由梁浩撰写）；第 4 章，对 WHCNS 模型进行了参数敏感度分析及模拟结果不确定性分析（由胡克林、梁浩撰写）；第 5 章，对快速获取土壤水力学参数的一种新方法进行了介绍（由陈冲撰写）；第 6 章，介绍了 PEST 参数自动优化工具及其与 WHCNS 模型的耦合过程，并结合实际案例对耦合模型使用效果进行了评价（由梁浩撰写）；第 7～9 章，主要是应用案例，分别介绍了 WHCNS 模型模拟不同地区、水肥与栽培管理组合模式、不同种植模式下土壤-作物系统中的水分运动、氮素去向及作物生长发育过程，并对水肥管理措施进行了合理优化及对地下水资源可持续性进行了评价（分别由胡克林、李周晶、梁浩撰写）；第 10 章，根据水稻覆膜旱作的特点，对 WHCNS 模型的水分运动和热传导过程进行了改进，并应用田间试验数据对改进后的模型进行了模拟效果评价（由梁浩撰写）；第 11 章，根据暗管排水的特点，将 DRAINMOD 模型的水文过程与 WHCNS 模型进行了耦合，并结合实际案例对耦合模型模拟的农田水分运动、氮素流失及作物生长过程进行了效果评价（由梁浩撰写）；第 12 章，提供了 WHCNS 用户手册（由胡克林、梁浩撰写）。

本研究团队的陈冲、李周晶、刘海涛、张鸿渊、彭希、王玉华等研究生先后参加了野外田间试验和数据收集整理工作，特此感谢。同时要感谢加拿大麦吉尔大学齐志明副教授提供的暗管排水案例数据。

由于作者水平有限，书中存在不足之处在所难免，敬请专家、学者和有关管理部门同志批评指正。

作　者

2019 年 4 月

目　录

第1章 绪 论

1.1 引 言

中国是一个人口大国，目前面临着耕地不断减少、水资源短缺、环境污染日益严峻的问题。长期以来中国粮食增产多依赖于水肥资源的大量投入，这不仅使中国粮食生产成本剧增，而且加大了对环境的威胁。在过去的几十年中，中国用仅占世界总量6%的淡水资源和9%的耕地资源养活了占世界22%的人口。但是水肥资源严重短缺，其中水资源最为严峻，有资料统计，我国每年人均水资源量仅为 2200 m^3，是全世界平均值的 25%，其中农业用水占到了总水资源利用量的 70%，而中国农业灌溉水输水效率仅为 52%，远远低于发达国家的 70%～80%，提高农业水资源利用效率是确保中国粮食安全的重要方式（Kang et al.，2017）。在肥料利用方面，中国的化肥消费量巨大，2012 年总量为 5838.8 万 t（约 430 kg/hm^2）（国家统计局，2014），联合国粮食及农业组织（FAO）官方数据显示中国 2010 年氮肥和磷肥的施用量分别为 278.4 kg/hm^2 和 134.5 kg/hm^2，排在世界的前十位，而美国仅分别为 70.7 kg/hm^2 和 23.9 kg/hm^2（FAO，2014）。中国的粮食产量在过去的 30 年里增加了 1.7 倍，而化肥投入量增加了 3.9 倍，每年平均增加 4.6%（Zhang et al.，2015）。我国为世界上最大的化肥消费国，但肥料的利用效率很低，有研究显示我国主要粮食作物（水稻、小麦和玉米）氮肥、磷肥和钾肥的利用效率分别为 10.8%～40.5%、7.3%～20.1%和 21.2%～35.9%。而发达国家的氮肥利用效率可达 70%～80%（张福锁等，2008）。在我国的一些地方，50%以上的氮肥以气体的形式损失，5%～10%通过淋失损失了（FAO，2002）。

农业水肥资源投入量大而利用效率低，在我国引发了一系列的环境问题，并威胁着人类健康。其中水源污染方面最为严重，从 2005 年以来农业超过了工业成为水污染最主要的来源，44%的化学需氧量、57%的氮素和 67%的磷素来源于农业，成为水体富营养化和地下水硝酸盐污染的主要驱动力（Gu et al.，2013）。中国主要的 10 个河流水系的 1200 条河流中有 850 条受到了不同程度的污染，4880 个湖泊总面积达 83 400 km^2，占国土面积的 0.8%，对其中 131 个主要湖泊的富营养化状态研究显示，约 50 个湖泊处于富营养化状态（Sun et al.，2012）。有调查结果显示，44.36%的农村饮用水不能达到健康饮用水标准，随着饮用水源被有害化学物质污染，亿万农村居民无法获得干净的饮用水（Jiang，2010），其中肥料和杀虫剂的大量使用是发生水体污染的重要原因（Zhang et al.，2015）。地下水情况也不容乐观，环境保护部（现为生态环境部）对中国 198 个城市的 4929 个地下水观测站进行了分析，发现 57.3%的地下水遭到不同程度的污染，仅 42.7%观测站的水质较好（SEPA，2013），其中农业土壤贡献了总硝酸盐淋失量的 50%，但对农田硝酸盐淋失的规律还没有很好的认识（Gao et al.，2016）。在中国，地下水提供了 20%的水总供应量（Qiu，2011）。以硝酸盐污染的地下水作为饮用水会危害人体健康（常常诱发天生缺陷和癌症）（Burow et al.，2010；Davidson et al.，2012）。同时，肥料投入量大还会引起温室气体的大量排放，从 2007 年开始，农业已经成为甲烷（47%）和氧化亚氮（74%～81%）等温室气体排放的主要来源（Gu et al.，2012）。另外，大量的氮肥投入导致了氨挥发（95%由施肥导致）、大气污染和土壤酸化（Guo et al.，2010）。许多学者认为当前我国的农业发展模式有较大的提升空间，若走可持续发展路线，需要一种系统解决方案来平衡农业生产和环境代价。

针对我国农业水肥资源浪费严重的问题，从农田系统的角度来看，需要大力提高农田水肥资源利用效率，这就要求对土壤-作物系统的物质循环与能量转化规律有较好的认识，而由于受到我国复杂的土壤、气候、作物条件和传统种植模式的制约，仅仅依靠单纯的田间试验来解决上述问题，不仅费时费力、耗资大，而且得到的结果具有一定的片面性和局限性，大大限制了成果的推广应用，已经很难满足区域决策制定的需要，而在这方面土壤-作物系统模型表现出了明显的优势，它可为农业系统管理决策分析和政策制定提供强有力的科学依据。

1.2 国内外土壤-作物系统模型研究进展

1.2.1 土壤-作物系统模型的发展

国内外学者对土壤-作物系统模型进行研究已经有半个多世纪的历史，早在 20 世纪 60 年代初国外学者已经开始对农业中的过程和功能进行研究，许多经典过程模型一直沿用到现在，如水流运动模型（Brooks and Corey，1966）、土壤溶质运移模型（Biggar and Nielsen，1962）、蒸腾模型（Monteith，1965）、植物生长模型（de Wit et al.，1970）等。自 20 世纪 70 年代以来，随着节水农业的不断深入，从土壤-作物-大气连续体（SPAC）出发，建立了两类模型，一是以土壤水分运动和平衡原理为中心，建立了从简单的水均衡模型到复杂的水动力学机理模型（Gardner，1960；Feddes and Zaradng，1978），并逐步应用于农田作物灌溉管理（Ahuja et al.，1999）。此类模型在模拟土壤水分运动和作物根系吸水方面的机理性较好，在模拟作物生长和蒸腾作用与土壤水分有效性的关系方面较差，且基本不考虑地上部作物生长及光合作用对地下部根系生长和吸水的影响。二是以作物生长模型为中心，研究作物生长发育和耕作栽培措施，特别是土壤水分条件对作物生长的影响。此类模型在模拟作物对水分吸收方面一般运用水均衡法模拟根层土壤水分运动及平衡，对根系吸水及水分在土壤中运动模拟的机理性较差。20 世纪 90 年代后，随着 SPAC 系统理论研究的深入，同时计算机的计算能力增强，使得建立复杂的土壤-作物系统模型成为可能，国外学者先后建立了一些比较成熟的土壤-作物系统模型，包括 EPIC（William et al.，1984）、CENTURY（Parton et al.，1987）、WOFOST（Penning et al.，1989）、DAISY（Hansen et al.，1990）、DNDC（Li et al.，1992）、DSSAT（Tsuji et al.，1994）、HERMES（Kersebaum，1995）、APSIM（McCown et al.，1996）、RZWQM（Ahuja et al.，1999）、WNMM（Li et al.，2007）、HYDRUS-1D（Šimůnek et al.，2008）、AquaCrop（Steduto et al.，2009）等。

由于构建的模型侧重点不同，各模型都具有各自的假设和应用条件，如 HYDRUS-1D 基于一系列的偏微分方程和动力学方程联合求解，参数较多，物理意义明确，已经在水盐运动及农药、重金属和病原微生物等污染物运移等方面进行了广泛的应用，但由于田间条件复杂，HYDRUS-1D 中的动力学过程均没有考虑环境因素的影响，如氨挥发与土壤 pH 的关系、反硝化作用与土壤含水量和质地等的关系，这使得 HYDRUS-1D 很难运用于农田尺度下的氮素转化模拟；同时，该模型没有考虑作物生长发育过程，不能用来优化水肥管理措施。最近有学者将 HYDRUS-1D 模型与 WOFOST 进行了耦合（Zhou et al.，2012），但仅用来研究水循环过程，未考虑碳氮循环过程。DAISY 模型是一个较为系统的动力学模型，最初用于定量化评价农家肥对土壤-作物系统的影响，考虑了碳氮循环过程和各种管理措施（秸秆、农家肥等）对模型输出的影响，并耦合了 MIKE SHE 水文模型实现了区域化（Styczen and Dtorm，1993），虽然其碳氮模块被后来的许多模型所引用，但其输入输出文件复杂，没有用户交互式友好界面，影响了模型的推广运用，至今实际应用并不多见。RZWQM 模型是一个综合的土壤-作物系统模型，首先由美国农业部于 1992 年发布，之后经过 20 多年的发展，其功能不断扩展，目前包括有土壤水模块、溶质运移模块、农药模块、碳氮循环模块、氮肥管理模块、作物生长模块、暗管排水系统等，并耦合了 DSSAT-CERES 作物模型（Ma et al.，2006）和 SHAW 能量平衡模块（Flerchinger et al.，2000）；模型允许设置多种农业管理措施和多种情景模式，包括施肥方式、灌溉方式、有机与无机肥料、农药、耕作方式、暗管排水系统等，但主要适用于美国粗放管理模式下的作物生长过程，未考虑一些高度集约化的栽培管理措施（如覆膜、高密度种植等）。DNDC 是基于农田水平衡的一款土壤-作物系统模型，在温室气体排放和有机质动态模拟方面处于国际领先地位，但是其作物生长模型过于简单，对作物叶面积指数和干物质动态的模拟能力较差（Li et al.，1992）。WOFOST 和 DSSAT 模型拥有强大的作物数据库（Penning et al.，1989；Tsuji et al.，1994），在作物管理决策方面有优势，但是这两个模型对土壤水碳氮过程考虑得比较简单。澳大利亚的 APSIM 模型近年来发展较快，它的特点是允许将描述农业系统中关键组成部分的独立模块（模型开发者开发、使用者选择）“插入”到平台中，可以用来预测不同气候、品种、土壤和管理因素下的作物产量，同时可分析长期水资源管理问题。APSIM 模型具有很好的软件框架结构，通过中心模拟引擎与其他模块进行沟通，模块可以采用混合语言编程，用户可以在不同的模拟中选择不同的模块组合配置 APSIM（McCown et al.，1996）。这种处理方法吸引了多个国家农业、灌溉、土壤等不同领域、不同机构的专家按照该平台提供的标准开发相应的模块，并无缝地连接到该平台上，有效地避免了该领域的代码重复。

在我国这方面的研究起步较晚，发表的模型以水氮管理方面的居多，其中黄元仿和李韵珠（1996）建立了小麦与玉米地水氮联合运移模型；张瑜芳等（1997）和唐昊冶等（2006）分别建立了稻田土壤氮素的转化迁移模型；李保国等（2000）建立了农田水分运动与作物生长耦合模型。在耦合国外模型方面，胡克林等（2007）将 HYDRUS-1D 模型与 PS123 作物模型耦合用于农田土壤的水氮优化管理；王相平等（2011）将 HYDRUS-1D 模型与 EPIC 作物模型耦合，建立了土壤水氮迁移转化与作物生长耦合模型，并将其运用到北京通州区的冬小麦水氮管理中；Zhou 等（2012）将 HYDRUS-1D 模型与 WOFOST 作物模型耦合对农田灌溉进行了优化；徐旭等（2013）将 SWAP 水盐模型与 EPIC 作物模型耦合，实现了土壤融化期的水盐运动模拟；朱焱等（2016）将 EPIC 作物模型与土壤氮素迁移转化模型耦合，成功模拟了作物生长过程中的土壤水氮迁移转化过程。上述模型虽然在一定程度上能够分析农田土壤水分溶质（盐分、污染物等）的去向，实现土壤水氮的优化管理，但是在描述土壤碳氮循环过程方面机理性比较差，不能适应当前中国广泛推广的保护性耕作措施和有机无机肥料配施的农业技术特点。因此，迫切需要研发适合我国气候环境条件和农艺管理措施的土壤-作物系统模型。

1.2.2 土壤水和作物生长过程模拟

表 1-1 列出了目前使用较为广泛的土壤-作物系统模型的基本信息，从国家来看，模型研发以西方研究机构为主，其中美国和欧洲模型数量最多。这些广泛使用的土壤-作物系统模型均是建立在一维土壤水平衡或水动力学方程基础之上的，模拟尺度以农田尺度居多，其中 HYDRUS-1D 模型是完全机理性的动力学模型，模拟尺度较小，研究对象多为实验室多孔介质，各个参数有明确的物理学意义，可以灵活设置最小时间步长从秒到年（表 1-1）。其余大多数模型运行步长为天，可以在天尺度上输出模型数据，其中 CENTURY 模型较特殊，主要关注土壤有机质的周转过程，由于有机质在短期内变化不大，其周期相对较长，故模拟的最小

时间步长为月（表 1-1）。

表 1-1 主要土壤-作物系统模型的基本信息

地区	模型	主要机构	时间步长	参考文献
美国	CERES	Texas A & M University	天	Jones and Kiniry，1987
	EPIC	USDA-ARS	天	William et al.，1989
	CENTURY	Colorado State University	月	Parton et al.，1987
	DNDC	University of New Hampshire	天	Li et al.，1992
	DSSAT	University of Hawaii，and University of Florida	天	Tsuji et al.，1994
	RZWQM	USDA-ARS	小时至天	Ahuja et al.，1999
	HYDRUS-1D	University of California Riverside	秒至年	Šimůnek et al.，2008
欧洲	WOFOST	Wageningen University，Netherlands	天	Penning et al.，1989
	DAISY	The Royal Veterinary- and Agricultural University，Denmark	天	Hansen et al.，1990
	HERMES	Leibniz Centre for Agricultural Landscape Research，Germany	天	Kersebaum，1995
	CANDY	Helmholtz Centre for Environmental Research，Germany	天	Franko et al.，1995
	SWAP-ANIMO	Wageningen University，Netherlands	天	Kroes et al.，2000
	SPACSYS	Rothamsted Research	天	Wu et al.，2007
菲律宾	ORYZA2000	International Rice Research Institute，and Wageningen University	天	Bouman et al.，2001
澳大利亚	APSIM	CRISO	天	McCown et al.，1996
	WNMM	University of Melbourne	天	Li et al.，2007
联合国	AquaCrop	FAO	天	Steduto et al.，2009

根据模型开发时研究对象的不同，现有土壤-作物系统模型的模拟对象主要围绕着三个核心：土壤水、作物生长和土壤有机质。模型系统中土壤水的模拟主要是土壤水分运动（入渗和再分布）与水分蒸散过程（蒸发和根系吸收），不同的模型采用的方法有所不同（表 1-2）。其中，水分动态模型分为土壤水平衡模型和土壤水动力学模型，土壤水平衡模型以土壤田间持水量和萎蔫系数分别作为土壤水分渗漏阈值和根系吸水阈值，WOFOST、DSSAT、DNDC 等模型采用土壤水平衡方法。这类模型输入参数和计算均较简单，在计算时不存在数值不收敛问题，在一些情况下也可以达到动力学模型的模拟精度（胡克林等，2004），但是该类模型一般无法计算土壤各层之间水分的再分布过程，对边界条件的表述比较单一，对于边界条件复杂的环境很难运用（Huang et al.，2001）。土壤水动力学模型是建立在达西定律和连续方程基础上的 Richards 方程，该方法的参数均具有明确的物理意义，但数量较多，HYDRUS-1D、DAISY 等模型基于此方法。动力学模型中土

壤溶质的运移多采用对流-弥散方程（DAISY、HYDRUS-1D 等），而溶质与土壤的吸附-解吸过程常用等温吸附曲线来描述（HYDRUS-1D 等）。这类模型可以灵活设置土壤的边界条件，适用条件较广，但由于解析解很难获得，一般采用数值解，导致计算量大，且存在数值不收敛和数值弥散等问题，特别是当边界条件变化大和土壤存在异质性时（杨德军，2009；陈研等，2005）。RZWQM 模型采用一种折中的办法，水分入渗过程使用了改进的 Green-Ampt 模型，而土壤水分再分布使用 Richards 方程，该方法解决了土壤水分计算时的数值不收敛问题，同时能适应较复杂的边界条件（Ahuja et al.，1999）。

表 1-2　主要土壤-作物系统模型的土壤水、参考蒸散、作物模型、氮素转化和土壤有机质模拟方法

模型	土壤水	参考蒸散	作物模型	氮素转化	有机质
CERES	水平衡	Priestley-Taylor	专门的，动态的	MIDN	
EPIC	水平衡	Ritchie	通用的，动态的	MIDF	
CENTURY	水平衡	经验方法（Empirical）	通用的，简单的	MIDV	5 库
DNDC	水平衡	Thornthwaite	通用的，动态的	MIDNV	4 库
DSSAT	水平衡	Priestley-Taylor/ Penman-Monteith	专门的/通用的，动态的	MIDNFV	3 库
RZWQM	动力学	Shuttleworth- Wallace	专门的/通用的，动态的	MIDNFV	6 库
HYDRUS-1D	动力学				
WOFOST	水平衡	Penman	通用的，动态的		
DAISY	动力学	Penman-Monteith	通用的，动态的	MIDNV	6 库
HERMES	水平衡	Turc-Wendling/Haude	通用的，动态的	MDNV	2 库
CANDY	水平衡	Wending	通用的，简单的	MIDN	6 库
SWAP-ANIMO	动力学	Penman-Monteith	通用的，动态的	MIDNFV	4 库
SPACSYS	动力学	Penman-Monteith	通用的，动态的	MIDNFV	4 库
ORYZA2000	水平衡	Penman/ Priestley-Taylor/Makkink	特殊的，动态的	MIDNV	
APSIM			可插拔式模块		
WNMM	水平衡	Penman-Monteith	通用的，动态的	MIDNV	5 库
AquaCrop	水平衡	Penman-Monteith	通用的，动态的		

注：/为可选的；M 为矿化；I 为固持；D 为反硝化；N 为硝化；F 为作物固氮；V 为氨挥发

对于蒸散的计算，如表 1-2 所示，不同土壤-作物系统模型的参考作物蒸散计算方法有所不同，常用的计算方法有 Penman-Monteith 方程（Allen et al.，1998）、Priestley-Taylor 方程（Priestley and Taylor，1972）、Shuttleworth-Wallace 方程（Shuttleworth and Wallace，1985）等。其中大多数土壤-作物系统模型采用了 Penman-Monteith 方程，如 DAISY、SWAP-ANIMO、SPACSYS、WNMM 和 AquaCrop

模型；RZWQM 模型使用了 Shuttleworth-Wallace 方程；CANDY 模型使用的是 Wending 方程等。此外有些模型可以选择多种计算方法，如 DSSAT 可以使用 Priestley-Taylor 方程或 Penman-Monteith 方程；ORYZA2000 可选 3 种不同的蒸散算法。这些计算方法中，除了 CENTURY 模型采用了经验方法，其他方法均基于能量平衡理论，CENTURY 由于是输入月尺度的气象数据，模型中直接采用了经验比例系数来表示实际蒸散量占降雨量的比例（Parton et al.，1987）。计算出参考作物蒸散量后，大多数模型采用了作物系数的方法将其换算为实际作物的潜在蒸散量，最后使用叶面积指数（CERES、DNDC、WNMM 等）或者植物覆盖度（AquaCrop）将潜在蒸散量分为潜在蒸腾量和潜在蒸发量两部分（Penning et al.，1989；Tsuji et al.，1994）。将潜在蒸腾量输入作物根系吸水模型，作为计算作物实际根系吸水的最大值。绝大多数模型均使用根系实际吸水量与作物潜在蒸腾量的比值来作为作物生长水分胁迫因子，而作物的实际蒸腾量则作为水分运动方程的源汇项或者水平衡方程的平衡项输入土壤水模型来影响土壤水分的运动。土壤实际蒸发量由土壤表层的含水量和潜在蒸发量决定，潜在蒸发量在动力学模型中往往作为 Richards 方程的上边界条件（HYDRUS-1D、DAISY 等）用来计算土壤的实际蒸发量。例如，HYDRUS-1D 模型需要输入土壤表层大气条件下的最低基质势，将土壤表层较湿润时潜在蒸发速率作为其第二类边界条件输入，土壤表层基质势达到设定的最低值时，表层则变为第一类含水量边界（Šimůnek et al.，2008）。而在水平衡模型中则是将蒸发过程分成不同的阶段（Steduto et al.，2009），使用不同的计算公式来表述，如 AquaCrop 模型将土面蒸发分为两个过程，第一个过程是当土壤表层较湿润时，这时实际蒸发量由潜在蒸发量决定；第二个过程是当土壤表层较干燥时，则实际蒸发量由土壤下层土壤对表层土壤补给能力决定（Dirk et al.，2009）。DSSAT 模型土面蒸发的计算与 AquaCrop 模型相似，也将土面蒸发分为两个阶段，但在计算第二阶段的蒸发量时有所不同，因为第二阶段实际蒸发量小于潜在蒸发量，导致地表热量损失变小，模型假设此时作物冠层吸收的热量大于第一阶段，从而将土壤潜在蒸发量与实际蒸发量的差值加入到作物的潜在蒸腾中，提高潜在蒸腾量（Tsuji et al.，1994）。而 WNMM 模型采用的方法相对简单，将土壤的潜在蒸发量使用指数递减函数从土壤表层到底层依次分配，实际蒸发量由不同层次土壤实际含水量和分配的潜在蒸发量共同决定（Li et al.，2007）。在 DNDC 模型中将蒸发过程使用一个分段函数来描述，当土壤表层（0～20 cm）含水量高于田间持水量时认为实际蒸发量等于潜在蒸发量，而当土壤含水量在田间持水量和萎蔫系数之间时蒸发量使用线性递减函数描述，即当土壤含水量达到萎蔫系数时蒸发量为零。

在作物分类方面，根据不同的研究目的，作物模型可有多种分类方法，Kersebaum 等（2007）将作物模型分为三类（表 1-2）：①简单经验作物模型，这类作物模型一般用指数或者经验方程描述作物的生长发育过程，往往局限于当时的研究条件，普适性较差，如CENTURY、SWAP、CANDY模型中采用的生长发育过程；②大多数的土壤-作物系统模型采用通用的动态作物模型，这类模型往往从光合有效辐射出发，考虑光、温、水和养分等的胁迫，描述光合作用及干物质的积累、分配和转化过程，主要有WOFOST、EPIC、DAISY等模型；③为了详细描述特定作物的生长发育过程，研究者根据不同作物的生长发育特点构建了特定作物的生长发育模型，如CERES用于模拟谷类作物、ORYZA2000适用于水稻，而CROPGRO多用于模拟豆类作物的生长发育及产量形成。在作物模型研究方面，美国的作物模型以CERES系列模型（Jones and Kiniry，1987）为代表，它是专门针对麦类作物开发设计的作物生长发育模型，后来耦合入DSSAT-CSM（Tsuji et al.，1994）平台，已经在作物生产决策管理、水肥优化管理、环境影响评价、气候变化研究等方面得到了广泛应用。在欧洲，荷兰作物模型先驱De Wit带领的瓦格宁根大学（Wageningen University）学派开发了SUCROS、MACROS、ORYZA、WOFOST等模型，被许多土壤-作物系统模型引用，对作物模型的发展产生了深远的影响。该学派开发的模型种类较多，强调模型机理，特点是随着环境胁迫因子逐渐复杂将作物的模拟分为不同的生产力等级，如光温生产潜力，而水分胁迫下的作物生产潜力，考虑水氮胁迫的作物生产潜力等，根据环境条件的不同逐层考虑环境胁迫因子，从简单到复杂（van Ittersum et al.，2003）。值得注意的是，由澳大利亚联邦科学与工业研究组织（CRISO）主导开发的APSIM模型发展很快（McCown et al.，1996），其提供了一个可以链接各种作物模型与土壤水模块、碳氮转化模块、管理模块的平台，内部已经嵌套了几十种作物模型，包括玉米、小麦、水稻、大麦等，在农田管理措施评价、环境评价、最佳作物基因型选择和气候变化研究等方面都有所运用，其可插拔式的模型构架可能在今后多学科交叉研究与模型综合评价方面发挥重要作用。

1.2.3 土壤碳氮循环过程模拟

大多数土壤中，有机质的含碳量在55%～60%（吕贻忠和李保国，2006），故土壤有机碳模型也可以称为土壤有机质（SOM）模型；而土壤中的有机碳循环与有机氮循环具有紧密的联系，可以通过碳氮比来建立两者之间的关系，关于土壤碳氮循环模型的研究是从土壤SOM模型研究开始的。SOM模型经历了由静态模型向动态模型、由单有机库向多有机库结构、由经验模型向机理模型发展的阶段。土壤碳氮循环是一个动态循环的过程，是一个连续的系统。为了建立在计算机上可运行的碳氮循环模型，必须将连续过程离散化，每一个离散单元可看作一个静态碳氮循环模型，离散化过程就是根据不同的需求设置模型运行的步长。例如，

CENTURY 模型（Parton et al.，1987）步长为一个月，可用来长期模拟几十年或更长时间段内 SOM 的动态（Shaffer et al.，2010）；而大多数的模型（DAISY、RZWQM、EPIC 等）步长为 1 d，可用来模拟作物一个生育期或者一年内土壤碳氮动态。多数碳氮循环模型都将 SOM 进行了分组，这些分组中一部分为活性的有机质库，它的相对分解转化速度较快；另一部分则是稳定的有机质库，它的相对分解转化速度较慢。如表 1-2 所示，不同的模型对土壤有机库的分组有所区别，库的数量从 2 个到 6 个不等。通常使用零阶、一阶动力学或者米氏动力学方程对各个有机质组分的周转进行模拟，而有机质各库的转化和分解过程受土壤温度、水分等因素控制，不同的模型使用不同的函数校准动力学常数。

土壤碳氮循环模型中使用最广泛的是 CENTURY、DAISY 和 DNDC 模型。CENTURY 模型将有机质总共分为 5 个库，将地表的残茬分为结构性库（慢）和代谢库（快），分配的原则是基于作物残茬中木质素与氮素的比值不同；土壤中有机质分为活性库（active）、慢性库（slow）和惰性库（passive）。活性库主要由微生物、微生物代谢产物及土壤中易分解有机质组成，具有较短的周转周期；慢性库由物理和化学性质相对稳定的，有较长周转周期的有机质组成，周转周期可达几百上千年（Parton et al.，1987）。DAISY 模型将有机质分为 3 个主库：土壤有机质库（soil organic matter，SOM）、微生物库（microbial organic biomass，BOM）和添加有机质库（added organic matter，AOM）。每个主库又划分为一个快库和一个慢库，快库（AOM2、BOM2 和 SOM2）有较短的周转周期和较快的分解速率，慢库（AOM1、BOM1 和 SOM1）的分解速率则相对较慢。模型中所有子库的分解都采用一阶动力学方程描述，SOM1、SOM2 和 BOM1 有机质库的分解考虑土壤温度、水分和黏粒含量的影响；AOM1、AOM2 和 BOM2 有机质库的分解考虑土壤温度和含水量的影响（Hansen et al.，1990）。DNDC 模型有机质库的划分较为复杂，总体上分为地表、地下两部分，共分为 8 个库，库之间的转换也较为复杂，考虑作物品种、土壤水分、土壤温度、耕作方式、黏粒含量、木质素含量的影响。每种库有各自的碳氮比和相对分解速率。其中的分解子模型和脱氮子模型最具特色，分解子模型用于计算分解、产生 CO_2 的速率、硝化作用速率和氨的挥发量；脱氮子模型用于计算土壤中脱氮速率、N_2O 和 N_2 的产生量。湿地生态系统 DNDC 模型最初用于山地条件，在原有 DNDC 模型基础上，通过量化垂向和横向水流量，模拟了土壤氧化还原电位（Eh）对土壤碳和氮过程的影响扩展而来（Li et al.，1992）。

大多数土壤中，土壤氮素主要以有机态形式存在，无机态的氮只占土壤总氮量的 1%左右（Hansen et al.，1990）。虽然无机态的氮含量相对很小，但它是土壤氮循环的重要环节，主要通过矿化、固持、硝化、反硝化、挥发、植物吸收等过程来影响土壤氮循环，所以建立土壤无机氮定量化模型是土壤-作物系统模型过程模拟的重要环节。土壤氮素转化的模拟是土壤-作物系统模型评价氮素去向的基础，土壤中的氮形态多种多样，有机氮主要存在于土壤有机质中，这些项可以相互转化，如通过硝化作用，铵态氮可转化为硝态氮，而微生物的矿化作用和固持作用又能使氮素在有机态与无机态之间相互转化，在土壤溶液中矿质氮和可溶性有机质是氮素转化的来源。为了系统地模拟土壤氮素转化过程，需要对各个氮素转化过程定量化，各模型使用的方法不尽相同，表 1-2 列出了各个模型主要刻画的氮素转化过程，各方法从机理性和适用性方面可分为两类：第一类以 HYDRUS-1D 模型为代表，它可以系统地描述土壤中各个溶质组分的分解、相互转化及物理吸附过程，将土壤分为固相、液相和气相 3 相，其中每一相都可以使用零阶、一阶动力学方程描述分解及物质之间的相互转化，其中固相与液相之间使用通用的等温吸附曲线，而气相与固相之间使用线性吸附方程（Šimůnek et al.，2008），HYDRUS-1D 模型通过一系列具有物理基础的化学反应方程来联合求解，但是此类模型参数较多，且没能考虑转化过程中土壤基本理化性质，如质地、pH、Eh 等对动力学常数的影响，给田间实际应用带来了困难。第二类模型则在田间具有较强的实用性，以 DNDC、RZWQM、WNMM 等模型为代表，这些模型通过选择合适的校准因素（温度、含水量、黏粒含量等）来调整动力学常数，并且根据具体的物理化学特征简化了反应链，使得模型输入参数较简单并保有一定的物理意义。

土壤氮循环包括矿化、固持、硝化、反硝化、氨挥发、生物固氮、植物吸收等过程。从模拟的氮素转化过程来看（表 1-2），不同的模型描述的氮素转化过程不尽相同，如 DSSAT、RZWQM、SWAP-ANIMO 和 SPACSYS 模型描述的氮素转化过程较全，包括矿化、固持、硝化、反硝化、作物氮固定和氨挥发；而 EPIC、CANDY 模型无法模拟氨挥发；HERMES 模型缺少氮固持过程。当然，一些模型由于侧重点不同并不能模拟氮素转化过程，如 WOFOST 主要作为通用作物生长模型来模拟植物生长发育，AquaCrop 模型是 FAO 开发的基于土壤水过程的模型，均缺少了氮素转化过程（表 1-2）。在土壤氮循环中氮素的矿化和固持是两个相反的可逆过程，影响氮素矿化和固持的因素很多，包括有机态氮的降解速率、土壤微生物的生长和死亡速率、微生物对有机质的利用效率、各个有机组分的碳氮比等，DAISY 和 WNMM 等模型并不区分这两个过程，而是采用了净矿化率来描述，正值代表净矿化作用，负值代表净固持作用。土壤-作物系统模型中铵态氮硝化过程的模拟主要使用 3 种动力学方程（零阶、一阶动力学和米氏动力学）描述，并用土壤温度、水分、pH 等环境信息来校验动力学参数。CENTURY 模型以月为步长，模拟硝化的意义不大。在 DAYCENT 模型（以天为步长的 CENTURY 模型）中，假定硝化速率正比于土壤氮素的周转速率（Parton et al.，1996）。DAISY、CANDY 和 CERES 模型中都使用米氏动力学方程描述硝化过程。反硝化过程是土壤硝态氮在厌氧微生物作用下还原的过程，还原产物会以 N_2O 和 N_2 的形式释放到大气中。在 CERES 模型中，土壤的反硝化过程在土壤含水量超过某个上限时才会发生。DAISY 模型中将反硝化过程表述为简单的指数模型，土壤中微生物可吸收的硝态氮含量和微生物的活性决定了土壤反硝化速率。当表层土壤中氨含量较高、pH 较大时，会导致大量土壤氮素以氨气的形式排入大气，氨挥发作用多采用动力学方程描述，然后使用上述校准因子来校准，如在 RZWQM 模型中使用了一阶动力学方程描述氨挥发过程，速率系数的修正考虑表土层与空气之间 NH_3 的压力差、温度和风速三个因素（Ahuja et al.，1999）；EPIC 模型模拟了整个土壤剖面中氨挥发过程，而不仅仅是表土层；在 CENTURY 模型中，假定氨挥发量是矿质化氮总量的 5%（Parton et al.，1987）。对于植物吸氮，其过程与植物生长、根系密度分布、土壤水分运动、土壤溶质运移、碳氮动态有密切关系，上面任何过程模拟有误都会影响植物吸氮过程的正确模拟。RZWQM 模型中，用植物生长的子模块来评估植物各个生长阶段的氮素需求量，植物根系以蒸腾为驱动力来吸收土壤中的无机态氮，植物根系密度决定了植物吸收氮素的土层范围，模型中采用了米氏动力学方程对根系吸氮进行模拟，模型假定植物含氮量达到一定标准时根系停止吸收氮素；DAISY 模型中也采用了类似的方法，但是在 DAISY 模型中假定根系优先吸收铵态氮，而在 RZWQM 模型中没有优先顺序；CENTURY 模型中根系吸氮量是由作物需氮量和氮素供应量决定的（Parton et al.，1987），作物需氮量根据作物模块中每月生物增长量和碳氮比的数据进行估算，氮素的供应量根据土壤氮浓度和根系生物量进行估算。

综上所述，目前土壤碳氮循环模型较多，然而国际土壤有机质研究网络（soil organic matter network，SOMNET）2003 年对 30 多个有机质模型评估的结果表明，各模型在其适宜条件下都能够达到相当高的模拟精度，但没有一种模型能广泛适用于各种气候带、生态系统和土壤类型。首先，对土壤碳氮循环的机理认识不够深入，很多过程仍采用经验公式，使得模型的普适性降低；其次，动力学参数的校验无法考虑所有的影响因素，对有机库的划分大多也是凭经验。随着人们对碳氮模型认识的逐渐加深，开发更具机理性的模型也是未来发展的方向。

由于我国的人口资源压力，农业生产模式有着自身的特殊性，加上复杂的土壤、气候、作物条件和传统的种植模式，上述的各个模型都有各自的侧重点，并不能完全满足我国水氮管理模拟的需求，如一些集约化的农田管理措施、保护性耕作、高播种密度、地表覆盖等。因此，迫切需要研发适合我国气候环境条件和农艺管理措施的土壤-作物系统模型。

1.3 土壤-作物系统模型应用现状

为提高农田生态系统的生产力和使环境影响最小化需要不断优化农田生态系

统的管理。由于模型可以使复杂农田生态系统中养分循环过程简单化和数字化，使复杂的管理明确化和具有预见性，因此无论从理论研究角度还是从管理实践角度上讲，模型都是一个分析和解决问题的良好工具。目前土壤-作物系统模型已经在作物产量预测、节水灌溉、农田水氮过程模拟、水肥优化管理、环境影响评价、作物生产决策管理、应对气候变化等方面得到了非常广泛的应用。国外学者早在20世纪60年代就开始对土壤-作物系统模型进行研究和应用，并且开发出很多模型，如HYDRUS-1D模型（Šimůnek et al.，2012）、EPIC模型（范兰等，2012）、LEACHM模型（Asada et al.，2013）、DNDC模型（Zhang and Niu，2016）、DAISY模型（Maharjan et al.，2018）、AquaCrop模型（孙仕军等，2017）、DSSAT模型（何文天，2017）、APSIM模型（Gaydon et al.，2017）、RZWQM模型（王风等，2008；Ahuja et al.，2014）等，在此不再一一赘述。本节主要叙述土壤-作物系统模型在国内的应用。另外，由于本书主要讨论的是农田水氮过程与作物生长耦合模型在玉米、小麦、水稻等粮食作物上的应用，因此本节就系统模型在三大作物的农田水氮管理、水氮利用效率评价、环境效应评价及作物生产决策管理方面的应用展开论述。

1.3.1 农田水氮过程、作物产量及水氮利用效率的模拟分析

农田水氮迁移转化过程及作物生长发育过程不仅受土壤、气候等外界条件的影响，而且受人为田间管理的影响更大。下面分别对水肥管理措施、耕作栽培措施、土壤理化性质和气象条件等影响因素进行叙述。

（1）水肥管理措施

水肥管理措施对农田水氮过程、作物产量及水氮利用效率的影响最大，因而各种模型在这方面的应用也最多。毛振强等（2003）以1997～2001年河北曲周冬小麦试验结果为依据，利用修正后的PS123模型对冬小麦的生产潜力、产量差、水分需求及合适的灌溉管理方案进行了系统分析。曹巧红和龚元石（2003）利用HYDRUS-1D模型研究了不同水肥处理下的冬小麦水氮运移，结果表明两种施肥处理的绝对产量均达到目标产量的95%以上，而优化水肥处理具有较高的氮素利用效率。姚凤梅等（2005）采用CERES-Rice模型在中国主要稻区开展应用研究，对模型模拟水稻产量和生物量等的能力进行了评价。Zhang等（2006）对华北平原的冬小麦-夏玉米轮作体系研究发现，最小化灌溉相比全灌溉可以提高作物产量和水分利用效率，而蒸腾量只是全灌溉的一半。Feng等（2007）使用ORYZA2000模型在河南省研究了水稻间歇灌溉技术，发现比传统处理灌溉量减少40%～70%，作物也能够维持与传统处理相同的产量。王晓凤（2005）应用DAISY模型模拟了

不同灌溉制度、施氮水平对冬小麦-夏玉米体系农田水氮利用效率的影响，指出不同的灌溉量、灌溉时间、施氮量对冬小麦的生长及产量形成和农田水分、氮素利用状况均有影响，并存在交互作用。高如泰等（2006）对黄淮海平原冬小麦生育期的土壤水氮利用效率进行了模拟分析，结果表明，水氮利用效率的空间分布在各地貌类型区差异明显。回归分析表明，水分利用效率与施氮量和日照时数呈极显著的正相关，而与降水和灌溉量、土壤饱和导水率（K_s）呈极显著的负相关；氮素利用效率与降水和灌溉量、日照时数呈极显著的正相关，与施氮量、K_s 呈极显著的负相关。Fang 等（2008）应用 RZWQM 模型研究了不同氮肥水平对华北平原冬小麦-夏玉米轮作体系的影响，结果表明，作物的产量不随着施氮量的增加而增加，但是土壤中残留的氮素量随着施氮量的增加而增加。Hu 等（2008）利用 SPWS 模型研究了内蒙古传统和优化水肥处理下春玉米种植体系的水氮利用效率，结果表明，优化水肥处理下的水氮利用效率均比传统处理的要高。王欢元等（2011）通过 WNMM 模型评价了华北平原北部不同水氮管理模式下的作物产量、农田水分和氮素去向及农田水氮利用效率等，结果表明，优化管理下的作物产量和水氮利用效率都高于农民习惯处理，并且其氮素损失率明显低于农民习惯处理。张芊和任理（2012）应用 RZWQM 模型对禹城试验站 9 种节水省氮的灌溉与施氮情景方案进行了模拟分析，得到了最佳的水肥管理方案。李艳等（2015）应用 RZWQM2 模型模拟了华北平原冬小麦-夏玉米轮作条件下的土壤水氮变化，结果表明在灌溉总量不变的条件下，当蒸发皿（20 cm）中的累计蒸发量达到 30～70 mm 时，是冬小麦-夏玉米轮作体系的最佳灌溉时间，不仅作物产量最高，而且氮素渗漏量和损失量较小。周始威等（2016）基于 RZWQM 模型对石羊河流域春小麦的灌溉制度进行了优化。Li 和 Sun（2016）利用 RZWQM2 模拟得出中国西北玉米种植区单次最佳灌溉时间为 6 月下半月和 7 月上半月。刘匣等（2017）利用 AquaCrop 模型模拟了覆膜条件下的冬小麦生长动态，发现覆膜处理的水分利用效率平均值较对照处理提高了 47.5%～54.1%。

（2）耕作栽培措施

保护性耕作技术在减少劳动量和节约能源、减少地表蒸发量与节约水资源、增加土壤有机质含量及改善土壤结构、减轻温室效应和硝酸盐对水体污染等方面都发挥了重要作用。在其对农田水氮运移及作物产量影响的评价方面，Xu 和 Mermoud（2003）利用 WAVE 模型研究了传统耕作、免耕和深翻下的水分平衡各组分，发现在通常气象条件下传统耕作和免耕下的水分平衡各组分类似，但与深翻下的水分平衡各组分有很大不同。王晓燕等（2003）建立了适用于保护性耕作的地表径流和土壤水分平衡模型，并用实测数据对模型进行了校验。李广等（2009）应用 APSIM 模型在黄土丘陵沟壑区对 3 种耕作措施（传统耕作、免耕和免耕覆盖）

下的作物产量及土壤水分动态变化进行了模拟。鲁向晖等（2010）应用 DSSAT 模型对豫西不同耕作方式下的冬小麦叶面积指数、产量和农田水分利用效率进行了模拟，发现深耕覆盖的作物产量和水分利用效率最高。丁晋利（2016）应用 DSSAT 模型评估了不同耕作措施（传统耕作、免耕和深松）对农田土壤水分、作物产量和水分利用效率的影响，结果表明，免耕较传统耕作能够显著提高冬小麦产量和水分利用效率，尤其在较干旱年份其增产效果更优。杨永辉等（2017）应用 DSSAT 模型模拟了豫西褐土区长期采用不同保护性耕作与土壤改良措施下夏玉米的生长过程、生物量及产量，发现保护性耕作处理的作物产量较常规耕作处理提高了 15.8%～24.7%。

在不同品种、播期、密度等栽培措施对农田水氮运移及作物产量影响的评价方面，姜志伟（2009）基于 DSSAT 模型对洛阳孟津地区的不同作物和不同栽培措施进行了综合分析，指出该地区高产冬小麦最佳播期为 10 月 5 日前后，密度在 250 株/m^2 左右为宜；夏玉米宜晚播，播期以 6 月 5～15 日最佳，密度在 6～8 株/m^2 为宜；夏大豆宜早播，播期在 6 月 5 日左右最佳，密度在 50～60 株/m^2 为宜；夏花生宜早播，播期以 6 月 5 日最佳，密植增产效应不明显，一般在 40～60 株/m^2 为宜。戴彤等（2015）对 APSIM 模型在西南地区的适应性分析表明，该模型对不同品种冬小麦的地上部生物量和产量模拟效果较好，并且较准确地反映了冬小麦生育期的进程。王娜等（2015）利用 APSIM 模型研究了华北平原冬小麦-夏玉米轮作系统中“夏玉米晚收-冬小麦晚播”种植模式对气候变化的适应性，发现在雨养和充分灌溉条件下，“两晚”模式下小麦均出现轻微减产，而玉米则大幅度增产，总体实现了作物产量增加，适应了区域气候变化。谈美秀等（2015）利用 APSIM-Maize 模型与统计模型相结合比较研究了河南省夏玉米最适播期的时空分布，为河南省夏玉米种植区播期的选择提供了参考。丁奠元等（2018）基于 RZWQM 模型提出，黄土高原旱区冬小麦适度晚播可以使冬小麦的生殖生长阶段处于更加温暖湿润的时期，有利于冬小麦灌浆期根系对氮素的吸收，促进了干物质向籽粒的转运和再分配，最终可提高冬小麦的产量和水分利用效率。

（3）土壤理化性质

除了土壤养分外，研究表明土壤质地、结构及土体构型等土壤物理性质是影响农田水氮迁移及作物产量的主要因素。毕经伟等（2003）应用 HYDRUS-1D 模型对黄淮海平原的主要土壤（黄潮土和风沙土）中水分与硝态氮的垂直运移规律进行了模拟分析，结果表明在农民传统水氮管理制度下，风沙土的渗漏量、硝态氮淋失量均高于黄潮土。习金根等（2004）研究表明，滴灌施肥条件下砂壤土氮素的淋失量明显高于黏壤土，且尿素与硝态氮肥料的淋失量相近，都明显高于铵态氮肥料。李久生等（2009）研究了层状土壤质地对地下滴灌条件下水氮分布的影响，发现上砂下壤层状土壤中砂-壤界面促进了水分的横向扩散而限制了水分的垂向运动，致使界面下部形成水分和硝态氮积聚区。He 等（2014）用 CERES-Maize 模型评估了雨养条件下不同质地土壤（粉壤土和黏土）对春小麦产量的长期影响，发现黏土的平均产量高于粉壤土，主要原因是在干旱年份黏土比粉壤土有更强的抗旱能力。He 等（2013）用 WNMM 模型评估了不同物理性质土壤剖面的水氮平衡和作物产量，发现土壤剖面性质对水氮及植物指标的影响较大，是精准农业管理中必须考虑的因素。肖庆礼等（2014）用 HYDRUS-1D 模型对黑河中游绿洲不同质地土壤的水分入渗与再分布进行了模拟，发现土壤下部黏土夹层对水分入渗具有明显的阻碍作用。刘海涛等（2015）运用 RZWQM2 模型对不同生产力水平（土壤结构、有机质含量、土体构型等性质明显不同）农田的水氮过程和作物生长过程进行了模拟，发现高产田具有较高的有效水储量，能矿化出更多的无机氮，作物受到的水氮胁迫小，是其获得高产的原因。Sun 等（2016）基于多年历史气象数据，利用 RZWQM2 模型模拟了不同土壤类型对旱地玉米产量和产量差的影响，研究表明土壤类型对旱地玉米产量和产量差均有较大影响，相关研究中应着重考虑土壤类型对作物生长的影响。

（4）气象条件

光温等气象要素或气候变化与作物生长及产量形成密切相关。文新亚和陈阜（2011）利用 DSSAT 模型模拟研究发现，河北石家庄地区不同冬小麦品种的光温生产潜力均随着历史年份的推移总体呈下降趋势。何亮等（2015）基于 APSIM-Wheat 模型对不同气候区和不同产量要求下的玉米参数敏感度进行了分析，发现春化指数、出苗到拔节期的积温和单位穗粒质量是影响产量最为关键的三个参数，该研究为 APSIM-Wheat 模型的参数校准提供了依据。姚宁等（2015）研究了分期（越冬期、返青期、拔节期、抽穗期和灌浆期）受旱条件下 DSSAT 模型对冬小麦产量指标和土壤水分的模拟效果，发现该模型较好地模拟了冬小麦的生殖生长，而营养生长阶段前期受旱，导致模型模拟效果较差。丁奠元等（2015）基于 RZWQM 模型提出了黄土高原旱区不同降雨年型下冬小麦稳产高产的氮肥管理策略。Zhu 等（2018）应用 APSIM 模型分析了华北平原 50 年（1960～2010 年）来小麦产量的变化，发现该地区小麦产量与每天最低温、太阳辐射、降雨量正相关，而与每天最高温负相关。

一些学者根据研究区的特点，利用模型预测了未来气候变化对不同轮作模式下冬小麦、玉米和黍子生长的影响，发现冬小麦-休闲轮作模式下冬小麦受未来气候变化影响不显著；冬小麦-玉米-休闲和冬小麦-玉米-黍子轮作模式下玉米与黍子受未来气候变化影响显著，产量和作物蒸腾量均呈现减少趋势；未来气候变化情况下，温度升高对作物生长的负面影响明显高于 CO_2 增加带来的正面影响（Piao et al.，2010）。孙宁和冯利平（2005）利用 APSIM-Wheat 模型对北京地区冬小麦的气候风险评估发现，当小麦的全生育期降雨量小于 100 mm，且缺水量大于 169.4 mm 时，小麦全生育期干旱严重，产量显著减少。李克南等（2012）基于 APSIM-Wheat 模型对华北平原冬小麦产量的时空分布进行研究，结果表明，气候变化中太阳总辐射下降和有效积温增加使得小麦生长时间缩短，最终导致冬小麦增产潜力下降。何文天（2017）应用 DSSAT 模型研究了气候变化对春小麦和玉米产量的影响，发现在 RCP4.5-2050s、RCP4.5-2080s、RCP8.5-2050s 和 RCP8.5-2080s 气候条件下，与基准线（1971～2000 年）相比，小麦产量分别增加了 8%、8%、11%和 15%，而玉米产量分别降低了 15%、25%、22%和 41%。张镇涛等（2018）基于 APSIM-Maize 模型分析了华北平原夏玉米适宜播期，发现随着年代的推移，夏玉米适宜播期呈现推迟趋势，自 20 世纪 80 年代以来，每 10 年推迟 3 d 左右。

1.3.2 农田氮素损失的环境效应模拟与评价

氮肥在过量施用的情况下，除一小部分通过微生物固持进入有机氮库外，其余大部分在土壤中以无机氮的形式残留，进而以各种形式损失到土壤-作物系统外。硝酸盐淋失、氨挥发和反硝化被认为是氮肥从土壤中损失的三个主要过程。有研究表明，我国主要粮食作物（水稻、小麦和玉米）的当季氮肥利用率约为 35%，氨挥发损失为 11%、表观硝化-反硝化损失为 34%（其中 N_2O 排放率为 1.1%）、淋失损失为 2%、径流损失为 5%，以及未知部分 13%（朱兆良，2008）。这些损失到环境中的氮素是导致地表水富营养化、地下水硝酸盐富集、大气污染及温室效应的重要因素之一，下面重点围绕模型在模拟硝酸盐淋失和气体损失方面的应用来叙述。

（1）硝酸盐淋失

首先，灌溉量和灌溉方式对农田氮素淋失具有直接影响。黄元仿等（1996）应用土壤水热氮联合运移模型对北京郊区一块冬小麦地的硝酸盐淋失进行了研究，指出高灌溉量处理的硝态氮淋失强度和深度明显高于低灌溉量处理。Wang 和 Huang（2008）的研究表明，增加灌溉量能够导致水分渗漏和氮素淋失的增加。在冬小麦季，硝酸盐淋失量与灌溉量成正相关关系。Hu 等（2010）利用 WNMM 模型定量模拟了内蒙古春玉米种植体系的砂质土中氮素淋失，发现传统灌溉处理的氮素淋失量约是优化灌溉处理的 2 倍。Tan 等（2015）发现在连续淹水灌溉方式下的稻田氮素淋失损失要高于其他灌溉方式。

其次，氮素淋失量除了与灌溉量有关以外，还与施肥量和土体无机氮累积量有关。Fang 等（2008）发现，当每季作物的氮肥用量从 300 kg N/hm^2 减少到 200 kg N/hm^2，不仅作物不减产，而且氮素淋失量减少了 60%。金梁等（2007）

应用 SPWS 模型模拟了北京郊区不同水肥管理对农田水氮运移的影响，结果表明，优化的水肥管理可以明显增加作物产量和减少水分渗漏及氮素淋失。一些研究指出，农民习惯的水氮投入量如果能减少 30%～60%，氮素淋失损失最多能减少一半以上（Hu et al.，2008；Fang et al.，2008；王欢元等，2011）。林立等（2011）模拟了华北平原高产粮区山东桓台 4 种不同施肥模式下土壤氮素的损失途径，结果表明在保证作物产量的前提下，优化施肥和施用缓控释肥均可以有效减少氮素淋失，提高氮素利用效率和保护环境。Long 和 Sun（2012）结合田间蒸渗仪数据，应用 WNMM 模型对我国亚热带红壤长期（2002～2009 年）施用猪粪农田的硝态氮淋失进行了模拟，探讨了该背景下施肥的环境安全阈值。Li 等（2015）使用 DNDC 模型探索了华北平原区域水氮管理与硝酸盐淋失空间分布之间的关系。沈仕洲等（2018）基于 RZWQM 模型评估了华北平原冬小麦-夏玉米体系下土壤硝态氮淋失，并且分别构建了土壤硝态氮淋失量与 1 m 土体内硝态氮残留量之间的函数关系。很多研究指出，氮肥优化管理可以显著减少氮素淋失，特别是考虑作物需求的氮肥管理措施有助于提高氮素利用效率和减少氮素淋失（Hu et al.，2008；Wang et al.，2010；王相平等，2011；薛长亮等，2015）。

此外，在华北平原冬小麦-夏玉米种植制度下，发现氮素的淋失过程主要发生在夏玉米生长季，这主要是由于夏玉米生长季出现强降雨和土壤中硝态氮累积量高（Fang et al.，2008；He et al.，2013；孙美，2014）。李桂花等（2013）利用 WNMM 模型估算了不同降雨和灌溉条件下河北曲周冬小麦-夏玉米体系的作物产量与农田氮素淋失状况，指出不同降雨年型的作物产量和吸氮量不同，再加上小麦季施肥量较大，土壤累积氮量会增加，当夏季遭遇强降雨或一次灌溉量较多时，氮素淋失量随降雨量呈指数急剧增加。高如泰等（2006）在黄淮海平原冬小麦生长期的模拟结果表明，土壤氮素淋失情况的空间分布在不同地貌类型区差异明显，并且 1 m 土体的氮素淋失量与灌溉和降水量、施氮量、土壤饱和导水率呈极显著的正相关。赵峥等（2016）基于 DNDC 模型模拟了稻田氮素淋失及其影响因素，发现施肥、降雨及土壤理化性质是影响稻田氮素淋失的主要因素，稻田氮素淋失量与土壤硝态氮含量成正比，而与土壤有机碳含量和黏粒比例成反比。

（2）气体损失

农田生态系统氮素气体损失主要通过反硝化和氨挥发两个途径，这两个过程产生的 N_2O 和氨气是环境影响评估的重要参考因子，农田管理方式、种植模式、土壤和气象条件都会影响这两个过程。夏文建等（2012）使用 DNDC 模型模拟了稻麦轮作体系中农田土壤氨挥发量和 N_2O 排放量，结果显示，土壤氨挥发量主要受氮肥品种影响，并随施肥量的增加而增加；而土壤 N_2O 排放量主要受温度、土壤 pH、土壤有机碳含量的影响。林立等（2011）利用 WNMM 模型模拟了山东桓台玉米田不同施肥模式下的氨挥发量，研究表明不同施肥模式下农田氨挥发损失量占总施肥量的 5%～34%，平均为 20.7%，其中缓控释肥处理显著降低了氨挥发量，有最小的损失率。杨士红等（2012）使用 DNDC 模型模拟了不同水氮管理条件下稻田的氨挥发，研究发现控制灌溉量和优化施氮量耦合作用较常规水肥管理的氨挥发量降低了 44.7%。薛长亮等（2014）利用 RZWQM2 模型模拟的结果显示，玉米季氨挥发损失量约占冬小麦-夏玉米周年总施氮量的 17.2%，并且随着施氮量增加，损失量也增加。

与氨挥发模拟研究相比，国内 N_2O 排放模拟方面的研究相对较多。例如，王效科等（2001）使用 DNDC 模型研究了中国农田土壤 N_2O 排放通量的分布格局，发现我国农田土壤 N_2O 排放通量有较明显的地区差异，西北地区较低，东南地区较高。全国存在 3 个 N_2O 排放量相对较高的中心：东南沿海、东北地区和川西地区。李虎等（2007）使用 DNDC 模型估算了河北省 111 个县市农业土壤 N_2O 排放量，发现全省释放的 N_2O 中有将近 40%来源于冬小麦-夏玉米轮作农田，因此建议 N_2O 减排措施应该集中在该地区的冬小麦-夏玉米农田开展。Li 等（2010）使用 DNDC 模型模拟了河北曲周冬小麦-夏玉米农田 N_2O 排放，研究表明土壤温度、初始土壤有机质含量、耕作及施肥方式均显著影响 N_2O 的排放，使用有机肥替代化肥或者秸秆还田可以有效抑制 N_2O 的排放。杨黎等（2014）使用 DNDC 模型模拟了不同施氮和秸秆还田措施对春玉米地 N_2O 排放的影响，结果表明优化施氮措施能够降低 N_2O 排放量，但降低幅度有限，在优化施氮措施的同时增加秸秆还田，能在保障春玉米产量的同时显著减少 N_2O 排放。田展等（2015）模拟了气候变化对水稻田温室气体排放的影响，发现气候变化导致全国水稻田 1991～2010 年的平均 N_2O 排放量比 1971～1990 年上升了 0.25 kg N/hm^2，同时降雨量增加会促进 N_2O 排放。邹凤亮等（2018）通过将 DNDC 模型与地理信息系统结合，评价了 3 种水稻轮作模式下稻田 N_2O 的周年排放特征，发现轮作模式显著影响 N_2O 的排放，其中不同轮作系统 N_2O 排放量由大到小的顺序为中稻-小麦>中稻-休闲>中稻-油菜。

1.3.3 农业生产决策管理

针对不同的种植制度，李军（1998）应用 DSSAT 模型综合评价了黄土高原典型地区各种种植模式的产量效应、资源利用效率和经济效益，分别选取了关中平原区、渭北高原区资源利用效率高、经济效益好的最优种植模式。姜志伟等（2009）基于 DSSAT 模型对河南洛阳孟津地区 6 种种植制度的 28 种种植方式进行了定量模拟和综合评价，认为该地区最佳种植制度为两年四熟（冬小麦-夏玉米—冬小麦-夏花生）和一年两熟（冬小麦-夏玉米）。针对不同的气候年型，Fang 等（2010）

应用RZWQM-DSSAT 模型模拟了华北平原小麦-玉米体系近40年(1961～1999年)的作物产量、水氮利用效率，制定了该种植体系的水氮管理优化方案。张芊和任理（2012）基于禹城试验站多年的气象数据，通过RZWQM 模型分析了多种灌溉和施氮组合方案对冬小麦-夏玉米轮作体系作物产量与水肥利用效率的影响，发现最优情景下，1985～2005 年冬小麦-夏玉米轮作体系的粮食产量可达到 10 302 kg/hm^2，水分利用效率和氮肥偏生产力可分别达到 1.40 kg/m^3 和 23.2 kg/kg。Liu 等（2011）用 DSSAT 模型模拟了 50 年持续玉米种植体系的作物产量和氮素循环，研究结果有助于进一步了解施肥措施对玉米产量及改良、退化土壤性质的长期影响效果。王文佳等（2013）利用 DSSAT 模型优化黄土高原南部关中地区多个降雨年型下冬小麦的灌溉制度，发现小麦季返青水对籽粒产量影响最大，其次是拔节水；干旱年、平水年和丰水年的最佳灌溉定额分别是 125 mm、75 mm 和 50 mm。王卫光等（2013）应用 ORYZA2000 模型模拟了水稻灌溉需水量对气候变化的响应，指出在未来气候条件下，相对淹水灌溉而言，间歇灌溉模式不仅可保持产量，减少灌溉量，而且具有很好的节水效果。邹龙（2014）基于陕西安塞 3 年的农田玉米试验数据对 DSSAT 模型进行了校验，并利用该模型模拟丰水年、平水年和枯水年情景，以及未来气候变化下不同灌溉、施肥措施对玉米产量的影响。胡实等（2015）采用 VIP 生态水文模型评估了黄淮海平原冬小麦产量、蒸散量对未来气候变化的响应，结果表明在不考虑 CO_2 肥效时，3 种典型排放路径下，冬小麦生育期都将因气温上升而缩短，其产量和蒸散量将呈下降趋势；CO_2 浓度增加对作物生长的有利影响强于气候变化带来的不利影响，是未来情景下冬小麦产量增加的主要原因，并指出培育适应气候变化的作物品种、发展节水农业和管理技术是应对气候变化的关键。

考虑到作物高产、环境保护和经济效益等多目标问题，Hu 等（2010）利用 WNMM 模型对内蒙古绿洲春玉米地的 1700 个水肥组合进行了情景分析，综合考虑了玉米产量、水氮利用效率和氮素损失量等，得到了最佳的水肥管理方案。Cui 等（2014）基于 DNDC 模型对华北小麦-玉米种植体系中不同施肥、灌溉、耕作及秸秆管理等农业措施综合情景进行定量评估，以期找到可维持粮食产量、保护环境等多目标的最佳管理方式，认为 DNDC 模型是评估不同管理模式生物地球化学效应的有效工具。刘建刚等（2013）应用 DSSAT 模型模拟研究河北吴桥地区多个施氮处理下的冬小麦生产潜力，结果表明，吴桥地区冬小麦施氮量为 222 kg/hm^2 时最佳，与之相对应的最大可获得产量为 7618 kg/hm^2。王立刚等（2013）基于 DNDC 模型得到了环渤海地区冬小麦/夏玉米种植模式的优化施氮（减氮 30%）调控方案，不仅可以获得较高的产量，而且可以显著减少氮素损失，提高氮素利用效率，节氮潜力最明显的地区在山东东部、西南部和河北中部。薛长亮等（2015）应用 RZWQM2 型模拟得到了玉米季土壤分层水分含量、硝态氮含量、土壤剖面硝态氮淋失量和作物产量，提出减缓硝态氮淋失的玉米施肥方案，认为轮作周期施氮量为 215 kg/hm^2 时可以有效控制硝态氮淋失。Li 等（2015）应用 WHCNS 模型模拟分析了 4 个不同水肥和栽培措施的农学效应、环境效应和产投比，得到综合管理措施最佳的方案。丁奠元等（2015）探究了 RZWQM2 模型对黄土高原旱区作物的适用性，研究了气候变化背景下黄土高原旱地冬小麦生长和产量对适度晚播的响应，评价了虚拟冬小麦晚熟新品种对当地气候和环境的适应性，深入分析了当地土壤水分对这种冬小麦晚熟新品种的承载力，并定量研究了黄土高原地区降雨时空分布与施氮策略的耦合关系。Chun 等（2016）使用 GLAM-Rice 和 CERES-Rice 模型研究了气候变化条件下的水稻产量变化及其适应性，发现可以通过改变施肥和水稻种植方式来应对未来气候变化导致的水稻减产问题。

1.4　土壤-作物系统模型研究展望

虽然土壤-作物系统过程模型已经在很多方面进行了成功应用，也考虑了天气变化、灌溉制度、氮肥种类、施肥量、土壤性质、作物类型、耕作制度、生态系统类型等因素对农田水分和氮素去向及环境的影响，但在以下几个方面仍然存在不足或研究比较薄弱。

（1）加强过程机理研究、完善模型功能

首先，土壤-作物系统中的水分运动、养分循环及作物生长过程机理十分复杂，目前对这些过程机理的认识还不够深入，大多数模型对一些过程均采用了简化的或经验的公式来进行描述，如对于作物吸水过程，采用了根系分布函数来分配不同土层的潜在需水量；对于养分循环过程中 N_2O 的产生过程，目前认为硝化作用和反硝化作用均是其产生机理；对有机质循环库的划分都是经验性的，对于作物生长发育或环境动态的某些过程（如叶面积发展动态、叶片衰老过程、干物质分配等），也是建立在经验关系上的；土壤水分、养分对作物生长的胁迫都是独立的，缺少对水分、养分交互作用的描述；目前考虑氮素转化过程的比较多，考虑其他养分元素的比较少，如磷、钾、微量元素等；这些都使得模型的普适性降低，大大限制了模型的推广应用。另外，养分转化动力学参数的校验无法考虑到所有的影响因素，随着人们对模型过程机理的认识逐渐加深，开发更具机理性的模型是未来发展的方向。

其次，由于不同的模型构建的侧重点不同，所具有的功能和适用的对象范围也不同。目前模型应用过程中还存在很多短板，主要是缺少处理复杂环境条件下土壤水分、养分运动和作物生长发育过程的能力，如土壤大孔隙导致的优先流，土壤空间变异导致的水分、养分分布不均一，冻融作用或干湿交替导致的微生物群落结构与碳氮循环过程的不同，间套作体系中不同作物对水分、养分需求的竞争问题等。在全球气候变化大背景下，极端气候事件（如生育期的干旱、高温和强降雨等）频发，需要改进模型加强其对气象数据的敏感性，以适应气候变化下极端事件增多的现状。随着现代农业的发展，大型设施温室、水肥一体化、无人机、大型机械耕种、保护性耕作、无土栽培等技术随之出现，给土壤-作物系统模型带来了新挑战。因此，需要进一步完善模型的功能，提高模型处理复杂环境问题的能力。

（2）加强模型校验、扩展模型适用领域

模型的检验与应用需要田间试验数据的支持，开展多年多点定位试验是评价田间管理措施优劣的重要手段。不同地区的作物种植结构不同，不同农作物对水肥需求的特点和需求量有很大差别。即使同一农作物，由于不同地区的气候、土壤、品种及其他环境条件存在差异，对水肥的需求规律也不尽相同。以往的研究多侧重于施肥与作物产量及土壤肥力的相互关系，缺少应用模型对连续多年多点定位试验中的氮素损失及环境影响的定量化评价。另外，目前的长期定位试验主要考虑土壤养分的季节性变化，缺少对不同土层水分和氮素动态及氮素去向的原位监测；大多数试验考虑的管理因子比较简单，有的仅仅考虑了不同灌溉量或灌溉方式，有的考虑了水肥因子，有的考虑了品种、播期、密度等栽培因子，有的仅仅考虑了耕作方式，缺少长期的多年多点的综合性试验研究，迫切需要在我国不同地区、气候、土壤与其他环境条件下设计和进行品种、播期、密度、施肥量、灌溉量等多因素、多水平、长时期的综合性田间试验研究，并对一些指标进行系统的动态观测，对模型进行更好的校验和应用，从而阐明在不同地区气候、土壤、种植制度及水肥管理措施条件下的氮素去向及有针对性地制定环境保护对策，为农业的可持续发展提供一定的技术支持。

（3）构建农业大数据库平台、扩展模型应用尺度

目前大多数作物模型在单点尺度上的模拟效果比较理想，并且得到了很好的检验，但是由单点尺度扩展到区域尺度时，其预测效果大打折扣。造成模型应用效果不好的主要原因是缺乏准确的土壤、作物和气象数据输入。由于模型构建起源于室内或田间试验，其研制过程中许多假设条件都是基于田间均一的生产情况，而实际情况是土壤和作物参数的空间变异性较大，如果没有足够精确的环境数据来运行和验证模型，即使是大田尺度，模型的预测结果也具有很大的不确定性。因此，迫切需要构建区域尺度的土壤、作物、气象和田间管理的农业资源大数据库平台，提供更全面的基础资料是将模型推向区域化应用的关键。目前遥感技术已经广泛用于土壤性状和作物生长指标的监测，如作物播种面积、叶面积指数、

生物量、作物产量、土壤含水量、蒸散量及氮素营养状况等，一方面可以利用这些监测数据构建土壤、作物属性数据库，另一方面这些指标都与作物生长过程密切相关，可以将这些数据与土壤-作物系统模型同化，从而大大提高模型在区域尺度上对作物产量预测的精度。

随着计算机技术、3S 技术和大数据云平台的迅速发展，将其与土壤-作物系统过程模型相结合，利用地理信息系统、遥感技术为模型构建和运行提供工具与数据是必然的趋势，从而实现模型的应用尺度从农田向区域，甚至是全球扩展。同时，基于农业资源大数据库平台，将作物生长模型与田间优化管理技术、农业环境风险评价技术等紧密结合，形成多目标的作物生产优化决策系统，并与人工智能技术相结合形成专家系统。此外，将模拟模型与 3S 技术相结合，建立综合的资源环境评价系统也是今后的发展趋势。

（4）简化模型过程机理、提高模型解决实际问题能力

由于模型涉及的参数种类繁多，而很多参数获取和估算的方法、手段还不够完善，影响了模型的模拟效果和可靠程度，大大限制了其推广和应用。因此，要重视复杂的机理模型和简化的函数模型的联合研制与应用，根据不同的研究目的和对象，发挥二者的优势。因此，如何简化模型过程机理、减少模型输入参数是模型开发者迫切需要解决的问题，这需要权衡模型预测精度与实际应用效果，如土壤水力学参数可采用土壤传递函数方法获取，也可将作物品种参数与基因型结合起来。另外，开发出适用于不同用户对象的模型也是十分必要的，如科研人员、农技人员、政府官员、农民等。开发出大众化、“傻瓜化”全中文界面的决策管理信息系统是当前的趋势，从而为农业生产中水肥、光热资源的合理利用及环境保护的分析、预警与管理提供强有力的决策支持。

当前我国研究应用的模型以国外的模型为主，缺少自主研发的模型。由于不同的模型构建的侧重点不同，比较强调局部地区或特定的气候、土壤、作物、田间管理条件，一些模型中很多参数采用固定的经验值，加上一些模型的程序设计差，使用困难，维护和移植性差，缺少通用性，故很难在我国推广应用。由于我国农业生产模式有着自身的特殊性，加上复杂的土壤、气候、作物条件和集约化的种植模式（一年多熟制、间套作等），以及管理方式（高密度、高水肥、保护性耕作、地表覆盖、膜下滴灌等）多样化。因此，迫切需要研发适合我国气候环境条件和复杂农艺管理措施的土壤-作物系统过程模型。

参 考 文 献

毕经伟, 张佳宝, 陈效民, 等. 2003. 农田土壤中土壤水渗漏与硝态氮淋失的模拟研究. 灌溉排

水学报, (6): 23-26.
曹巧红, 龚元石. 2003. 应用 HYDRUS-1D 模型模拟分析冬小麦农田水分氮素运移特征. 植物营养与肥料学报, 9(2): 139-145.
陈研, 郭永强, 胡克林, 等. 2005. 求解土壤溶质运移方程的广义迎风差分法. 农业工程学报, 21(4): 16-19.
戴彤, 王靖, 赫迪, 等. 2015. APSIM 模型在西南地区的适应性评价——以重庆冬小麦为例. 应用生态学报, 26(4): 1237-1243.
丁奠元, 严惠敏, 王乃江, 等. 2018. 基于 RZWQM2 的黄土高原旱地冬小麦生长关键气象因子分析. 扬州大学学报(农业与生命科学版), 39(4): 91-99.
丁奠元, 赵英, 孙本华, 等. 2015. 根区水质模型在黄高原旱区冬小麦氮肥管理中的适用性分析. 农业工程学报, 31(23): 111-121.
丁晋利, 武继承, 杨永辉, 等. 2016. 耕作方式转变对土壤蓄水保墒影响的 RZWQM 模型模拟. 农业机械学报, 47(4): 136-145.
范兰, 吕昌河, 陈朝. 2012. EPIC 模型及其应用. 地理科学进展, 31(5): 584-592.
高如泰, 陈焕伟, 李保国. 2006. 黄淮海平原冬小麦生长期土壤水氮利用效率模拟分析. 中国农业科学, 39(3): 552-562.
国家统计局. 2014. 年度报告. http: //www. stats. gov. cn/[2016-06-01].
何亮, 赵刚, 靳宁, 等. 2015. 不同气候区和不同产量水平下 APSIM-Wheat 模型的参数全局敏感性分析. 农业工程学报, 31(14): 148-157.
何文天. 2017. 基于作物-土壤模型的作物产量与农田氮素平衡模拟研究. 北京: 中国农业科学院博士学位论文.
胡克林, 李保国, 陈德立. 2004. 预测农田水分渗漏和氮素淋失的两种模型比较. 水科学进展, 15(1): 87-93.
胡克林, 李保国, 陈研, 等. 2007. 作物生长与土壤水氮运移联合模拟的研究 I ——模型. 水利学报, 38(7): 779-785.
胡实, 莫兴国, 林忠辉. 2015. 气候变化对黄淮海平原冬小麦产量和耗水的影响及品种适应性评估. 应用生态学报, 26(4): 1153-1161.
黄元仿, 李韵珠. 1996. 田间条件下土壤氮素运移的模拟模型 I . 水利学报, 6: 9-14.
黄元仿, 李韵珠, 陆锦文. 1996. 田间条件下土壤运移的模拟模型 II 田间检验与应用. 水利学报, 6: 15-23.
姜志伟, 武雪萍, 华珞, 等. 2009. 洛阳孟津冬小麦生产潜力长周期定量模拟与评价. 中国生态农业学报, 17(5): 984-991.
金梁, 胡克林, 李保国, 等. 2007. 作物生长与土壤水氮运移联合模拟的研究 II ——模型验证与应用. 水利学报, 38(8): 972-980.
李保国, 龚元石, 左强, 等. 2000. 农田土壤水的动态模型及应用. 北京: 科学出版社.
李广, 黄高宝, William B, 等. 2009. APSIM 模型在黄土丘陵沟壑区不同耕作措施中的适用性. 生态学报, 29(5): 2655-2663.
李桂花, 张艳萍, 胡克林. 2013. 不同降雨和灌溉模式对作物产量及农田氮素淋失的影响. 中国农业科学, 46(3): 545-554.
李虎, 邱建军, 高春雨, 等. 2012. 基于 DNDC 模型的环渤海典型小流域农田氮素淋失潜力估算. 农业工程学报, 28(13): 127-134.

李虎, 王立刚, 邱建军. 2007. 黄淮海平原河北省范围内农田土壤二氧化碳和氧化亚氮排放量的估算. 应用生态学报, 18(9): 1994-2000.
李久生, 杨风艳, 栗岩峰. 2009. 层状土壤质地对地下滴灌水氮分布的影响. 农业工程学报, 25(7): 25-31.
李军. 1997. 作物生长模拟模型的开发应用进展. 西北农业大学学报, 25(4): 102-107.
李军. 1998. 黄土高原地区种植制度模拟与优化决策研究. 杨凌: 西北农业大学博士学位论文.
李克南, 杨晓光, 刘园, 等. 2012. 华北地区冬小麦产量潜力分布特征及其影响因素. 作物学报, 38(8): 1483-1493.
李艳, 刘海军, 黄冠华. 2015. 基于RZWQM模型的冬小麦-夏玉米水氮管理评价. 农业机械学报, 46(6): 111-120.
林立, 胡克林, 李光德, 等. 2011. 高产粮区不同施肥模式下玉米季农田氮素损失途径分析. 环境科学, 32(9): 2617-2624.
刘海涛, 胡克林, 李保国, 等. 2015. 土壤剖面性质差异对农田水氮过程和作物产量的影响. 中国农业科学, 48(7): 1348-1360.
刘建刚, 褚庆全, 王光耀, 等. 2013. 基于DSSAT模型的氮肥管理下华北地区冬小麦产量差的模拟. 农业工程学报, 29(23): 124-129.
刘匣, 丁奠元, 张浩杰, 等. 2017. 覆膜条件下对AquaCrop模型冬小麦生长动态和土壤水分模拟效果的评价分析. 中国农业科学, 50(10): 1838-1851.
鲁向晖. 2010. 基于气候变化的豫西冬小麦保护性耕作效果模拟研究. 杨凌: 西北农林科技大学博士学位论文.
吕贻忠, 李保国. 2006. 土壤学. 北京: 中国农业出版社.
毛振强, 张银锁, 宇振荣. 2003. 基于作物生长模型的夏玉米灌溉需求分析. 作物学报, 29(3): 419-426.
沈仕洲, 张克强, 王风, 等. 2018. 基于 RZWQM 模型的华北平原冬小麦-夏玉米土壤硝态氮淋失和氨挥发评估方法研究. 生态与农村环境学报, 34(9): 769-775.
孙美. 2014. 华北平原作物产量与土壤氮素淋失对灌溉施肥的响应模拟. 北京: 中国农业大学博士学位论文.
孙宁, 冯利平. 2005. 利用冬小麦作物生长模型对产量气候风险的评估. 农业工程学报, 21(2): 106-110.
孙仕军, 张琳琳, 陈志君, 等. 2017. AquaCrop 作物模型应用研究进展. 中国农业科学, 50(17): 3286-3299.
谈美秀, 王靖, 余卫东, 等. 2015. 基于统计和过程模型的河南省夏玉米最适播种期时空分布特征. 应用生态学报, 26(12): 3670-3678.
唐昊治, 韩勇, 黄俏丽. 2006. 一个稻田土壤-作物体系的氮素循环模型. 土壤, 38(6): 717-726.
田展, 牛逸龙, 孙来祥, 等. 2015. 基于 DNDC 模型模拟气候变化影响下的中国水稻田温室气体排放. 应用生态学报, 26(3): 793-799.
王风, 张克强, 黄治平, 等. 2008. RZWQM 模型介绍及其应用进展. 农业系统科学与综合研究, 24(4): 501-504.
王欢元, 胡克林, 李保国, 等. 2011. 不同管理模式下的农田水氮利用效率及其环境效应分析. 中国农业科学, 44(13): 2701-2710.
王立刚, 李虎, 杨黎, 等. 2013. 冬小麦/夏玉米轮作系统不同施氮量的长期环境效应及区域氮调控模拟. 中国农业科学, 46(14): 2932-2941.

王娜, 王靖, 冯利平, 等. 2015. 华北平原冬小麦-夏玉米轮作区采用"两晚"技术的产量效应模拟分析. 中国农业气象, 36(5): 611-618.

王卫光, 孙风朝, 彭世彰. 2013. 水稻灌溉需水量对气候变化响应的模拟. 农业工程学报, 29(14): 90-98.

王文佳, 冯浩, 宋献方. 2013. 基于 DSSAT 模型陕西杨凌不同降水年型冬小麦灌溉制度研究. 干旱地区农业研究, 31(4): 1-10, 37.

王相平, 黄冠华, 于利鹏, 等. 2011. 土壤水氮迁移转化与作物生长耦合模拟. 农业工程学报, 27(3): 19-25.

王晓凤. 2005. DAISY 模型在高产农田水、氮优化管理中的应用. 北京: 中国农业大学博士学位论文.

王晓燕, 高焕文, 李洪文. 2003. 旱地保护性耕作地表径流和土壤水分平衡模型. 干旱地区农业研究, 21(3): 97-103.

王效科, 庄亚辉, 李长生. 2001. 中国农田土壤 N_2O 排放通量分布格局研究. 生态学报, 21(8): 1225-1232.

王玉英, 李晓欣, 董文旭, 等. 2018. 华北平原农田温室气体排放与减排综述. 中国生态农业学报, 26(2): 167-174.

文新亚, 陈阜. 2011. 基于 DSSAT 模型模拟气候变化对不同品种冬小麦产量潜力的影响. 农业工程学报, 27(S2): 74-79.

习金根, 周建斌, 赵满兴, 等. 2004. 滴灌施肥条件下不同种类氮肥在土壤中迁移转化特性的研究. 植物营养与肥料学报, 10(4): 337-342.

夏文建, 周卫, 梁国庆, 等. 2012. 稻麦轮作农田氮素循环的 DNDC 模型分析. 植物营养与肥料学报, 18(1): 77-88.

肖庆礼, 黄明斌, 邵明安, 等. 2014. 黑河中游绿洲不同质地土壤水分的入渗与再分布. 农业工程学报, 30(2): 124-131.

徐旭, 黄冠华, 黄权中. 2013. 农田水盐运移与作物生长模型耦合及验证. 农业工程学报, 29(4): 110-117.

薛长亮, 张克强, 杨德光, 等. 2015. RZWQM 模拟小麦-玉米轮作系统氮素运移及损失特征. 中国生态农业学报, (2): 150-158.

薛长亮, 张克强, 张国印, 等. 2014. 应用 RZWQM 模型模拟华北玉米土壤剖面水氮迁移及淋失特征. 农业环境科学学报, 33(11): 2179-2186.

杨德军. 2009. 基于 SPAC 系统的土壤水力学模型研究. 杭州: 浙江大学博士学位论文.

杨黎, 王立刚, 李虎, 等. 2014. 基于 DNDC 模型的东北地区春玉米农田固碳减排措施研究. 植物营养与肥料学报, 20(1): 75-86.

杨勤, 许吟隆, 林而达, 等. 2009. 应用 DSSAT 模型预测宁夏春小麦产量演变趋势. 干旱地区农业研究, 27(2): 41-48.

杨士红, 彭世彰, 徐俊增, 等. 2012. 不同水氮管理下稻田氨挥发损失特征及模拟. 农业工程学报, 28(11): 99-104.

杨永辉, 武继承, 丁晋利, 等. 2017. DSSAT 模型对长期保护性耕作与土壤改良措施下玉米生长过程的模拟及验证. 河南农业科学, 46(12): 149-158.

姚凤梅, 许吟隆, 冯强, 等. 2005. CERES-Rice 模型在中国主要水稻生态区的模拟及其检验. 作物学报, (5): 545-550.
姚宁, 周元刚, 宋利兵, 等. 2015. 不同水分胁迫条件下 DSSAT-CERES-Wheat 模型的调参与验证. 农业工程学报, 31(12): 138-150.
张福锁, 王激清, 张卫峰, 等. 2008. 中国主要粮食作物肥料利用率现状与提高途径. 土壤学报, 45(5): 915-924.
张芊, 任理. 2012. 应用根系层水质模型分析冬小麦-夏玉米轮作体系的农田水氮利用效率Ⅱ: 模型的验证与情景分析. 水利学报, 43(3): 354-362.
张瑜芳, 张蔚榛, 沈荣开. 1996. 排水农田氮素运移、转化及流失规律的研究. 水动力学研究与进展, 3: 251-260.
张镇涛, 杨晓光, 高继卿, 等. 2018. 气候变化背景下华北平原夏玉米适宜播期分析. 中国农业科学, 51(17): 3258-3274
赵彦茜, 肖登攀, 齐永青, 等. 2018. 华北平原不同降水年型和作物种植模式下的产量和耗水模拟. 农业工程学报, 34(20): 108-116.
赵峥, 吴淑杭, 周德平, 等. 2016. 基于 DNDC 模型的稻田氮素流失及其影响因素研究. 农业环境科学学报, 35(12): 2405-2412.
周始威, 胡笑涛, 王文娥, 等. 2016. 基于 RZWQM 模型的石羊河流域春小麦灌溉制度优化. 农业工程学报, 32(6): 121-129.
朱焱, 刘琨, 王丽影, 等. 2016. 土壤水氮动态及作物生长耦合 EPIC-Nitrogen2D 模型. 农业工程学报, 32(21): 141-151.
朱兆良. 2008. 中国土壤氮素研究. 土壤学报, (5): 778-783.
邹凤亮, 曹凑贵, 马建勇, 等. 2018. 基于 DNDC 模型模拟江汉平原稻田不同种植模式条件下温室气体排放. 中国生态农业学报, 26(9): 1291-1301.
邹龙. 2014. DSSAT 模型在黄土丘陵区的适用性评价及水肥管理应用. 北京: 中国科学院研究生院硕士学位论文.
Ahuja L R, Ma L W, Fang Q X, et al. 2014. Computer modeling: applications to environment and food security. Encyclopedia of Agriculture and Food Systems, 2: 337-358.
Ahuja L R, Rojas K W, Hanson J D, et al. 1999. Root Zone Water Quality Model: Modeling Management Effects on Water Quality and Crop Production. Highlands Ranch, Colorado: Water Resources Publications, LLC.
Allen R G, Pereira L S , Raes D, et al. 1998. Crop evapotranspiration guidelines for computing crop water requirements. FAO Irrigation and Drainage Paper No. 56. Rome: FAO.
Asada K, Eguchi S, Urakawa R, et al. 2013. Modifying the LEACHM model for process-based prediction of nitrate leaching from cropped Andosols. Plant and Soil, 373: 609-625.
Biggar J W, Nielsen D R. 1962. Some comments on molecular diffusion and hydrodynamic dispersion in porous media. Journal of Geophysical Research Atmospheres, 67(9): 3636-3637.
Bouman B A M, Kropff M J, Tuong T P, et al. 2001. ORYZA2000: Modeling Lowland Rice. Los Baños, Philippines.
Brooks R H, Corey A T. 1966. Properties of porous media affecting fluid flow. Journal of the Irrigation & Drainage Division, 92(2): 61-88.
Burow K R, Nolan B T, Rupert M G, et al. 2010. Nitrate in groundwater of the United States, 1991-2003. Environmental Science and Technology, 44: 4988-4997.
Chun J A, Li S A, Wang Q G, et al. 2016. Assessing rice productivity and adaptation strategies for Southeast Asia under climate change through multi-scale crop modeling. Agricultural Systems,

143: 14-21.

Cui F, Zheng X, Liu C, et al. 2014. Assessing biogeochemical effects and best management practice for a wheat-maize cropping system using the DNDC model. Biogeosciences, 11(1): 91-107.

Davidson E, David M, Galloway J, et al. 2013. Excess nitrogen in the U. S. environment: trends, risks, and solutions. Issues in Ecology, 15: 1-16.

de Wit C D, Brouwer R, De Vries F P. 1970. The simulation of photosynthetic systems. In Proceedings of the IBP/PP Technical Meeting, Trebon, 47-70.

Dirk R, Pasquale S, Theodorec H, et al. 2009. AquaCrop—the FAO crop model to simulate yield response to water: Ⅱ. Main algorithms and software description. Agronomy Journal, 101(3): 426-437.

Fang Q X, Ma L G, Green T R, et al. 2010. Water resources and water use efficiency in the North China Plain: current status and agronomic management options. Agricultural Water Management, 97(8): 1102-1116.

Fang Q X, Ma L W, Yu Q, et al. 2008. Modeling nitrogen and water management effects in a wheat-maize double-cropping system. Journal of Environmental Quality, 37(6): 2232-2242.

FAO. 2002. World Agriculture towards 2015/2030. Food and Agriculture Organization, Rome, Italy.

FAO. 2014. Agri-environmental indicators. http: //www. fao. org/statistics/en/[2016-06-01].

Feddes R A, Zaradny H. 1978. Model for simulating soil-water content considering evapotranspiration-comments. Journal of Hydrology, 37: 393-397.

Feng L, Bouman B A M, Tuong T P, et al. 2007. Exploring options to grow rice using less water in northern China using a modelling approach: I. Field experiments and model evaluation. Agricultural Water Management, 88(1): 1-13.

Flerchinger G N, Aiken R M, Rojas K W, et al. 2000. Development of the root zone water quality model(RZWQM)for over-winter conditions. Transactions of the ASABE, 43(1): 59-68.

Franko U, Oelschlägel B, Schenk S. 1995. Simulation of temperature, water and nitrogen dynamics using the model CANDY. Ecological Modelling, 81(1-3): 213-222.

Gao S, Peng X, Feng Z, et al. 2016. Quantifying nitrogen leaching response to fertilizer additions in China's cropland. Environmental Pollution, 211: 241-251.

Gardner W R. 1960. Dynamic aspects of water availability to plants. Soil Science, 89(2): 63-73.

Gaydon D S, Singh B, Wang E. 2017. Evaluation of the APSIM model in cropping systems of Asia. Field Crops Research, 204: 52-75

Gu B, Ge Y, Chang S X, et al. 2013. Nitrate in groundwater of China: sources and driving forces. Global Environmental Change, 233: 1112-1121.

Gu B, Ge Y, Ren Y, et al. 2012. Atmospheric reactive nitrogen in China sources, recent trends and damage costs. Environmental Science and Technology, 46: 9420-9427.

Guo J H, Liu X J, Zhang Y, et al. 2010. Significant acidification in major Chinese croplands. Science, 327: 1008-1010.

Hansen S, Jensen H E, Nielsen N E, et al. 1990. NPo-research, A10: DAISY: Soil Plant Atmosphere System Model. Copenhagen: The National Agency for Environmental Protection.

He Y, Hou L L, Wang H, et al. 2014. A modelling approach to evaluate the long-term effect of soil texture on spring wheat productivity under a rain-fed condition. Scientific Reports, 4, 5736. doi: 10. 1038/srep05736.

He Y, Hu K L, Wang H, et al. 2013. Modeling of water and nitrogen utilization of layered soil profiles under a wheat-maize cropping system. Mathematical and Computer Modelling, 58: 596-605.

Hu K L, Li B G, Chen D L, et al. 2008. Simulation of nitrate leaching under irrigated maize on sandy soil in desert oasis in Inner Mongolia, China. Agricultural Water Management, 95: 1180-1188.

Hu K L, Li Y, Chen W P, et al. 2010. Modelling nitrate leaching and optimizing water and nitrogen management under irrigated maize in desert oasis in Northwestern China. Journal of Environmental Quality, 39: 667-677.

Huang M, Shao M, Li Y. 2001. Comparison of a modified statistical-dynamic water balance model with the numerical model waves and field measurements. Agricultural Water Management, 48(1): 21-35.

Jiang Y. 2009. China's water scarcity. Journal of Environmental Management, 90(11): 3185-3196.

Jones C A, Kiniry J R. 1987. CERES-Maize: A Simulation Model of Maize Growth and Development. College Station: Texas A & M University Press.

Kang S Z, Hao X, Du T S, et al. 2017. Improving agricultural water productivity to ensure food security in China under changing environment: from research to practice. Agricultural Water Management, 179: 5-17.

Kersebaum K C. 1995. Application of a simple management model to simulate water and nitrogen dynamics. Ecological Modelling, 81(94): 145-156.

Kersebaum K C, Hecker J M, Mirschel W, et al. 2007. Modelling Water and Nutrient Dynamic in Soil-Crop Systems. Dordrecht: Springer.

Kroes J G, Wesseling J G, Dam J V C. 2000. Integrated modelling of the soil-water-atmosphere-plant system using the model SWAP 2.0 an overview of theory and an application. Hydrological Processes, 14(11-12): 1993-2002.

Li C S, Steven F, Tod A F. 1992. A model of nitrous oxide evolution from soil driven by rainfall event: 1. Model structure and sensitivity. Journal of Geophysical Research, 97: 9759-9776.

Li H, Qiu J J, Wang L G, et al. 2010. Modelling impacts of alternative farming management practices on greenhouse gas emissions from a winter wheat-maize rotation system in China. Agriculture, Ecosystems and Environment, 135: 24-33.

Li Y, White R, Chen D, et al. 2007. A spatially referenced water and nitrogen management model(WNMM)for(irrigated)intensive cropping systems in the North China Plain. Ecological Modelling, 203(3-4): 395-423.

Li Z J, Hu K L, Li B G, et al. 2015. Evaluation of water and nitrogen use efficiencies in a double cropping system under different integrated management practices based on a model approach. Agric Water Manage, 159: 19-34.

Li Z Z, Sun Z H. 2016. Optimized single irrigation can achieve high corn yield and water use efficiency in the Corn Belt of Northeast China. European Journal of Agronomy, 75: 12-24.

Liu H L, Yang J Y, Drury C F, et al. 2011. Using the DSSAT-CERES-Maize model to simulate crop yield and nitrogen cycling in fields under long-term continuous maize production. Nutrient Cycling in Agroecosystems, 89: 313-328.

Long G Q, Sun B. 2012. Nitrogen leaching under corn cultivation stabilized after four years application of pig manure to red soil in subtropical China. Agriculture, Ecosystems and Environment, 146 : 73-80.

Ma L, Ahuja L R, Ascough Ii J C, et al. 2001. Integrating system modeling with field research in agriculture: applications of the Root Zone Water Quality Model(RZWQM). Advances in Agronomy, 71(1): 233-292.

Ma L, Hoogenboom G, Ahuja L R, et al. 2006. Evaluation of the RZWQM-CERES-Maize hybrid model for maize production. Agricultural Systems, 87(3): 274-295.

Maharjan G R, Prescher A K, Nendel C, et al. 2018. Approaches to model the impact of tillage implements on soil physical and nutrient properties in different agro-ecosystem models. Soil & Tillage Research, 180: 210-221.

McCown R L, Hammer G L, Hargreaves J N G, et al. 1996. APSIM: a novel software system for model development, model testing and simulation in agricultural systems research. Agricultural Systems, 50(3): 255-271.

Monteith J L. 1965. Evaporation and environment. *In*: Fogg G E. The State and Movement of Water in Living Organism. 19th Symp. Proceedings of the Society for Experimental Biology and Medicine. Cambridge: Cambridge University Press: 205-234.

Parton W J, Schimel D S, Cole C V, et al. 1987. Analysis of factors controlling soil organic matter levels in Great Plains grasslands. Soil Science Society of America Journal, 51: 1173-1179.

Penning F W T, Jansen D M, Berge H F M T, et al. 1989. Simulation of Ecophysiological Processes of Growth in Several Annual Crops. Amsterdam, Netherlands: Elsevier B.V.

Piao S L, Ciais P, Huang Y, et al. 2010. The impacts of climate change on water resources and agriculture in China-nature. Nature, 467: 43-51 .

Priestley C H B, Taylor R J. 1972. On the assessment of surface heat flux and evaporation using large-scale parameters. Monthly Weather Review, 100: 81-92.

Qiu J J. 2011. China to spend billions cleaning up groundwater. Science, 334: 745.

SEPA(State Environment Protection Agency). 2013. Report on the state of the environment in China. http: //www. sepa. gov. cn/ [2016-06-01].

Shaffer M J, Ma L W. 2010. Crabon and nitrogen dynamics in upland soil. *In*: Shaffer M J, Ma L W, Hansen S. Modelling Carbon and Nitrogen Dynamics for soil Management. Boca Raton, FL: Lewis Publishers: 11-26.

Shuttleworth E J, Wallance J S. 1985. Evaporation from sparse canopy: an energy combination theory. Quartly Journal of the Royal Meteorological Society, 111: 839-855.

Šimůnek J, Šejna M, Saito H, et al. 2008. The HYDRUS-1D Software Package for Simulating the Movement of Water, Heat, and Multiple Solutes in Variably Saturated Media, V4. 0. California: University of California Riverside.

Šimůnek J, van Genuchten M Th, Šejna M. 2012. HYDRUS: model use, calibration and validation, special issueon Standard/Engineering Procedures for Model Calibration and Validation. Transactions of the ASABE, 55(4): 1261-1274.

Steduto P, Hsiao T C, Raes D, et al. 2009. AquaCrop—the FAO crop model to simulate yield response to water. I. Concepts. Journal of Agronomy, 101: 426-437.

Styczen M, Storm B. 1993. Modelling of N-movements on catchment scale-a tool for analysis and decision making. Nutrient Cycling in Agroecosystems, 36(1): 1-6.

Sun B, Zhang L X, Yang L Z, et al. 2012. Agricultural non-point source pollution in China: causes and mitigation measures. AMBIO, 41: 370-379.

Sun Z H, Li Z Z, Lu X J, et al. 2016. Modeling soil type effects to improve rainfed corn yields in Northeast China. Agronomy Journal, 108(2): 498-508.

Tan X Z, Shao D G, Gu W Q. 2015. Field analysis of water and nitrogen fate in lowland paddy fields under different water managements using HYDRUS-1D. Agricultural Water Management, 150: 67-80.

Tsuji G Y, Uehara G, Balas S. 1994. DSSAT Version 3. Honolulu: University of Hawaii.

van Ittersum M K, Leffelaar P A, Van K H, et al. 2003. On approaches and applications of the wageningen crop models. European Journal of Agronomy, 18(3-4): 201-234.

Wang H Y, Ju X T, Wei Y P, et al. 2010. Simulation of Bromide and nitrate leaching under heavy rainfall and high-intensity irrigation rates in North China Plain. Agricultural Water Management,

97(10): 1646-1654.

Wang X P, Huang G H. 2008. Evaluation on the irrigation and fertilization management practices under the application of treated sewage water in Beijing, China. Agricultural Water Management, 95(9): 1011-1027.

Williams J R, Jones C A, Dyke P T. 1984. A modeling approach to determining the relationship between erosion and soil productivity. Transactions of the ASAE, 1: 129-144.

Williams J R, Jones C A, Kiniry J R, et al. 1989. The EPIC crop growth model. Transactions of the ASABE, 32(2): 497-511.

Wu L, Mcgechan M B, Mcroberts N, et al. 2007. SPACSYS: integration of a 3D root architecture component to carbon, nitrogen and water cycling-model description. Ecological Modelling, 200(3): 343-359.

Xu D, Mermoud A. 2003. Modeling the soil water balance based on time-dependent hydraulic conductivity under different tillage practices. Agricultural Water Management, 63: 139-151.

Zhang X, Guo Q, Shen X, et al. 2015. Water quality, agriculture and food safety in China: current situation, trends, interdependencies, and management. Journal of Integrative Agriculture, 14(11): 2365-2379.

Zhang X Y, Pei D, Chen S Y, et al. 2006. Performance of double cropped winter wheat-summer maize under minimum irrigation in the North China Plain. Agronomy Journal, 98: 1620-1626.

Zhang Y J, Niu H S. 2016. The development of the DNDC plant growth sub-model and the application of DNDC in agriculture: a review. Agriculture, Ecosystems and Environment, 230: 271-282.

Zhou J, Cheng G D, Li X, et al. 2012. Numerical modeling of wheat irrigation using coupled HYDRUS and WOFOST models. Soil Science Society of America Journal, 76(2): 648-662.

Zhu R R, Zheng X H, Wang E L, et al. 2018. A hybrid process based-empirical approach to identify the association between wheat productivity and climate in the North China Plain during the past 50 years. Environmental Modelling and Software, 108: 72-80.

第 2 章　土壤-作物系统水热碳氮过程耦合模型的构建

2.1　模 型 框 架

在参考和借鉴国内外主流模型的基础上，本课题组构建了土壤-作物系统水热碳氮过程耦合模型 WHCNS（soil water heat carbon and nitrogen simulation），其主要框架如图 2-1 所示，主要包括气象、土壤水分运动、土壤热传导、土壤氮素运移转化、有机质周转、作物生长发育和田间管理等模块，通过使用面向对象的 C++ 编程技术将这些模块有机地结合在一起，各模块可以单独运行，也可作为一个整体运行，各主要模块之间的关系及主要输出见图 2-1。

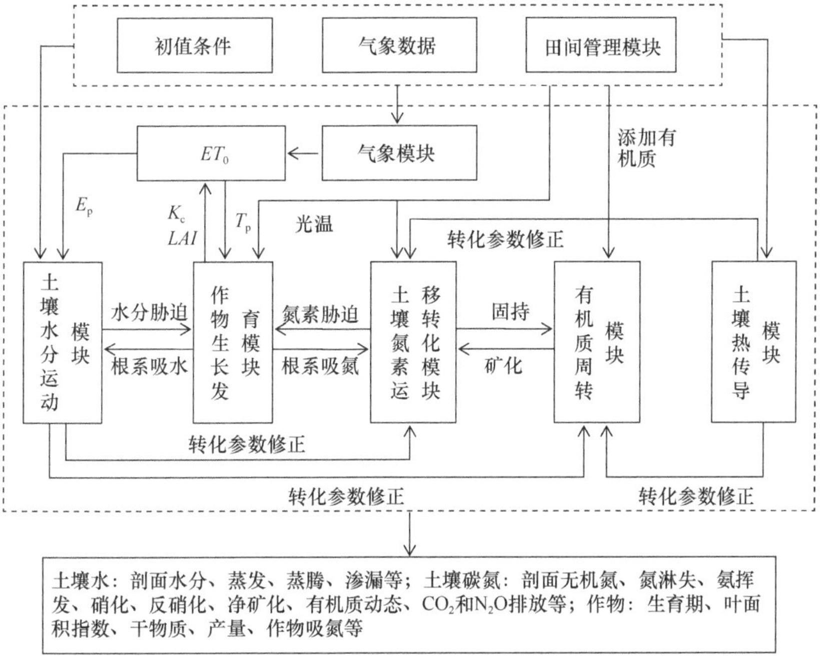

图 2-1　土壤-作物系统水热碳氮过程耦合模型框图

ET_0 为参考作物蒸散量；E_p 为潜在蒸发量；T_p 为潜在蒸腾量；K_c 为作物系数；LAI 为叶面积指数

2.2 土壤水分运动

在降雨进入土体之前，首先根据土壤水分状况和土地利用情况，使用美国农业部推荐的径流曲线公式计算了径流量（NRCS，2004）。基本公式如下：

$$Q=\begin{cases}\dfrac{(R-0.2S)^2}{R+0.8S} & R>0.2S\\ 0.0 & R\leqslant 0.2S\end{cases} \tag{2-1}$$

$$S=254\left(\frac{100}{CN}-1\right) \tag{2-2}$$

式中，Q 为日径流量，cm；R 为日降雨量，cm；S 为最大可能入渗量，cm；CN 为径流指数，决定 CN 的主要因素为土壤前期湿度、土壤类型、土地坡度、植被覆盖度类型、管理状况和水文条件，可通过查表获得（NRCS，2004）。

然后，土壤水分入渗过程采用 Green-Ampt 模型（Green and Ampt，1911）计算：

$$f=K_{\mathrm{s}}\left(1+\frac{h_{\mathrm{f}}\Delta\theta}{F}\right) \tag{2-3}$$

式中，f 为入渗速率，cm/d；K_{s} 为土壤饱和导水率，cm/d；F 为累积入渗量，cm；h_{f} 为湿润锋处的基质势，cm；$\Delta\theta$ 为饱和含水量和初始含水量之差，$\mathrm{cm^3/cm^3}$。

最后，土壤水分再分配采用了 Richards 方程计算：

$$\frac{\partial\theta}{\partial t}=\frac{\partial}{\partial z}\left[k(h)\left(\frac{\partial h}{\partial z}+1\right)\right]-S_{\mathrm{w}} \tag{2-4}$$

$$h(z,t)=h_{\mathrm{i}}(z) \qquad t=0,0\leqslant z\leqslant L \tag{2-5}$$

$$\left|-k(h)\frac{\partial h}{\partial z}-k(h)\right|\leqslant E_{\mathrm{p}} \qquad t>0,z=L,h_{\mathrm{A}}\leqslant h\leqslant 0 \tag{2-6}$$

式中，h 为土壤基质势，cm；θ 为体积含水量，$\mathrm{cm^3/cm^3}$；t 为时间，d；z 为土壤深度（向上为正），cm；L 为下边界到上边界的距离，cm；$k(h)$为非饱和导水率，cm/d；S_{w} 为根系吸水项，$\mathrm{cm^3/(cm^3\cdot d)}$；$h_{\mathrm{i}}$ 为不同位置的初始土壤基质势，cm；E_{p} 为当前大气条件下的潜在蒸发量，cm/d；h_{A} 为地表允许的最小基质势，cm。当研究区地下水埋藏较深时，下边界设置为自由排水边界：

$$\frac{\partial h}{\partial z}=0 \qquad t\geqslant 0,z=0 \tag{2-7}$$

其中，土壤水分特征曲线 $\theta(h)$和非饱和导水率 $k(h)$分别使用 van Genuchten（1987）和 Mualem（1976）公式描述，形式如下：

$$\theta(h)=\begin{cases}\theta_r+\dfrac{\theta_s-\theta_r}{[1+|\alpha h|^n]^m} & h<0\\ \theta_s & h\geqslant 0\end{cases} \tag{2-8}$$

$$k(h)=K_s S_e^l[1-(1-S_e^{1/m})^m]^2 \tag{2-9}$$

式中，θ_s 和 θ_r 分别为土壤饱和含水量和土壤残余含水量，cm^3/cm^3；α 、m、n 和 l 为经验参数，其中 $m=1-1/n$，l 通常取默认值 0.5；S_e 为相对含水量（–）。

蒸发蒸腾的估算：利用联合国粮食及农业组织（FAO）推荐的 Penman-Monteith 公式（Allen et al.，1998）计算参考作物蒸散量 ET_0(cm/d)；然后用作物系数 K_c 计算实际作物的潜在蒸散量 ET_c(cm/d)；再结合叶面积指数 LAI 计算实际土壤潜在蒸发量 E_p(cm/d)和作物潜在蒸腾量 T_p(cm/d)（Jones and Kiniry，1987），具体如下：

$$ET_c=ET_0\times K_c \tag{2-10}$$

$$E_p=\begin{cases}ET_c\times\exp(-0.4\times LAI)/1.1 & LAI>1.0\\ ET_c\times(1-0.43\times LAI) & 0<LAI\leqslant 1.0\end{cases} \tag{2-11}$$

$$T_p=ET_c-E_p \tag{2-12}$$

2.3　土壤热传导

土壤热运动采用对流-传导方程来描述：

$$C_p(\theta)\frac{\partial T}{\partial t}=\frac{\partial}{\partial z}\left[\lambda(\theta)\frac{\partial T}{\partial z}-C_w qT\right] \tag{2-13}$$

式中，T 为土壤温度，℃；q 为土壤水流通量，cm/d；$C_p(\theta)$和 C_w 为土壤（多孔介质）和液相的体积热容，J/(cm³·℃)；$\lambda(\theta)$为土壤的导热率，J/(cm·d·℃)。其中，$C_p(\theta)$和 $\lambda(\theta)$的计算方法分别来源于 de Vries（1963）与 Chung 和 Horton（1987）：

$$C_p(\theta)=C_n\theta_n+C_o\theta_o+C_w\theta+C_a\theta_a\approx(1.92\theta_n+2.51\theta_o+4.18\theta)\times 10^6 \tag{2-14}$$

$$\lambda(\theta)=b_1+b_2\theta+b_3\theta^{0.5} \tag{2-15}$$

式中，θ_n、θ_o、θ 和 θ_a 分别为土壤固相、有机质、液相和气相的体积分数（0～1）；C_n、C_o、C_w 和 C_a 分别为土壤固相、有机质、液相和气相的体积热容，J/(cm³·℃)；b_1、b_2 和 b_3 为经验参数。

上边界的温度根据叶面积指数和气象条件估算（Zheng et al.，1993）：

$$T_0=\begin{cases}T_0'+0.25(T_{day}-T_0')\exp(-k_e LAI) & T_{day}\geqslant T_0'\\ T_0'+0.25(T_{day}-T_0') & T_{day}<T_0'\end{cases} \tag{2-16}$$

式中，T_0 和 T_0'分别为当天和前 1 天的土壤温度，℃；T_{day} 为当天平均气温，℃；

k_e为消光系数。土壤下边界温度采用 Zhang 等（2002）的方法进行估算：

$$T_{Z_0} = T_{aa} + \exp(-Z_0 / D_e) T_{am} \cos[2\pi(JD - JD_0) / 365 - Z_0 / D_e] \quad (2\text{-}17)$$

式中，T_{Z_0}为土壤下边界（Z_0）温度，℃；T_{aa}和T_{am}分别为年平均气温和振幅，℃；JD为儒历日；JD_0为太阳高度角最大时的儒历日（如 200 和 20 分别代表北半球和南半球）；D_e为阻尼系数，计算方法如下：

$$D_e = [365 \times 864 \lambda_m / (\pi C_m)]^{0.5} \quad (2\text{-}18)$$

式中，C_m为土壤剖面的平均体积热容，J/(cm³·℃)；λ_m为土壤剖面的平均导热率，J/(cm³·℃)。

2.4　土壤无机氮运移

土壤 NH_4-N 和 NO_3-N 的运移过程均采用对流-弥散方程描述，其中溶质在固相与液相中的吸附过程采用通用等温吸附方程描述：

$$\frac{\partial(\theta c_k)}{\partial t} + \frac{\partial(\rho s_k)}{\partial t} = \frac{\partial}{\partial z}\left[D_{sh}(v,\theta) \frac{\partial c_k}{\partial z} \right] - \frac{\partial(q c_k)}{\partial z} + S_N \quad (2\text{-}19)$$

$$s_k = \frac{k_s c_k^{\beta}}{1 + \eta_k c_k^{\beta}} \quad (2\text{-}20)$$

式中，c_k和s_k分别为某溶质在液相（μg/cm³）和固相（μg/μg）中的含量；ρ为土壤容重，g/cm³；$D_{sh}(v, \theta)$为水动力弥散系数，cm²/d；β、k_s和η_k为经验常数；S_N为土壤氮素转化源汇项，μg/(cm³·d)。

$S_{NH_4\text{-}N}$和$S_{NO_3\text{-}N}$分别是 NH_4-N 和 NO_3-N 的源汇项，计算公式如下：

$$S_{NH_4\text{-}N} = S_{hys} + S_{min} - S_{vot} - S_{nit} - S_{up1} \quad (2\text{-}21)$$

$$S_{NO_3\text{-}N} = S_{nit} - S_{den} - S_{up2} \quad (2\text{-}22)$$

式中，S_{min}为有机质的净矿化速率，μg/(cm³·d)；S_{hys}、S_{vot}、S_{nit}和S_{den}分别为尿素水解、氨挥发、硝化和反硝化速率，μg/(cm³·d)；S_{up1}和S_{up2}分别为根系吸收 NH_4-N 和 NO_3-N 项，μg/(cm³·d)。本模型认为作物吸收铵态氮和硝态氮的比例相等，各个转化项将在后面 2.5 和 2.6 节详细介绍。

初值条件：

$$c_k(z,t) = c_i(z), s_k(z,t) = s_i(z) \quad t = 0, \quad 0 \leqslant z \leqslant L \quad (2\text{-}23)$$

式中，c_i和s_i分别为初始的溶解态（μg/cm³）和吸附态氮浓度（μg/μg）。

溶质运移方程的边界条件由水分边界条件自动判断，水分的入渗和渗漏相应地带入和带出其中溶解的氮，上下边界条件均为

$$-\theta D \frac{\partial c_k}{\partial z} + qc = q_0 c_{k_o}(t) \quad t > 0, \quad z = 0 \quad 或 \quad L \quad (2\text{-}24)$$

式中，q_0 为上边界或下边界水流通量，cm/d。肥料表施是将肥料混入 1 cm 土层，深施是将肥料与施入深度内的土壤混匀；c_{k_o} 为某溶质输入浓度，μg/cm^3。

2.5　土壤有机质周转

有机质的周转模拟直接采用 DAISY 模型（Hansen et al.，1990），将有机质划分为 3 个主库：添加有机质库（AOM）、土壤有机质库（SOM）和微生物库（BOM）。每个主库又划分为 2 个子库，分解较慢的库（AOM1、BOM1 和 SOM1）和分解较快的库（AOM2、BOM2 和 SOM2），每个子库都拥有特定的碳氮比。各有机质库的分解或微生物的死亡采用一阶动力学方程来描述：

$$\zeta_p = k_p C_p \tag{2-25}$$

式中，ζ_p 为第 p 个有机质库的分解或微生物死亡速率常数，kg/(m^3·s)（以 C 计）；C_p 为第 p 个有机质库的碳含量，kg/m^3（以 C 计）；k_p 为第 p 个有机质库的分解或微生物死亡潜在速率常数，d^{-1}。各个库的转化速率受到的外界环境条件影响不同，其校准方式也不同。对添加有机质库（AOM1 和 AOM2），采用了土壤温度和土壤含水量来校准：

$$k_{\text{AOM}} = k_{\text{AOM}}^{*} F_{\text{m}}(T) F_{\text{m}}(h) \tag{2-26}$$

$$F_{\text{m}}(T) = \begin{cases} 0 & T \leqslant 0 \\ 0.1T & 0 < T \leqslant 20 \\ \exp(0.47 - 0.027T + 0.00193T^2) & T > 20 \end{cases} \tag{2-27}$$

$$F_{\text{m}}(h) = \begin{cases} 0.6 & h \geqslant -(10^{-2}) \\ 0.6 + 0.4\log_{10}(-100h)/1.5 & -(10^{-2}) > h \geqslant -(10^{-0.5}) \\ 1.0 & -(10^{-0.5}) > h \geqslant -(10^{0.5}) \\ 1.0 - \log_{10}(-100h)/4.0 & -(10^{0.5}) > h \geqslant -(10^{4.5}) \\ 0 & -(10^{4.5}) > h \end{cases} \tag{2-28}$$

式中，k_{AOM}^{*} 为最佳含水量和温度条件下微生物对外来有机质的分解速率常数，d^{-1}；T 为土壤温度，℃；h 为土壤基质势，cm；$F_{\text{m}}(T)$和 $F_{\text{m}}(h)$分别为土壤温度和含水量校准函数。

对于 SOM1 和 SOM2 库，除了采用水分和温度校准外，还考虑了黏粒含量的影响：

$$K_{\text{SOM}} = k_{\text{SOM}}^{*} F_{\text{m}}(\text{Clay}) F_{\text{m}}(T) F_{\text{m}}(h) \tag{2-29}$$

$$F_{\text{m}}(\text{Clay}) = \begin{cases} 1.0 - aC_{\text{c}} & 0 < C_{\text{c}} \leqslant C_{\text{c}}' \\ 1.0 - aC_{\text{c}}' & C_{\text{c}} > C_{\text{c}}' \end{cases} \tag{2-30}$$

式中，k_{SOM}^{*} 为最佳含水量和温度条件下微生物对有机质的分解速率常数，d^{-1}；$F_{\mathrm{m}}(\mathrm{Clay})$为土壤黏粒校准函数；$C_{\mathrm{c}}$ 为土壤黏粒含量，kg/kg；C_{c}' 和 a 为经验参数，分别取 0.25 kg/kg 和 0.02。

BOM 库的分解过程分为微生物死亡和微生物维持呼吸两部分，这两部分都与土壤含水量和土壤温度等密切相关：

$$k_{\mathrm{BOM}}^{*}=d^{*}+m^{*} \tag{2-31}$$

$$k_{\mathrm{BOM}}=k_{\mathrm{BOM}}^{*}F_{\mathrm{m}}(T)F_{\mathrm{m}}(h) \tag{2-32}$$

式中，k_{BOM}^{*} 为最佳含水量和温度条件下微生物的死亡和维持呼吸速率，d^{-1}；d^{*} 为最佳含水量和温度条件下微生物死亡速率，d^{-1}；m^{*}为最佳含水量和温度条件下微生物维持呼吸速率，d^{-1}。

AOM 经过微生物的分解可以转化为 BOM，BOM 可以进一步转化为 SOM，SOM 也可以被微生物利用而转化为 BOM。

Hansen 等（1990）认为土壤温室气体排放与氮素矿化-固持过程及土壤微生物活动密切相关，即 CO_2 释放直接来自 BOM 库的分解，潜在反硝化量与 CO_2 释放量存在线性关系（Lind，1980），而矿化-固持过程与土壤有机质的碳氮比密切相关：

$$S_{\min}=-\sum_{p=1}^{6}\frac{\mathrm{d}C_p/\mathrm{d}t}{[\mathrm{C/N}]_p} \tag{2-33}$$

式中，$S_{\min}$ 为有机质的矿化速率，$\mu\mathrm{g/(cm^3\cdot d)}$；$C_p$ 为第 p 个有机质库的含氮量，$\mathrm{kg/hm^2}$（以 C 计）；$[\mathrm{C/N}]_p$ 为第 p 个有机质库的碳氮比。

2.6 土壤氮素转化

2.6.1 尿素水解

尿素水解过程直接采用一阶动力学方程描述，形式如下：

$$S_{\mathrm{hys}}=N_{\mathrm{urea}}\left[1-\exp(-5.0\times WFPS\cdot T\cdot K_{\mathrm{urea}})\right] \tag{2-34}$$

式中，S_{hys} 为尿素水解速率，$\mu\mathrm{g/(cm^3\cdot d)}$；$N_{\mathrm{urea}}$ 为土壤中尿素的含量，$\mu\mathrm{g/cm^3}$；$WFPS$ 为土壤孔隙充水比例；K_{urea} 为一级动力学速率常数，d^{-1}。

通常尿素水解在炎热夏季几天内就可完成，而在寒冷冬季需要稍长的时间才能完成。而 NLEAP、GLEAM、EPIC 等模型均假设尿素水解很快完成，甚至把尿素直接处理为铵态氮。

2.6.2　氨挥发

氨挥发过程采用 Frenny 等（1985）提出的方法描述，形式如下：

$$S_{\mathrm{vot}}=\frac{0.01N_{\mathrm{am}}F_{\mathrm{v}}(T)F_{\mathrm{v}}(z)}{1+10^{\left(0.09018+\frac{2729.92}{T+273.15}-\mathrm{pH}\right)}} \tag{2-35}$$

$$F_{\mathrm{v}}(T)=0.25\exp(0.0693T) \tag{2-36}$$

$$F_{\mathrm{v}}(z)=\exp(-0.05z) \tag{2-37}$$

式中，S_{vot}为氨挥发速率，μg/(cm^3·d)；N_{am}为土壤铵态氮浓度，μg/cm^3；$F_{\mathrm{v}}(T)$为土壤温度修正函数；$F_{\mathrm{v}}(z)$为土壤深度(z)修正函数。

2.6.3　硝化作用

硝化作用采用米氏动力学方程描述（Hansen et al.，1990），并用土壤温度和含水量进行修正：

$$S_{\mathrm{nit}}=\frac{V_{\mathrm{n}}^{*}F_{\mathrm{n}}(T)F_{\mathrm{n}}(h)N_{\mathrm{am}}}{K_{\mathrm{n}}+N_{\mathrm{am}}} \tag{2-38}$$

$$F_{\mathrm{n}}(T)=\begin{cases}0 & T\leqslant 2\\ 0.15(T-2) & 2<T\leqslant 6\\ 0.10T & 6<T\leqslant 20\\ \exp(0.47-0.027T+0.00193T^2) & T>20\end{cases} \tag{2-39}$$

$$F_{\mathrm{n}}(h)=\begin{cases}0 & h\geqslant -10^{-2}\\ \log_{10}(-100h)/1.51 & -10^{-2}>h\geqslant -10^{-0.5}\\ 1 & -10^{-0.5}>h\geqslant -10^{0.5}\\ 1-\log_{10}(-100h)/2.5 & -10^{0.5}>h\geqslant -10^{-2}\\ 0 & -10^{-2}>h\end{cases} \tag{2-40}$$

式中，S_{nit}为硝化速率，μg/(cm^3·d)；V_{n}^{*}为最佳温度和含水量条件下的最大硝化速率常数，μg/(cm^3·d)；K_{n}为半饱和常数，μg/cm^3；$F_{\mathrm{n}}(T)$为土壤温度修正函数；$F_{\mathrm{n}}(h)$为土壤含水量修正函数。

2.6.4　反硝化作用

Lind（1980）认为潜在的反硝化速率与 CO_2 的释放速率存在线性关系，模型使用如下公式描述反硝化过程：

$$S_{\mathrm{den}}=\min\left\{\alpha_{\mathrm{d}}^{*}S_{\mathrm{CO_2}}F_{\mathrm{d}}(\theta);K_{\mathrm{d}}N_{\mathrm{ni}}\right\} \tag{2-41}$$

$$F_d(\theta)=\begin{cases}0 & x_w \leqslant x_1 \\ f\dfrac{x-x_1}{x_2-x_1} & x_1 < x_w \leqslant x_2 \\ f+(1-f)\dfrac{x-x_2}{1-x_2} & x_2 < x_w \leqslant 1\end{cases} \tag{2-42}$$

式中，S_{den}为反硝化速率，μg/(cm³·d)；x_w为饱和度（θ/θ_s）；f、x_1和x_2为经验常数；α_d^*为比例常数，g/g（分别以 N 气体和 C 气体计）；S_{CO_2}为 CO_2 的释放速率，μg/(cm³·d)，计算方法来自有机质模型；K_d为土体可反硝化的硝态氮量占总硝态氮量的比值；N_{ni}为土壤硝态氮浓度，μg/cm³；$F_d(\theta)$为含水量校准函数。

2.7 PS123 作物模型

PS123 模型是荷兰瓦格宁根大学土壤地质系 Driessen 教授等开发的用于定量化评价土地生产力的普适模型。该模型强调利用有限的数据源建立适于区域土地利用生产力和产量差的分析评价模型。PS123 模型的原理和计算过程见 Driessen 和 Kinijn（1992）编写的土地利用分析教程，目前国内已有中译本出版（宇振荣，1998）。

与其他的作物生长模型相比，该模型主要有以下特点。

1）强调作物生产系统的层次性。

土地的立地条件、投入和管理水平及土壤肥力是影响土地生产力水平的最重要因素。PS123 模型将作物的生产力分为不同的等级，即不同的生产情景或生产力水平，模拟严格定义情景下的生产潜力。在此基础上将影响土地生产力的因素划分为相应的若干层次。用不同生产力水平间生产潜力的差异，即产量差定量化研究不同因素对土地生产力的影响。不同生产层次的生产潜力如下：

PS-1：P, Y=f（Light, Temperature, C3/C4）

PS-2：P, Y=f（Light, Temperature, C3/C4, Water）

PS-*n*：P, Y=f（Light, Temperature, C3/C4, Water, ···, *n*）

PS-1 表示只受光温条件限制而其他因素处于最优状态下的光温生产潜力；PS-2 表示水分限制情景下的生产潜力，以此类推，PS-*n* 表示第 *n* 个限制因子情景下的生产潜力。模型包含的因素越多，其模拟的生产潜力就越接近实际生产水平。

2）为定量化评价土地生产力量身而做，针对性强。

3）PS123 模型为普适模型，可动态模拟多种作物的生产力水平。

4）参数要求较少，有利于实践应用。

作物生育期，叶面积指数，光合产物积累、分配、呼吸、转化等的模拟基于荷兰的 PS123 模型，主要过程如下。

2.7.1 作物生育期

作物生育期的模拟分为播种到出苗和出苗到成熟两个阶段。作物从播种到出苗的积温使用毛振强（2003）的经验公式进行估算：

$$T_{\mathrm{sum}_0} = a + b \times depth \tag{2-43}$$

式中，T_{sum_0} 为作物从播种到出苗的积温，℃；a 和 b 为经验常数，$depth$ 为播种深度，cm。

作物从出苗到成熟期内任一时期的相对发育阶段（RDS）等于从出苗到该时刻的有效积温除以该品种作物从出苗到成熟所需的有效积温，则每天的相对发育阶段增加量（$DRDS$）为

$$DRDS = (T_{\mathrm{day}} - T_{\mathrm{base}}) / T_{\mathrm{sum}} \tag{2-44}$$

$$RDS_n = \sum_{i=1}^{n} DRDS_i \tag{2-45}$$

式中，T_{day} 为日平均气温，℃；T_{base} 为作物生长发育最低温度，℃；T_{sum} 为作物从出苗到完全成熟的总有效积温，℃；RDS_n 表示第 n 天时作物的相对发育阶段，当 RDS=1.0 时作物完全成熟。

2.7.2 叶面积指数

叶面积指数与温度、光强及作物相对发育阶段（RDS）有关，许多学者使用比叶面积 SLA（$\mathrm{m^2/kg}$）计算 LAI，并认为 SLA 在出苗时最大（$SLA_{\max}$），随后线性下降，当作物成熟时 SLA 达到最小值（$SLA_{\min}$）。本研究认为 SLA 与 $\ln(RDS)$之间存在线性关系，公式如下：

$$SLA = \begin{cases} SLA_{\min} - (SLA_{\max} - SLA_{\min}) \times \ln(RDS) & SLA \leqslant SLA_{\max} \\ SLA_{\max} & SLA > SLA_{\max} \end{cases} \tag{2-46}$$

$$LAI = livS(leaf) \times SLA \times 10^{-4} \tag{2-47}$$

式中，$livS(leaf)$为活叶干物质重，$\mathrm{kg/hm^2}$。

2.7.3 作物光合产物

Spitters 等（1986）认为到达作物冠层的光合有效辐射 $PAR_{\mathrm{CAN}}[\mathrm{J/(m^2 \cdot s)}]$与 CO_2 同化率之间存在指数关系：

$$Fgc = DL \times \frac{AMAX}{k_e} \times \ln\left[\frac{AMAX + CC}{AMAX + CC \times (-LAI \times k_e)}\right] \tag{2-48}$$

$$CC = EFF \times k_e \times PAR_{CAN} \tag{2-49}$$

式中，Fgc 为密闭参照作物总的 CO_2 同化率，kg/(hm²·d)；DL 为日长，h/d；k_e 为消光系数；EFF 为最小光强下的光合利用效率，一般取值为 0.45～0.5 kg/(hm²·h)；CC 为经验参数；$AMAX$ 为当前温度下的最大同化率，kg/(hm²·h)，其受温度影响很大，而且 C3（如小麦）和 C4（如玉米）作物的反应曲线明显不同（Versteeg and van Keulen，1986）。C3 作物：

$$AMAX = 1.8 \times T_{ref} - 0.15 \times (T_{ref} - T_{day})^2 \tag{2-50}$$

C4 作物：

$$AMAX = \begin{cases} 110 - 10 \times (T_{ref} - T_{day}) & T_{day} \leqslant T_{ref} \\ 110 - 2 \times (T_{day} - T_{ref}) & T_{day} > T_{ref} \\ AMAX_{max} & AMAX > AMAX_{max} \end{cases} \tag{2-51}$$

式中，$AMAX_{max}$ 为 $AMAX$ 的上限值；T_{ref} 为过去 10 d 的平均温度，℃。

2.7.4 水氮胁迫下的光合产物

由于受到水分和氮素营养的胁迫，田间作物实际的光合产物量可由下式计算：

$$Fgass = Fgc \times \frac{30}{44} \times cf(w) \times cf(N) \tag{2-52}$$

式中，$Fgass$ 为大田作物的实际光合产物量，kg/(hm²·d)；30/44 为 CH_2O 和 CO_2 的分子量之比；$cf(w)$和 $cf(N)$分别是水分和氮素胁迫校准系数，它们的计算方法见 2.7.9 小节。

2.7.5 光合产物分配

作物各个器官（叶、根、茎和储藏器官）需要碳水化合物来维持自身的生命活动，作物需要将光合产物分配到各个器官：

$$GAA(org) = Fgass \times fr(org) \tag{2-53}$$

式中，$GAA(org)$为光合产物分配到作物体各器官(org)的速率，kg/(hm²·d)；$fr(org)$为某时刻光合产物分配到某个器官的比例，该比例与作物形态发育阶段有关。同时其分配动态十分复杂。一般通过田间试验测定作物关键生育期的 $fr(org)$值，再线性内插求得任一时刻的 $fr(org)$值。

2.7.6　作物维持呼吸

维持呼吸主要是为作物体内各种生物学过程提供能量。维持呼吸量与器官活体重、温度、水分和氮素供应量都有关，其计算式为

$$MRRref(org) = r(org) \times S(org) \tag{2-54}$$

$$MRR(org) = MRRref(org) \times cf(temp) \times cf(w) \times cf(N) \tag{2-55}$$

式中，$MRRref(org)$为参考温度下作物活体器官维持呼吸速率，$kg/(hm^2 \cdot d)$；$r(org)$为某器官的相对呼吸速率，$kg/(kg \cdot d)$；$S(org)$为作物某器官干物质重，kg/hm^2；$MRR(org)$为作物某器官在水、温度和氮胁迫下的呼吸速率，$kg/(hm^2 \cdot d)$；$cf(temp)$为温度校准系数，用下式估算：

$$cf(temp) = Q_{10}^{(T_{\text{day}} - T_{\text{ref}})} \tag{2-56}$$

式中，Q_{10}为温度每升高 10℃，反应速度增加的倍数，一般取值为 2。

2.7.7　各器官干物质净增加量

作物的初始碳水化合物转化为结构性物质（蛋白质、细胞器、脂肪等）时需要消耗能量，作物又通过同化产物来释放能量，转化过程不依赖温度，而是作物新形成的结构物质的函数，这样就可以计算作物各个器官的干物质净增加量$DWI(org)$：

$$DWI(org) = [GAA(org) - MRRref(org)] \times Ec(org) \times DT \tag{2-57}$$

$$(new)S(org) = (old)S(org) + DWI(org) \tag{2-58}$$

式中，$Ec(org)$为某器官净光合产物转化率，kg/kg；DT 为时间间隔，d；$S(org)$为干物质累积量，kg/hm^2；$(new)S(org)$为某器官当前的干物质重，kg/hm^2；$(old)S(org)$为某器官前一时刻的干物质重，kg/hm^2。

2.7.8　根系生长

根系生长发育由下面的方程来描述：

$$rgr = \frac{1}{tR_{\text{med}} - tR_{\text{min}}} \ln\left[\frac{xR_{\text{min}}(xR_{\text{max}} - xR_{\text{med}})}{xR_{\text{med}}(xR_{\text{max}} - xR_{\text{min}})}\right] \tag{2-59}$$

$$xR = \frac{xR_{\text{max}} xR_{\text{min}}}{xR_{\text{min}} + (xR_{\text{max}} - xR_{\text{min}}) \exp^{-rgr(t - tR_{\text{min}})}} \tag{2-60}$$

式中，t 为时间，d；rgr 为根系生长速率，cm/d；tR_{min} 为根系开始生长的时间，d；tR_{med} 和 xR_{med} 分别为根系生长发育到一半时的时间(d)和根长(cm)；xR_{min} 和 xR_{max}

分别为初始根长和最大根长，cm；xR 为任意时刻 t 的根长，cm。对于越冬作物，如果冬季连续 5 d 温度<0℃，则根系停止生长；在次年春季如果连续 5 d 温度>0℃，则作物根系开始恢复生长。

2.7.9 根系吸水吸氮及水氮胁迫因子

作物根系吸水量为作物根系单位时间内从单位体积土壤中吸收的水量，实际根系吸水量按下式计算：

$$T_a = \int_{L_R} S(h, h_\phi, z)dz = T_p \int_{L_R} a_w(h,z) a_s(h_\varphi, z) b(z) dz \tag{2-61}$$

式中，T_a 为作物根系实际吸水量，cm/d；$S(h, h_\phi, z)$ 为根系在土层深度 z 处的吸水量，cm/d；L_R 为根长，cm；$a_w(h, z)$为水分胁迫函数，表示土壤过干过湿均会导致根系吸水速率降低，采用 Fedds 等（1978）提出的水分胁迫函数表示；$a_s(h_\varphi, z)$为盐分胁迫函数，采用 van Genuchten（1987）的公式计算；$b(z)$为根系分布函数。在计算水分胁迫时，引入补偿性吸水机制（Šimůnek et al.，2008），这样当根系某个层次吸水不足，并达到某个胁迫阈值时，增加其他层次根系的吸水量，$cf(w)$计算如下：

$$cf(w) = \frac{T_a}{T_p} = \begin{cases} \dfrac{\int_{L_R} a_w(h,z) a_s(h_\varphi, z) b(z) dz}{\omega} = \dfrac{\omega}{\omega} = 1 & \omega > \omega_c \\ \dfrac{\int_{L_R} a_w(h,z) a_s(h_\varphi, z) b(z) dz}{\omega_c} = \dfrac{\omega}{\omega_c} < 1 & \omega \leqslant \omega_c \end{cases} \tag{2-62}$$

式中，ω 为根系吸水的胁迫系数；ω_c 为根系补偿吸收时的阈值，取值为 0～1。

对于根系吸氮，地上部和地下部有不同的含氮量，实际吸氮量由作物需氮量和土体累积的实际含氮量决定，氮素胁迫校准系数 $cf(N)$根据 CERES 模型来计算（Jones and Kiniry，1987）：

$$cf(N) = \frac{C_{ANC}(T_s) - C_{MNC}(T_s)}{C_{NNC}(T_s) - C_{MNC}(T_s)} \tag{2-63}$$

式中，T_s 为作物出苗后的有效积温，℃；C_{ANC}、C_{NNC} 和 C_{MNC} 分别为某时刻作物实际含氮量、临界含氮量和最小含氮量，%，它们是 T_s 的函数。

2.8 EPIC 作物模型

除了可选用 PS123 模型外，WHCNS 模型系统中提供了另外一个相对简单的通用作物模型——EPIC，该作物模型基于累积的热力单元指数（heat unit index，

HUI）来描述作物的生长发育进程，*HUI* 从 0 到 1 代表了作物从播种到成熟，计算方法如下：

$$HUI_i = \frac{\sum_{k=1}^{i}\left(\frac{T_{\max,i}+T_{\min,i}}{2}-T_{\text{base}}\right)}{T_{\text{PHU}}} \tag{2-64}$$

式中，HUI_i 为第 i 天的热力单元指数；$T_{\max,i}$ 和 $T_{\min,i}$ 分别为第 i 天的最低和最高温，℃；T_{base} 为作物生长的最低温度，℃；T_{PHU} 为作物从播种到成熟需要的总积温，℃。

每天的干物质积累通过 Monteith（1977）的方法描述：

$$\Delta DM_i = 0.5\times BE\times RA_i\times[1-\exp(-0.65\times LAI)] \tag{2-65}$$

式中，ΔDM_i 为每日干物质的潜在增加量，kg/hm^2；BE 为能量转化系数，即太阳辐射转化为干物质重，kg/MJ；RA_i 为第 i 天的太阳总辐射，MJ/m^2。

LAI 的模拟采用了一个以 *HUI* 和环境胁迫因子为函数的经验公式，从出苗到叶面积指数开始下降的时间内使用式（2-62）和式（2-63）计算，从叶面积指数开始下降直到最后作物成熟期间使用式（2-62）计算。

$$LAI_i = LAI_{i-1} + (HUF_i - HUF_{i-1})\cdot LAI_{\max}\cdot\{1-\exp[5.0(LAI_{i-1}-LAI_{\max})]\}\cdot\sqrt{REG_i} \tag{2-66}$$

$$HUF_i = \frac{HUI_i}{HUI_i+\exp[\alpha_{\text{h1}}-\alpha_{\text{h2}}\cdot HUI_i]} \tag{2-67}$$

$$LAI_i = LAI_{\text{O}}\left(\frac{1-HUI_i}{1-HUI_{\text{O}}}\right)^{\alpha_{\text{d}}} \tag{2-68}$$

式中，HUF_i 为影响叶面积指数的热力单元因子；LAI_i 为第 i 天的叶面积指数；$LAI_{\max}$ 为最大的叶面积指数；α_{h1}，α_{h2} 和 α_{d} 为经验参数；REG_i 为最小的环境胁迫校准系数，包括水分胁迫和氮素胁迫，计算分别见式（2-62）和式（2-63）；LAI_{O} 和 HUI_{O} 分别为叶面积指数开始下降时间点的 *LAI* 和 *HUI* 值。

最后，作物产量的模拟采用收获指数（*HI*）计算，并假定 *HI* 不受环境条件的影响，只与作物的生长发育进程有关，计算方法如下：

$$Y_i = HI_i\cdot DM_{\text{AG}} \tag{2-69}$$

$$HI_i = HI_{\text{m}}\cdot\sum_{k=1}^{i}(HUFH_k - HUFH_{k-1}) \tag{2-70}$$

$$HUFH_i = \frac{HUI_i}{HUI_i+\exp(6.5-10.0\cdot HUI_i)} \tag{2-71}$$

式中，Y_i 为第 i 天的作物产量，kg/hm^2；DM_{AG} 为地上部干物质重，kg/hm^2；HI_i

为第 i 天的收获指数；HI_m 为成熟时的收获指数；$HUFH_i$ 为第 i 天的影响收获指数的热力单元因子。

2.9 蔬菜生长模型

2.9.1 干物质积累

由于蔬菜的生长过程与传统大田作物有较大区别，特别是蔬菜产量，一般按鲜重计算，而传统的大田作物模型模拟的均为干物质重。同时，不同蔬菜的可食用部位不同，且蔬菜的大小会影响其售卖，不适合售卖的蔬菜不应该计算为产量。WHCNS 模型的蔬菜作物生长发育模块基于 EU-Rotate_N 蔬菜模型开发（Rahn et al.，2010），总干物质重的模拟基于干物质目标产量值，与其他由光合作用驱动的模型不同，该方法输入参数很少，调试简单，容易建立不同蔬菜品种数据库，但是需要输入目标产量。作物生长发育进程由三基点温度和气象条件控制：

$$RDS_{i+1} = RDS_i + \Delta RDS_i \tag{2-72}$$

$$\Delta RDS_i = \begin{cases} 0 & T_i < T_{\text{base}} \\ (T_i - T_{\text{base}}) / T_{\text{sum}} & T_{\text{base}} \leqslant T_i \leqslant T_{\text{crit}} \\ (T_{\text{crit}} - T_i)/T_{\text{sum}} & T_i > T_{\text{crit}} \end{cases} \tag{2-73}$$

式中，RDS_i 为作物在播种或者移栽后第 i 天的生长发育进程，该值为 0 代表播种和移栽，1 代表作物停止生长；ΔRDS_i 为每天的作物发育进程增量；T_i 为第 i 天的平均气温，℃；T_{sum} 为作物完成生育期需要的总积温，℃；T_{base} 为作物生长发育所需的最低温度，℃；T_{crit} 为作物生长发育临界温度，设置为 20℃（Rahn et al.，2010）。

作物每天的干物质累积量计算如下：

$$TDM_i = TDM_{i-1} + \Delta TDM_i \tag{2-74}$$

$$\Delta TDM_i = \frac{K_2 \cdot \Delta RDS_i \cdot cf(w) \cdot cf(N) \cdot TDM_{i-1}}{K_1 + TDM_{i-1}} \tag{2-75}$$

式中，TDM_i 和 TDM_{i-1} 分别为第 i 天和第 i–1 天作物总干物质重；ΔTDM_i 为第 i 天干物质的增量；$cf(w)$和 $cf(N)$分别为作物生长的水分和氮素胁迫校准系数，计算方法见 2.7.9 小节；K_1 为经验参数，设置为 1；可以看出，当式（2-75）中 $cf(w)$和 $cf(N)$均设置为 1 时，对其积分的结果即为最高目标产量 TDM_{max}，从而推导出 K_2 的计算公式：

$$K_2 = \frac{K_1 \cdot \ln TDM_{\text{max}} + TDM_{\text{max}} - K_1 \cdot \ln TDM_{\text{init}} - TDM_{\text{init}}}{JD_{\text{h}} - JD_{\text{p}}} \tag{2-76}$$

式中，TDM_{init} 为种植或播种时的植物干重，kg/hm^2；JD_h 和 JD_p 分别为收获和播种（播种）时的日序。

2.9.2　根系吸水吸氮

根系吸水的计算与大田作物相同，详见式（2-61）。而根系吸氮的计算参考 Greenwood（2001）的方法，该方法成功用于 EU-Rotate_N 模型中并建立了较完善的蔬菜参数数据库。该算法基于作物临界氮浓度，即作物维持最佳生长速率时的氮浓度，临界氮浓度计算公式如下：

$$N_{crit} = \eta_a \cdot [1 + \eta_b \cdot \exp(-0.26DM)] \tag{2-77}$$

式中，N_{crit} 为作物临界氮浓度，%；η_a 和 η_b 为与作物品种相关的参数，不同蔬菜的作物参数可参见 Greenwood（2001）的文献；DM 为干物质量。

当土壤的供氮量大于作物的需氮量时，作物会奢侈吸收，导致实际的氮浓度高于临界氮浓度，作物最大含氮量由下式计算：

$$N_{max} = R_{lux} \cdot N_{crit} \tag{2-78}$$

式中，N_{max} 为作物最大含氮量，%；R_{lux} 为奢侈吸收系数（>1），Rahn 等（2010）列出了不同蔬菜的 R_{lux} 值。

作物实际吸收的氮量由作物需氮量、土壤供氮能力和 R_{lux} 决定，作物生长发育的氮素胁迫校准系数 $cf(N)$则由作物的实际含氮量(N_{act})和作物临界含氮量(N_{crit})决定，如下：

$$cf(N) = \min\left(\frac{N_{act}}{N_{crit}}, 1.0\right) \tag{2-79}$$

2.9.3　可售卖产量估算

与大田作物产量模拟不同，蔬菜一般含水分较多，品种不同可食用的部位也不同，果实过大过小均会影响其食用，所以常规的计算大田作物产量的方法不适用于蔬菜产量的估算。当知道作物总干物质重时，Nendel 等（2009）提出了一个基于概率分布的普适的估算蔬菜产量鲜重的方法，该方法成功模拟了欧洲 5 种不同蔬菜的产量。计算基本过程如下，首先，由式（2-80）将总干物质重转化得到产量干重（DMY）。

$$DMY = TDM \cdot HI \tag{2-80}$$

式中，DMY 为作物产量干重，kg/hm^2；HI 为收获指数，即可食用部分重占总干物质重的比例。

式（2-80）中 DMY 代表 1 hm^2 菜地总产量的干重，令作物行间距为 P_s，则可计算出每公顷植株数 P_n 和单个植株的平均产量：

$$P_n = \frac{10\,000}{P_s^2} \tag{2-81}$$

$$SPAFY = \frac{DMY}{P_n \cdot c_{DM}} \tag{2-82}$$

式中，P_n 为每公顷植株数；P_s 为行间距，m；$SPAFY$ 为单个植株的平均产量鲜重，kg/plant；c_{DM} 为植株收获部分的干物质浓度，%，Nendel 等（2009）总结了不同蔬菜品种的 c_{DM} 值。

假设菜地植株收获器官重量服从正态分布，均值为 $SPAFY$，标准差为 σ_y。假定单个器官达到可食用（出售）的最小值（L_{low}）时才算为产量，不同蔬菜取值可参考 Nendel 等（2009）的文献。根据上面的假设可计算出 1 hm^2 菜地总产量的鲜重，计算公式如下：

$$f(x) = \frac{1}{\sqrt{2\pi} \cdot \sigma_y} \cdot \exp\left[-\frac{(x - SPAFY)^2}{2\sigma_y{}^2}\right] \tag{2-83}$$

$$FMY = P_n \cdot SPAFY \cdot \left[1 - \int_0^{L_{low}} f(x)\right] \tag{2-84}$$

式中，$f(x)$为作物收获器官重量的正态分布函数；FMY 为每公顷菜地可食用蔬菜产量鲜重，即直接可以出售的产量，kg/hm^2。

2.10 不同耕作方式模拟

WHCNS 模型的耕作模拟方法参考了 EPIC 和 RZWQM 模型，当耕作发生时耕作模块混合耕作层的土壤氮素和作物残茬，模拟土壤容重和土壤水力学参数变化，将直立的秸秆混入土壤（Williams et al.，1983）。每一个耕作操作设置一个混合效率参数（0～1），耕作混合方程如下：

$$X_i = (1 - EF) \times X_{O_i} + \left(\frac{Z_i - Z_{i-1}}{PD}\right) \times EF \times \sum_{j=1}^{M} X_{O_j} \tag{2-85}$$

式中，X_i 为第 i 层混合后的物质量，kg/hm^2；EF 为耕作的混合效率（0～1）；Z_i 代表第 i 层土壤的土层厚度，cm；X_{O_i} 或 X_{O_j} 分别为第 i 层或第 j 层混合前的物质量，kg/hm^2；M 为耕作层的土壤层次数；PD 为耕作层深度，mm。

耕作层土壤容重的变化通过如下方程模拟：

$$BDP_i = BDP_{Oi} - (BDP_{Oi} - \frac{2}{3}BD_{Oi}) \times EF \tag{2-86}$$

式中，BDP_{Oi} 为耕作前第 i 层土壤的容重，g/cm^3；BD_{Oi} 为耕作完成后第 i 层土壤稳定后的最终容重，g/cm³；BDP_i 为耕作完成后第 i 层土壤的容重，g/cm³。

耕作后，土壤会由于降雨事件而变化，用如下方程描述：

$$SZ_i = \frac{O_{i-1}}{Z_i^{0.6}} \cdot \left[1 + \frac{2SAN_i}{SAN_i + \exp(8.597 - 0.075SAN_i)}\right] \tag{2-87}$$

$$BDP_i = BDP_i + (BD_{O_i} - BDP_i) \cdot \left[\frac{SZ_i}{SZ_i + \exp(3.735 - 0.008\,835Z_i)}\right] \tag{2-88}$$

式中，SZ_i 为第 i 层土壤的尺度因子；O_{i-1} 为入渗进入土层的水量，mm；SAN_i 为第 i 层土壤砂粒含量，%；Z_i 为土层深度。

耕作模型中另外一个重要的函数是将直立的残茬混入土壤：

$$SR = (SR_0) \cdot \exp(-0.0569 \cdot PD \cdot EF^2) \tag{2-89}$$

式中，SR 为耕作后混入土壤的残茬量，kg/hm²；SR_0 为作物残茬量，kg/hm²。

考虑到耕作对土壤水力学参数的影响，耕作后土壤饱和含水量（θ_s^{till}）可以用下式计算：

$$\theta_s^{till} = 1 - \frac{BDP}{\rho_p} \tag{2-90}$$

式中，ρ_p 为土壤密度，取值为 2.65 g/cm³；BDP 为耕作后的土壤容重。

RZWQM 模型认为耕作仅改变了土壤水分特征曲线的湿润端（吸力低于 15 atm[①]），实验表明耕作前后土壤进气值 h_e 没有变化，仅改变了土壤孔隙分布指数（Ahuja et al.，1999）：

$$\lambda_{till} = \frac{\log_{10}(\theta_s^{till} - \theta_r) - \log_{10}\left[\theta_s(10h_e) - \theta_r\right]}{\log_{10}|h_e| - \log_{10}|10h_e|} \quad 10h_e < h < h_e \tag{2-91}$$

耕作后的饱和导水率（K_s^{till}）可采用 Ahuja 等（1999）的方法计算：

$$K_s^{till} = 764.5(\theta_s^{till} - \theta_{fc}^{till})^{3.29} \tag{2-92}$$

式中，θ_{fc}^{till} 为耕作后的田间持水量，cm³/cm³。

2.11　WHCNS 模型特色

1）本模型在构建的过程中，借鉴和吸收了当前一些主流模型的主要模块，如水分运动和热传导过程采用了 HYDRUS-1D 模型中的相关模块，土壤碳氮循环过程采用了 DAISY 模型中的土壤有机质周转模块，作物模型可选择荷兰瓦格宁根大学的 PS123 通用作物模型或者 EPIC 作物模型，并对其初级光合产物模拟进行了

① 1 atm = 1.013 25 × 10⁵ Pa。

水分和氮素胁迫因子的修正。

2）考虑到描述水分运动常用的 Richards 方程难以解决强降雨或高灌溉量时（华北地区经常出现）水分难以入渗的问题，本模型对水分运动过程进行了分解，入渗过程采用了改进的 Green-Ampt 模型，再分配过程采用了 Richards 方程。另外，对于作物根系吸水，不仅考虑了主动吸水，还考虑了补偿性吸水机制。

3）输入输出十分简便，所有的输入和输出文件全部采用*.xls 格式文件，便于模拟结果与实测结果直接对比；水分特征曲线参数可以输入 van Genuchten（1987）的参数，也可以输入土壤饱和含水量、田间持水量和萎蔫系数等简单参数；土壤氮素初始浓度可以输入质量单位 mg/kg 或体积单位 mg/L。

4）该模型能够适应当前华北地区高度集约化的农业管理措施，如保护性耕作、覆膜、不同轮作方式、作物高密度、高水肥投入的特点；设置有多种灌溉方式（8 种）和施肥方法（3 种）；同时能模拟大田和蔬菜作物的生长发育过程。

5）采用了灵活多变的计算方法，对于溶质运移方程的求解采用了更加稳定和收敛快的广义迎风差分方法，对于 Richards 方程的求解则采用了六点隐式差分方法。

6）模型设计结构化，便于移植、扩展和维护，其他模型的一些功能可以很容易地扩展到本模型中，如情景分析模块。另外，本模型已经与 PEST 程序实现完全耦合，可以很方便地自动优化模型参数，便于用户使用。

参 考 文 献

毛振强. 2003. 基于田间试验和作物生长模型的冬小麦持续管理研究. 北京：中国农业大学博士学位论文.

宇振荣, 邱建军, 王建武. 1998. 土地利用系统分析方法与实践. 北京：中国农业科技出版社.

Ahuja L R, Rojas K W, Hanson J D, et al. 1999. Root Zone Water Quality Model: Modeling Management Effects on Water Quality and Crop Production. Highlands Ranch, Colo: Water Resources Publications, LLC.

Allen R G, Pereira L S, Raes D, et al. 1998. Crop evapotranspiration guidelines for computing crop water requirements. FAO Irrigation and Drainage Paper No. 56. Rome: FAO.

Driessen P M, Konjin N T. 1992. Land Use System Analysis. Wageningen: Wageningen Agricultural University.

Feddes R A, Kowalik P J, Zaradny H. 1978. Simulation of Field Water Use and Crop Yield. Wageningen: Centre for Agricultural Publishing and Documentation.

Feddes R A, Zaradny H. 1978. Model for simulating soil-water content considering evapotranspiration—comments. Journal of Hydrology, 37: 393-397.

Freney J R, Leuning R, Simpson J R, et al. 1985. Estimating ammonia volatilization from flooded rice fields by simplified techniques. Soil Science Society of America Journal, 49(4): 1049-1054.

Green W H, Ampt G A. 1911. Studies on soil physics, 1. The flow of air and water through soils. The Journal of Agricultural Science, 4(1): 1-24.

Greenwood D J. 2001. Modelling N-response of field vegetable crops grown under diverse condition with N_ABLE. Journal of Plant Nutrient, 24: 1799-1815.

Hansen S, Jensen H E, Nielsen N E, et al. 1990. NPo-research, A10: DAISY: Soil Plant Atmosphere System Model. Copenhagen: The National Agency for Environmental Protection.

Jones C A, Kiniry J R. 1987. CERES-Maize: A Simulation Model of Maize Growth and Development. College Station: Texas A & M University Press.

Lind A M. 1980. Denitrification in the root zone. Tidsskrift for Planteavl, 84: 101-110.

Monteith J L, Moss C J. 1977. Climate and the efficiency of crop production in Britain: discussion. Philosophical Transactions of Royal Society B, 281(980): 277-294.

Mualem Y. 1976. A new model for predicting the hydraulic conductivity of unsaturated porous media. Water Resources Research, 12(3): 513-522.

Nendel C, Schmutz U, Venezia A, et al. 2009. Converting simulated total dry matter to fresh marketable yield for field vegetables at a range of nitrogen supply levels. Plant Soil, 325(1): 319-334.

NRCS. 2004. Estimation of direct runoff storm rainfall. *In*: Natural Resources Conservation Service USDA National Engineering Hand Book, Part 630-Hydrology. Washington DC: US Government Printing Office.

Rahn C R, Zhang K, Lillywhite R, et al. 2010. EU-Rotate_N–a decision support system–to predict environmental and economic consequences of the management of nitrogen fertiliser in crop rotations. European Journal of Horticultural Science, 75(1): 20-32.

Šimůnek J, Hopmans J W. 2009. Modeling compensated root water and nutrient uptake. Ecological Modelling, 220: 505-521.

Šimůnek J, Saito H, Šejna M, et al. 2008. The HYDRUS-1D Software Package for Simul ating the One-dimensional Movement of Water, Heat, and Multiple Solutes in Variably Saturated Media. Version 4.0. US Salinity Laboratory, Agricultural Research Service. US Department of Agriculture, Colorado School of Mines Publishers, University of California Riverside, CA.

Šimůnek J, Šejna M, Saito H, et al. 2008. The HYDRUS-1D Software Package for Simulating the Movement of Water, Heat, and Multiple Solutes in Variably Saturated Media, V4.0. California: University of California Riverside.

Spitters C J T, Toussaint H, Goudriaan J. 1986. Separating the diffuse and direct component of global radiation and its implications for modeling canopy photosynthesis Part I. Components of incoming radiation. Agricultural and Forest Meteorology, 38(1): 217-229.

van Genuchten M T. 1987. A Numerical Model for Water and Solute Movement in and below the Root Zone. University of California, Riverside: US Salinity Laboratory.

Versteeg M N, van Keulen H. 1986. Potential crop production prediction by some simple calculation methods, as compared with computer simulations. Agricultural Systems, 19(4): 249-272.

Williams J R, Dyke P T, Jones C A. 1983. Epic-a model for assessing the effects of erosion on soil productivity 1. Developments in Environmental Modelling, 5: 553-572.

Zhang Y, Li C, Zhou X, et al. 2002. A simulation model linking crop growth and soil biogeochemistry for sustainable agriculture. Ecological Modelling, 151(1): 75-108.

Zheng D, Hunt E R, Running S W. 1993. A daily soil temperature model based on air temperature and precipitation for continental application. Climate Research, 2: 183-191.

第 3 章　WHCNS 模型验证及与国外模型的比较

3.1　数 据 来 源

本研究的数据来源于德国的 Muncheberg 实验站（Kersebaum et al.，2007），该实验站位于柏林以东 40 km 的奥得河和柏林之间（52°51′N，14°07′E）。试验区海拔 62 m，地下水埋深大于 12 m。根据联合国的分类方法（IUSS Working Group WRB，2006），试验地土壤为艳色雏形土（Eutric Cambisol）。Muncheberg 夏季温度最高，夏季干旱和冬季寒冷气候比较频繁。1951～2003 年的年平均温度为 8.46℃，多年平均降雨量为 530.8 mm。该区土壤基本物理性质见表 3-1，土壤质地主要为砂土，饱和导水率较大。

表 3-1　土壤剖面质地及水力学特性参数

土层/cm	容重/(g/cm³)	机械组成/%			质地（美国制）	θ_r/(cm³/cm³)	θ_s/(cm³/cm³)	α/cm^{-1}	n	K_s/(cm/d)
		砂粒	粉粒	黏粒						
0～30	1.45	85	9	6	壤质砂土	0.027	0.385	0.021	2.013	92
30～100	1.5	90	5	5	砂土	0.027	0.319	0.027	2.379	162
100～110	1.55	81	6	13	壤质砂土	0.065	0.385	0.028	2.147	30

注：θ_r 为残余含水量；θ_s 为饱和含水量；α 和 n 均为水分特征曲线参数，α 为进气值的倒数（cm^{-1}），n 为孔隙分布指数；K_s 为饱和导水率

田间试验共设有 3 种不同的肥料管理模式：①传统化肥模式，T1；②有机肥模式，T2；③有机无机肥配合模式，T3。田间试验时间从 1992 年 9 月 2 日到 1998 年 7 月 27 日，作物轮作方式：绿肥-甜菜-冬小麦-冬大麦-冬黑麦-绿肥-冬小麦，其中 1996 年为休闲年（只有一季绿肥种植），每个处理 5 次重复，共 15 个小区，小区面积为 20 m×20 m，采用随机区组设计。所有小区均不灌溉，各种作物的播种和收获日期、施肥日期和数量及田间管理详见文献（Kersebaum et al.，2007）。

在作物的不同生育期采用土钻在田间分层随机取样（0～30 cm、30～60 cm 和 60～90 cm），室内测定土壤水分和无机氮含量；同时每月取植株样测定干物质重、叶面积指数和含氮量等。气象数据包括日平均温度、日最高温、日最低温、平均相对湿度、离地 2 m 处风速、辐射和降雨；具体的田间管理数据、测定项目和方法详见文献（Kersebaum et al.，2007）。

3.2　国外 14 个相关模型简介

表 3-2 和表 3-3 列出了用于比较的 14 个国外模型的基本信息（连续模拟能力、时间步长、研究尺度和研究维度）和基本特征。这些模型模拟的时间步长从 1 h（STAMINA）到 1 周（NDICEA），模拟的尺度从田间尺度（STAMINA、AGROSIM 等）到区域尺度（WASMOD），从水平衡模型（AGROSIM、CERES、CANDY 等）到水动力学模型（AGROTOOL、SWAP/ANIMO、Expert-N），从时间不连续模型（STAMINA、NDICEA 等）到时间连续模型（AGROSIM、SWAP 等），从简单的经验作物模型（NDICEA、WASDOM、CANDY）到光温驱动的作物动态生长模型（CERES、FASSET 等），模拟的维度从一维（AGROSIM、SWAP 等）到二维（SWIM、WASDOM）。2004 年在德国 Muncheberg 举办的土壤-作物系统模型水氮动态模拟会议上，对这些模型使用同一个公共的数据集进行了校验，并将校验结果进行了对比，本章使用的原始数据同样来源于 Kersebaum 等（2007）的专著，这些模型的详细介绍可以参考该专著。

表 3-2　参与比较的模型的基本信息

模型名称	时间轴	时间步长	尺度	类型	模拟结果
STAMINA	非连续模拟	小时或天	农田（Field）	1D	W，P
AGROSIM	连续模拟	天	农田（Field）	1D	W，P
AGROTOOL	非连续模拟	天	农田（Field）	1D	W，P
NDICEA	非连续模拟	周	农田（Field）	1D	W，N，C
SWAP/ANIMO	连续模拟	天	农田（Field）	1D	W，N，C，P
SWIM	连续模拟	天	流域（River basin）	2D	W，N，C，P
HERMES	连续模拟	天	农田（Field-meso）	1D	W，N，P
WASMOD	非连续模拟	天	流域（Catchment）	2D	W，N，C
CERES	连续模拟	天	农田（Field）	1D	W，N，P
ExN-CER	连续模拟	天	农田（Field）	1D	W，N，C，P
ExN-SPA	连续模拟	天	农田（Field）	1D	W，N，C，P
ExN-SUC	连续模拟	天	农田（Field）	1D	W，N，C，P
FASSET	连续模拟	天	农田（Field）	1D	W，N，C，P
CANDY	连续模拟	天	农田（Field）	1D	W，N，C
WHCNS	连续模拟	天	农田（Field）	1D	W，N，C，P

注：W 为水分；N 为氮素；C 为碳动态；P 为作物生长过程

表 3-3 土壤有机质转化参数

参数	描述	取值
k^*_{SOM1}	SOM1 库分解速率（d^{-1}）	2.70E-6
k^*_{SOM2}	SOM2 库分解速率（d^{-1}）	1.40E-4
k^*_{AOM1}	AOM1 库分解速率（d^{-1}）	0.025
k^*_{AOM2}	AOM2 库分解速率（d^{-1}）	0.1
d^*_{BOM1}	BOM1 库死亡速率（d^{-1}）	1.85E-4
d^*_{BOM2}	BOM2 库死亡速率（d^{-1}）	0.01
m^*_{BOM1}	BOM1 库维持呼吸速率（d^{-1}）	1.80E-3
m^*_{BOM2}	BOM2 库维持呼吸速率（d^{-1}）	0.01
f_{SOM2_SOM1}	SOM2 库到 SOM1 库的分配系数（0～1）	0.1
f_{BOM1_SOM2}	BOM1 库到 SOM2 库的分配系数（0～1）	0.6
f_{BOM2_SOM2}	BOM2 库到 SOM2 库的分配系数（0～1）	0.6
f_{AOM1_BOM1}	AOM1 库到 BOM1 库的分配系数（0～1）	0.5
f_{AOM1_BOM2}	AOM1 库到 BOM2 库的分配系数（0～1）	0.5
$[C/N]_{SOM1}$	SOM1 库碳氮比（–）	10
$[C/N]_{SOM2}$	SOM2 库碳氮比（–）	12
$[C/N]_{BOM}$	BOM1 和 BOM2 库碳氮比（–）	6.7
$[C/N]_{AOM1}$	AOM1 库碳氮比（–）	100
$[C/N]_{AOM2}$	AOM2 库碳氮比（–）	20

需要说明的是，用同一套数据来校验不同模型的模拟效果，然后评判模型的好坏可能不太严格，因为模型模拟结果的优劣不仅与模型原理有关，还与模型使用者自身的专业知识和经验有关。虽然有很多的不确定性因素，但是可以通过对比各个模型的模拟结果来发现各个模型模拟方法之间的差距，进行模拟结果的不确定性分析，为建立一个统一的模型参数输入标准和提高模型的系统模拟能力提供依据（Kersebaum et al.，2007）。

3.3 模型评价指数

本研究运用了 4 个统计量来评价模型模拟的效果，分别是平均误差（*ME*）：

$$ME = \sum_{i=1}^{n} \frac{S_i - O_i}{n} \tag{3-1}$$

均方根误差（*RMSE*）：

$$RMSE = \sqrt{\frac{\sum_{i=1}^{n}(S_i - O_i)^2}{n}} \tag{3-2}$$

一致性指数（*IA*；Willmott，1982）：

$$IA = 1 - \frac{\sum_{i=1}^{n}(S_i - O_i)^2}{\sum_{i=1}^{n}(|S_i - \overline{O}| + |O_i - \overline{O}|)^2} \tag{3-3}$$

模型模拟效率系数（*NSE*；Nash and Sutcliffe，1970）：

$$NSE = 1 - \frac{\sum_{i=1}^{n}(S_i - O_i)^2}{\sum_{i=1}^{n}(O_i - \overline{O})^2} \tag{3-4}$$

式中，n 为样本个数；S_i 和 O_i 分别为模拟值和实测值；$\overline{O}$ 为实测值的平均值。

RMSE 一般用来描述模拟值与实测值之间的平均绝对偏差，该值越小说明模拟效果越好；*ME* 考虑正负误差，适合指明模型的误差；*IA* 也是一种评价模型模拟结果优劣的指标，该值介于 0～1，*IA* 值越接近 1 则模拟效果越好；*NSE* 指数允许出现负值，用来比较模拟值与实测值之间的偏差，并与观测值的方差联系起来，*NSE* 值越大则显示模型模拟的质量越高。

3.4 模 型 参 数

3.4.1 土壤水力学和溶质运移参数

土壤水分特征曲线和非饱和导水率分别使用 van Genuchten（1980）和 Mualem（1976）的模型来描述，拟合的模型参数值见表 3-1，实测土壤水力学参数见 Kersebaum 等（2007）的文献。水动力弥散系数可表示为

$$D_{\text{sh}}(v,\theta) = D_{\text{L}}\frac{|q|}{\theta} + D_0\tau \tag{3-5}$$

式中，D_0 为溶质在自由水体中的扩散系数，cm^2/d，铵态氮和硝态氮的 D_0 均取值为 1.2 cm^2/d；τ 为弯曲因子，可近似表示为$\theta^{7/3}/\theta_s^2$；$|q|$为达西流速的绝对值，cm/d；D_L 为纵向弥散系数，cm，本研究取值 3.0 cm。

3.4.2 土壤碳氮转化参数

考虑到该试验点土壤质地为砂土，模型设定微生物活动范围为 0～30 cm 土层，在此范围内才考虑土壤氮素转化过程（矿化、硝化、反硝化等）。氮素转化参数参考 DAISY 模型默认值，并根据实际情况进行了校准，最大硝化速率 V_n^*设为

50 g/(m^3/d)，硝化半饱和常数 K_n 设为 100 g/m^3，经验常数 K_d 代表土壤可反硝化的硝态氮量占总硝态氮量的比例，设为 1.0，反硝化经验常数 α_d^*设置为 0.1，氨挥发一级动力学常数为 0.02 d^{-1}。本研究有机质库的分解速率和各个有机质库分配系数主要来源于参考文献（Hansen et al.，1990），各参数定义及取值见表 3-3。

3.4.3 作物参数

根据有关文献（Driessen and Konjin，1992）确定了作物模型的基本参数（表 3-4），作物向根、茎、叶和籽粒（储存器官）各个功能器官的转化效率分别为 0.72、0.69、0.72 和 0.79，根、茎、叶和穗各器官的维持呼吸速率分别为 0.017 kg/(hm^2·d)、0.01 kg/(hm^2·d)、0.015 kg/(hm^2·d)和 0.01 kg/(hm^2·d)。

表 3-4 WHCNS 模型中使用的作物模型参数

参数	描述	作物			
		甜菜	冬小麦	冬大麦	冬黑麦
T_{base}	作物生长发育最低温度（℃）	0	0	0	0
T_{sum}	出苗到成熟积温（℃）	2100	2110	2000	1800
K_e	消光系数	0.6	0.6	0.6	0.44
K_{ini}	前期作物系数（–）	0.6	0.6	0.6	0.6
K_{mid}	中期作物系数（–）	1.35	1.35	1.35	1.35
K_{end}	后期作物系数（–）	0.6	0.6	0.6	0.6
SLA_{max}	最大比叶面积（m^2/kg）	28	22	25	22
SLA_{min}	最小比叶面积（m^2/kg）	18	14	18	15
$AMAX$	最大同化率[kg/(hm^2·h)]	45	55	45	45
R_{max}	根系最大深度（cm）	110	110	110	110

3.5 模型校验

根据试验处理 T3 实测的含水量、硝态氮含量、铵态氮含量、干物质重和作物吸氮量数据对模型的输入参数进行校准，然后用处理 T1 和 T2 的实测数据对模型进行验证，三个处理使用同一套参数，进行了 6 年的连续模拟，模拟时间从 1992 年 9 月 3 日到 1998 年 7 月 27 日。图 3-1 是 T1 处理各层水分动态模拟值与实测值的对比结果，除了部分时间有一些误差外，绝大多数时间模拟的土壤含水量与实测值的吻合程度较高。图 3-2 给出了 T1 处理各层硝态氮的模拟结果，从对比结果来看 WHCNS 模型能够很好地模拟氮素的迁移过程，与实测值有较高的一致性。图 3-3 是 T1 处理各层铵态氮模拟值与实测值的对比图，试验地的铵态氮主要分布在 0～30 cm 土层，从模拟的结果来看，模拟的铵态氮峰值基本与实测值十分吻合。图 3-4 是 T1、T2 和 T3 三个处理干物质重模拟值与实测值的对比情况，除了第一

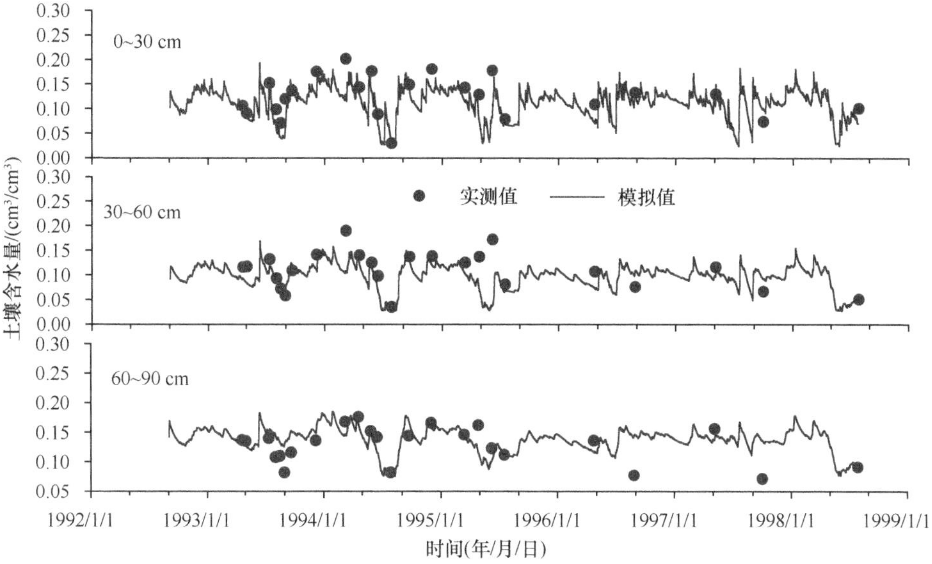

图 3-1　T1 处理不同土层实测的体积含水量与模拟值的对比图

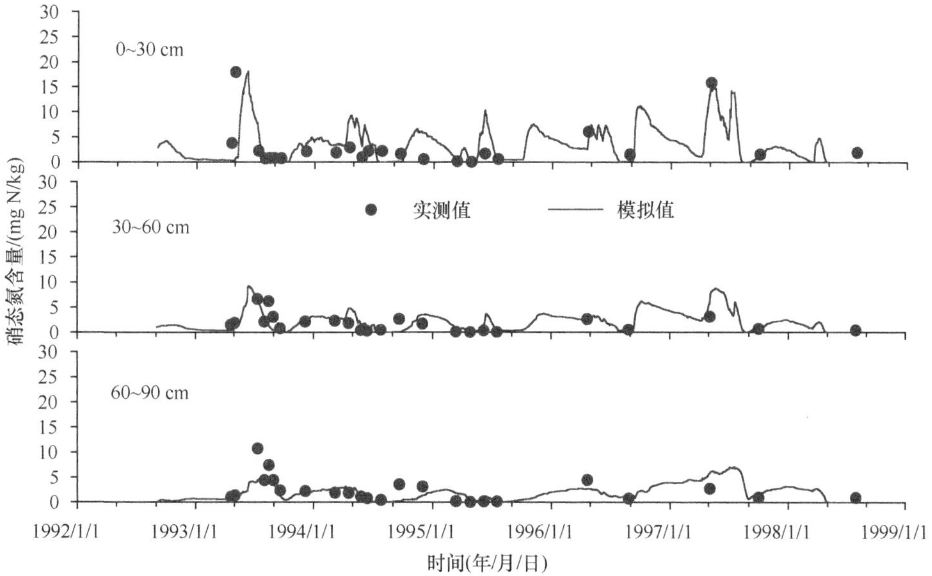

图 3-2　T1 处理不同土层实测的土壤硝态氮含量与模拟值的对比图

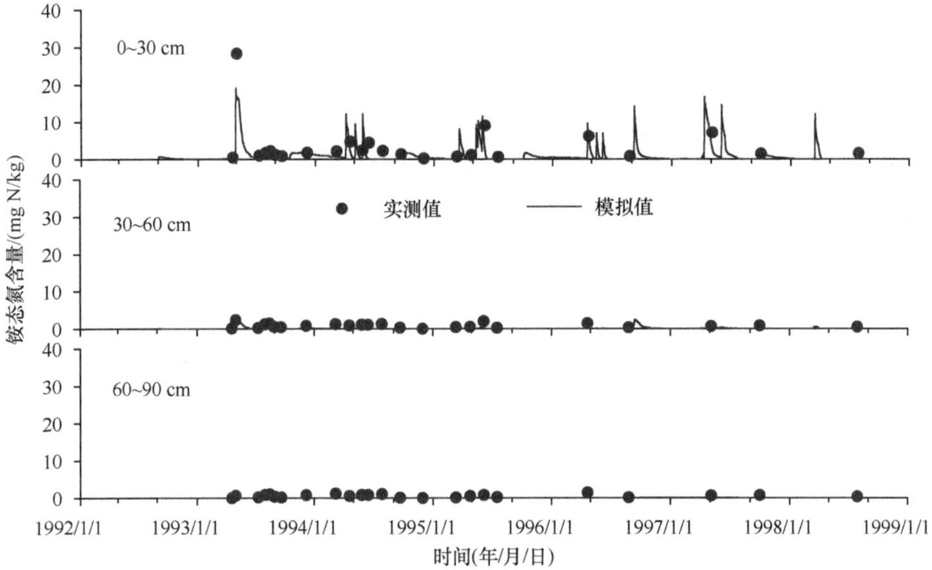

图 3-3　T1 处理不同土层实测的土壤铵态氮含量与模拟值的对比图

季甜菜有些偏差外，其余作物的干物质模拟效果均良好。图 3-5 是 T1、T2 和 T3 三个处理作物吸氮的模拟情况，由于第一季甜菜干物质模拟值偏低，因此模拟的甜菜吸氮量也稍微偏低，其余作物的吸氮量模拟值与实测值则有较好的一致性。

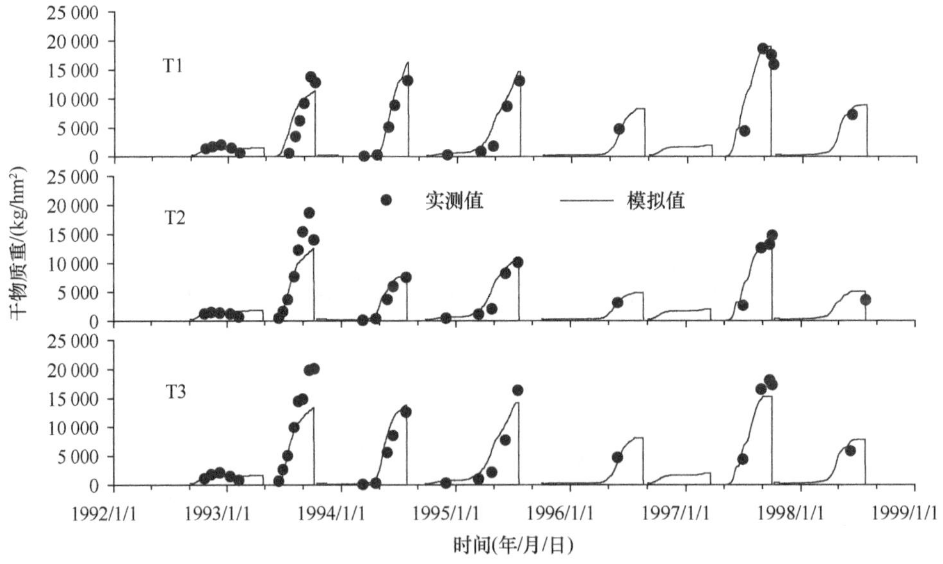

图 3-4　三个处理实测的作物干物质重与模拟值的对比图

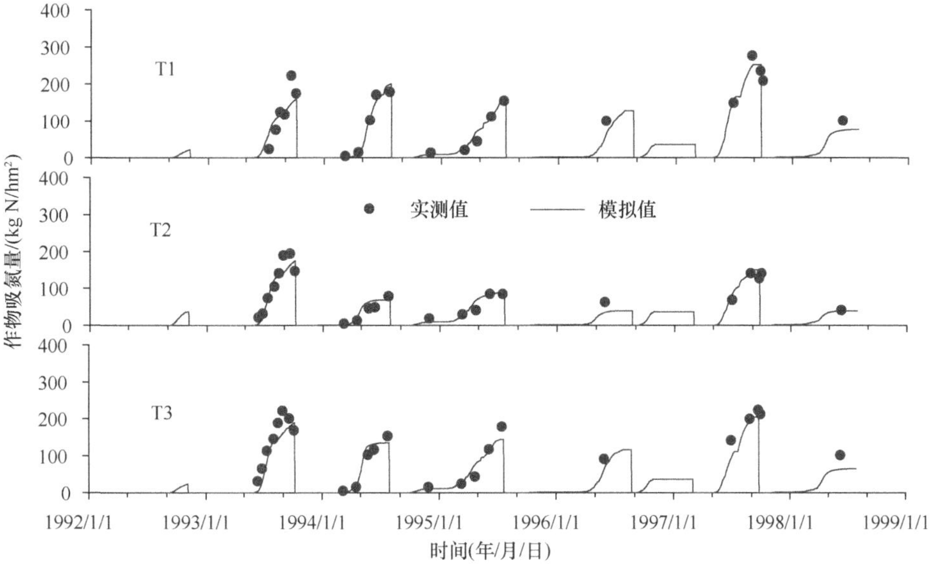

图 3-5　三个处理实测的作物吸氮量与模拟值的对比图

从图 3-2 和图 3-3 可以看出，土壤的硝态氮在 60 cm 以上变化剧烈，这与土壤中有机质的矿化及微生物主要在上层活动有关；铵态氮主要分布在 30 cm 土层以上，一方面由于土壤矿化大部分发生在土壤表层，另一方面铵态氮相比硝态氮更容易被土壤颗粒吸附导致向下淋失速度较慢。

表 3-5 列出了 WHCNS 模型模拟的三个处理的不同层次土壤含水量和硝态氮含量的相关系数、*ME*、*RMSE*、*IA* 和 *NSE* 指数结果；模拟的土壤含水量和硝态氮含量与实测值之间的相关系数（*r*）为 0.495～0.833，存在显著相关性。*ME* 代表了模型模拟的平均误差（Addiscott and Whitmore，1987），在 0～60 cm 土壤含水量和硝态氮含量的 *ME* 是负值，说明模拟值平均低估了土壤含水量和硝态氮含量，分别为 14.8%和 9.4%，而在 60～90 cm 土体的 *ME* 为正值，存在正误差，则说明模拟值平均高估了土壤含水量和硝态氮含量，分别为 0.8%和 7.5%。*RMSE*

表 3-5　WHCNS 模型的不同层次土壤含水量和硝酸盐含量的评价指数

项目	土层	*y=ax+b*	*r*	*ME*	*RMSE*	*IA*	*NSE*
土壤含水量/(cm^3/cm^3)	0～30 cm	*y*=0.793*x*+0.040	0.783*	–0.018	0.031	0.828	0.346
	30～60 cm	*y*=0.787*x*+0.036	0.808*	–0.016	0.030	0.741	0.143
	60～90 cm	*y*=0.512*x*+0.066	0.495*	0.0012	0.026	0.713	0.020
土壤硝态氮含量/(mg N/kg)	0～30 cm	*y*=0.860*x*+0.784	0.833*	–0.177	2.909	0.913	0.652
	30～60 cm	*y*=0.838*x*+0.509	0.645*	–0.249	1.679	0.782	0.387
	60～90 cm	*y*=0.740*x*+0.674	0.575*	0.151	1.953	0.738	–0.184

注：*表示显著水平（$P<0.05$）

在 0.026～0.031 cm^3/cm^3，说明模拟和实测的土壤含水量具有较好的吻合性。*IA* 指数在 0.713～0.913，说明模拟值与实测值之间有较高的一致性。土壤含水量和硝态氮含量的 *NSE* 值范围分别为 0.020～0.346 和–0.184～0.652，考虑到土壤氮素转化过程十分复杂，根据其他一些学者的研究结果，认为较低的 *NSE* 值通常是可以接受的（Thorp et al.，2007；Wang and Huang，2008；Guo et al.，2010）。

3.6 WHCNS 模型与国外模型比较

将 WHCNS 模型模拟的 0～90 cm 的土壤含水量、无机氮含量、干物质重和作物吸氮量与其他 11 个模型（有结果输出的）进行了比较，结果如图 3-6～图 3-8 所示。从含水量、无机氮含量和作物吸氮量的对比结果来看，WHCNS 模型模拟值与实测值的回归方程的斜率接近 1，且相关系数都较高。表 3-6 给出了各个模型模拟的土壤含水量、无机氮含量、干物质重和作物吸氮量的 *ME*、*RMSE*、*IA* 和 *NSE* 指数。总体来看，WHCNS 模型模拟的土壤含水量、无机氮含量、干物质重和作物吸氮量在所有的对比模型中有较低的 *RMSE* 值，较高的 *IA* 和 *NSE* 值；

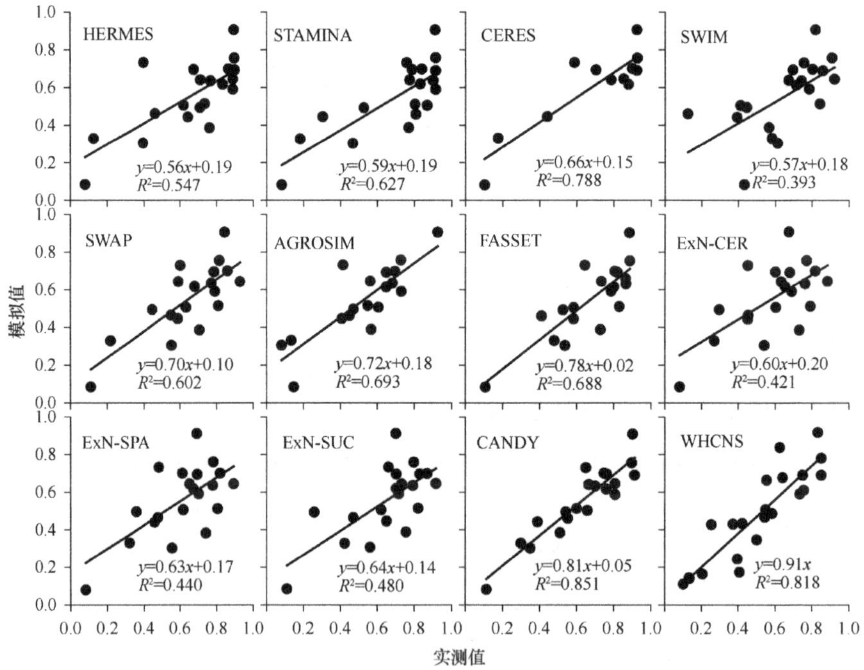

图 3-6 不同模型模拟的 T1 处理 0～90 cm 土壤含水量的效果对比图

原始数据经过了标准化，数值在 0～1，下同

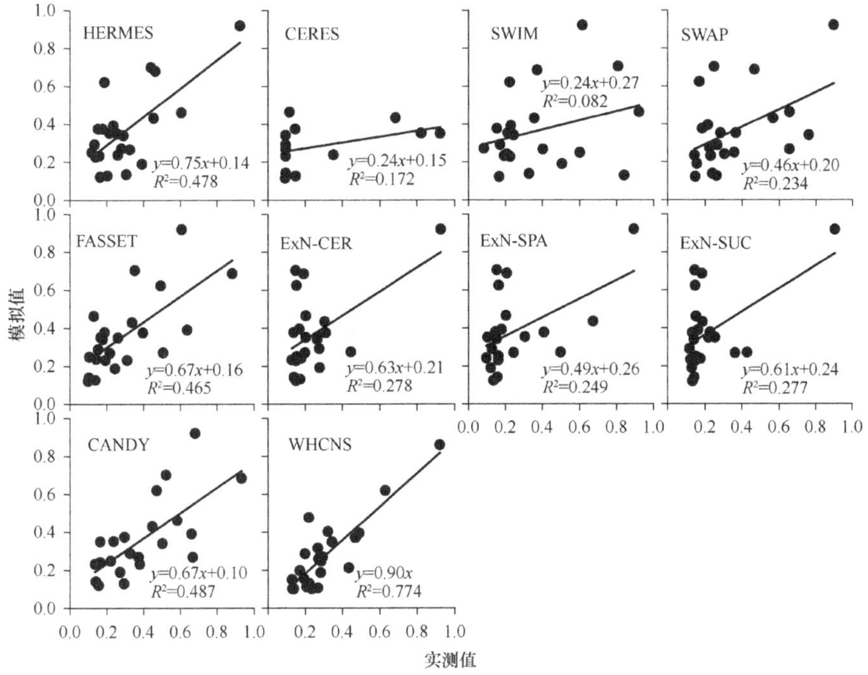

图 3-7　不同模型模拟的 T1 处理土壤无机氮含量的效果对比图

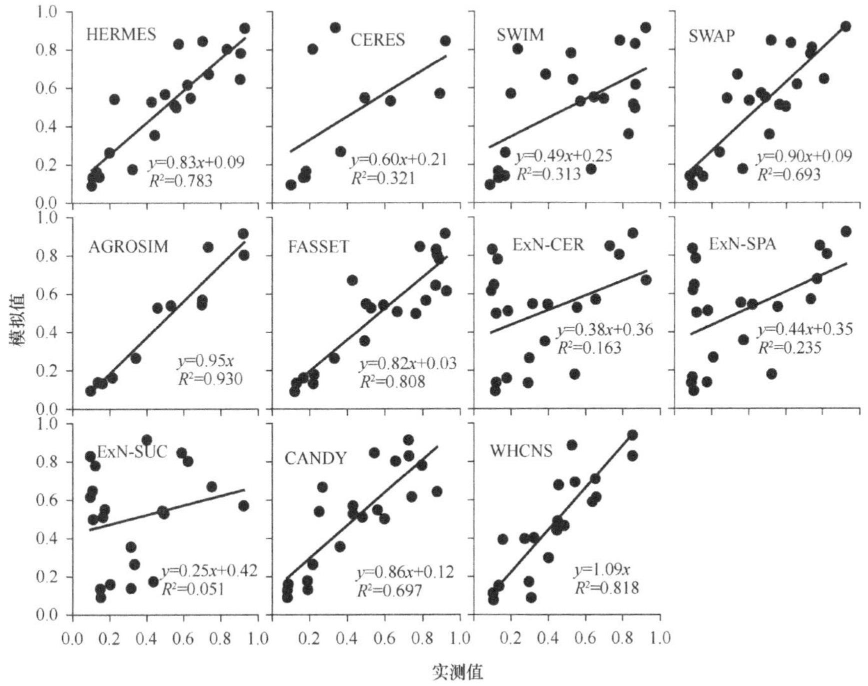

图 3-8　不同模型模拟的 T1 处理作物吸氮量的效果对比图

表 3-6 不同模型模拟的 T1 处理的土壤含水量、无机氮含量、干物质重和作物吸氮量的统计指数

模型	含水量				无机氮含量			
	ME	*RMSE*	*IA*	*NSE*	*ME*	*RMSE*	*IA*	*NSE*
NDICEA	—	—	—	—	–6.3	23.2	0.81	0.43
STAMINA	2.6	18.7	0.64	0.23	—	—	—	—
AGROSIM	39.0	44.9	0.50	–3.11	—	—	—	—
SWAP	1.8	19.3	0.79	0.26	–19.9	34.1	0.61	–0.20
SWIM	7.1	23.8	0.65	–0.22	–0.4	41.6	0.56	–0.81
HERMES	4.1	24.0	0.80	–0.22	–11.1	25.8	0.80	0.32
CERES	–4.1	14.2	0.93	0.66	–14.2	21.6	0.59	–0.65
ExN-CER	12.0	25.0	0.74	–0.33	–23.4	35.7	0.66	–0.34
ExN-SPA	10.6	24.8	0.76	–0.31	–26.2	38.0	0.63	–0.51
ExN-SUC	16.7	26.2	0.70	–0.45	–26.3	37.8	0.65	–0.49
FASSET	3.9	19.5	0.82	0.02	6.9	35.1	0.76	–0.29
CANDY	2.8	23.3	0.79	–0.13	1.6	24.5	0.83	0.39
WHCNS	9.4	18.2	0.87	0.36	–13.9	22.3	0.79	0.38

模型	干物质重				作物吸氮量			
	ME	*RMSE*	*IA*	*NSE*	*ME*	*RMSE*	*IA*	*NSE*
NDICEA	—	—	—	—	—	—	—	—
STAMINA	–1366	2766	0.78	0.49	—	—	—	—
AGROSIM	107	775	0.99	0.96	17.4	37.6	0.92	0.63
SWAP	—	—	—	—	–5.0	33.8	0.89	0.61
SWIM	—	—	—	—	–18.3	56.6	0.67	–0.14
HERMES	214	1403	0.96	0.87	7.0	36.9	0.90	0.54
CERES	–1266	1884	0.96	0.85	–16.2	60.8	0.71	0.07
ExN-CER	–844	1871	0.93	0.75	–18.6	69.0	0.61	–0.71
ExN-SPA	–1246	2232	0.89	0.64	–18.3	68.1	0.66	–0.66
ExN-SUC	449	2619	0.89	0.49	–15.3	77.3	0.50	–1.14
FASSET	455	3327	0.80	0.19	2.3	25.2	0.94	0.80
CANDY	—	—	—	—	11.5	51.8	0.83	0.05
WHCNS	1151	2217	0.96	0.84	–11.8	35.5	0.93	0.79

其中 WHCNS 模型模拟作物吸氮量的 *NSE* 值最大，为 0.79；干物质重、作物吸氮量和含水量的 *IA* 指数分别为 0.96、0.93 和 0.87，在所有的对比模型中排在前列，说明 WHCNS 模型在模拟土壤水氮动态、干物质积累和作物吸氮方面

表现较优。

导致各个模型模拟的水氮运移结果产生差异的原因很多。首先，模拟土壤水分运动的方法有水平衡法和动力学法。Kröbel 等（2010）比较了 DNDC 模型（水平衡）和 DAISY 模型（Richards 方程）在模拟水分运动方面的区别，发现 DAISY 模型的土壤水分模拟精度较高。其次，是否考虑作物根系吸水也很重要，一般考虑了详细根系生长与吸水过程的模型的模拟效果普遍好于简化根系吸水过程的模型（Šimůnek and Hopmans，2009；Guswa et al.，2002）。由于 WHCNS 模型进一步考虑了根系吸水的补偿性机制，因此得到的模拟效果较好。最后，与模型采用的参考作物蒸散量的计算公式不同有关，Kersebaum 等（2007）对比了各个模型的水分消耗量，由于各个模型计算参考作物潜在蒸散的方法不同，因此潜在蒸散和渗漏模拟有较大差异，均影响了土壤含水量的模拟。其中 ExN-CER、ExN-SPA、ExN-SUC、SWAP 和 WHCNS 模型使用了 Penman-Monteith 方程估算潜在蒸散，它们计算的潜在蒸散在所有模型中最小；HERMES（可选择 Turc-Wendling 或 Haude 方法）和 WASDOM 模型使用 Haude 方法计算潜在蒸散，在所有模型中这种方法计算的潜在蒸散最大。

由于土壤氮素运移、土壤氮素转化过程是极其复杂的，目前对其中许多过程的机理仍然不明晰，加上各个模型采用的模拟方法不同，因此模拟结果差异较大。在所有模型中有 11 个模型包含有氮循环模块，可以模拟土壤氮素动态（Kersebaum et al.，2007），AGROSIM 模型使用简单的氮平衡方法来描述氮动态和用零阶动力学方程表述氮矿化过程，而 HERMES 模型将土壤有机质分库并使用一阶动力学方程来描述土壤氮素净矿化过程。在氮固持方面，一些模型简单使用了添加物的碳氮比作为重要的影响因子来计算（CERES、SWIM 模型），其他一些模型则考虑了环境因子对碳氮周转的影响，如土壤水分和土壤温度均是影响土壤碳氮循环的重要因子。另外，土壤水分和作物的模拟结果也反过来影响土壤氮素转化与运移过程。由于 WHCNS 模型综合了许多模型的优点，因此表现出良好的模拟效果。

目前 WHCNS 模型也存在很多不足，由于该模型是系统化的模型，还需要大量的实验数据对模型中一些模块的功能进行校验，如土壤有机质动态、温室气体排放、耕作栽培方式等。在模型机理方面，现有的模型没能考虑作物在缺少磷肥和有病虫害条件下的生长情况，将磷元素与土壤中的碳氮循环模型结合，考虑 C/P 对土壤磷素迁移转化的影响，这方面还需要进一步完善。在湿地（wetland）或低洼地（lowland）中可溶性碳（DOC）和可溶性氮（DON）扮演着十分重要的角色，模型目前还没能包括 DOC 和 DON 的迁移转化过程，这方面的模拟存在较大的局限；在模拟尺度方面，目前仅适用于田块尺度，需要结合水文模型和地下水模型来探索 WHCNS 模型区域化的新方法，为区域的水肥管理及环境效应评价提供技术支持。

3.7 小结

利用德国公共数据集对 WHCNS 模型进行了验证，从模拟结果的 5 个统计指标来看，WHCNS 模型对中短期土壤水分动态、无机氮运移、作物干物质累积和作物吸氮等指标均有较强的模拟能力，在与国外 14 个土壤-作物系统模型的对比中表现较优。由于各个模型构建的原理和方法存在差异，不同模型的模拟结果之间存在很大的差距，但不同模型方法和原理之间的优劣，以及适用性可能需要进一步的研究。

参考文献

Addiscott T M, Whitmore A P. 1987. Computer simulation of changes in soil mineral nitrogen and crop nitrogen during autumn, winter and spring. The Journal of Agricultural Science, 109(1): 141-157.

Driessen P M, Konjin N T. 1992. Land Use System Analysis. Wageningen: Wageningen Agricultural University.

Guo R, Nendel C, Rahn C, et al. 2010. Tracking nitrogen losses in a greenhouse crop rotation experiment in North China using the EU-Rotate-N simulation model. Environment Pollution, 158(6): 2218-2229.

Guswa A J, Celia M A, Rodriguez-Iturbe I. 2002. Models of soil moisture dynamics in ecohydrology: a comparative study. Water Resources Research, 38(9): 1166-1180.

Hansen S, Jensen H E, Nielsen N E, et al. 1990. NPo-research, A10: DAISY: Soil Plant Atmosphere System Model. Copenhagen: The National Agency for Environmental Protection.

IUSS Working Group WRB. 2006. World Reference Base for Soil Resources. World Resources Report No. 103. Rome: FAO.

Kersebaum K C, Hecker J M, Mirschel W, et al. 2007. Modelling Water and Nutrient Dynamics in Soil-Crop Systems. Dordrecht: Springer.

Kröbel R, Sun Q P, Ingwersen J, et al. 2010. Modelling water dynamics with DNDC and DAISY in a soil of the North China Plain: a comparative study. Environmental Modelling & Software, 25(4): 583-601.

Mualem Y. 1976. A new model for predicting the hydraulic conductivity of unsaturated porous media. Water Resources Research, 12(3): 513-522.

Nash J E, Sutcliffe J V. 1970. River flow forecasting through conceptual models part I—A discussion of principles. Journal of Hydrology, 10(3): 282-290.

Šimůnek J, Hopmans J W. 2009. Modeling compensated root water and nutrient uptake. Ecological Modelling, 220(4): 505-521.

Thorp K R, Malone R W, Jaynes D B. 2007. Simulating long-term effects of nitrogen fertilizer application rates on corn yield and nitrogen dynamics. Transactions of the ASABE, 50(4): 1287-1303.

van Genuchten M T. 1987. A Numerical Model for Water and Solute Movement in and below the Root Zone. California: University of California Riverside, US Salinity Laboratory.

Wang X P, Huang G H. 2008. Evaluation on the irrigation and fertilization management practices under the application of treated sewage water in Beijing, China. Agricultural Water Management, 95: 1011-1027.

Willmott C J. 1982. Some comments on the evaluation of model performance. Bulletin of the American Meteorological Society, 63(11): 1309-1313.

第4章 WHCNS模型参数敏感度及模拟结果不确定性分析

4.1 引　　言

基于过程的土壤-作物系统模型需要较多的输入参数，使得模型参数率定过程较难，同时产生了较大的不确定性（Varella et al.，2010；Stella et al.，2014）。敏感度分析能够定量化分析系统模型参数对模型输出结果的影响，使得模型的使用者能更好地认识模型（Cariboni et al.，2007；Confalonieri，2010）。敏感度分析可以识别低敏感度参数，在模型参数率定过程中可以将低敏感度参数固定从而简化模型输入；对于高敏感度参数，在模型调试和政策制定过程中模型使用者可以集中精力调试（Vanuytrecht et al.，2014）。模型参数敏感度与模型运用地区的环境条件有关，如不同的气候、土壤和田间管理情况会得到不同的结果。因此，在不同环境下分析模型参数的敏感度就显得十分重要和必要（Confalonieri，2010）。

通常用来评价模型参数敏感度的方法有两类：局部敏感度分析方法和全局敏感度分析方法（Cariboni et al.，2007；Confalonieri，2010）。局部敏感度分析方法用于评价单个参数对模型输出的影响，只变动单个参数，其余参数保持不变，许多研究者认为局部敏感度分析方法不适用于分析非线性模型（Cariboni et al.，2007；Saltelli and Annoni，2010）。相反，当使用全局敏感度分析方法时所有的参数在一个给定的范围内同时变化，全局敏感度分析方法考虑了参数间的交互作用和模型的非线性反馈，但是该算法往往需要运行模型多次而且计算耗时长（DeJonge et al.，2012；Vanuytrecht et al.，2014）。其中全局敏感度分析方法又分为参数筛选方法和基于方差的方法。参数筛选方法由Morris（1991）提出，旨在从大量的模型输入参数里面识别出一部分敏感度相对高的参数，特点是计算速度较快。而基于方差的Sobol'方法（FAST，Fourier Amplitude Sensitivity Test；EFAST，Extended FAST等）根据每个参数对模型输出的贡献来分解模型输出变量的方差（Saltelli et al.，2000），该方法不仅可以计算单个参数对模型输出变异的贡献率，还可以定量化参数间的交互作用。通常将参数筛选方法作为方差敏感度分析的前处理方法来减少计算量、节省运行时间（Vanuytrecht et al.，2014）。

近年来，一些研究者采用全局敏感度分析方法分析了土壤-作物系统模型参数的敏感度和模型输出结果的不确定性（Varella et al.，2010；DeJonge et al.，2012；

Vanuytrecht et al.，2014；Zhao et al.，2014）。Varella 等（2010）基于全局敏感度方法评价了 STICS 模型在 16 种环境条件（土壤、气候和作物品种）下的参数敏感度，并开发了一个用于估算模型参数的工具。DeJonge 等（2012）使用 Morris 参数筛选和 Sobol’方法分析了不同灌溉处理下 CERES-Maize 模型中作物参数对输出变量（开花期、成熟期、叶面积指数、蒸散和产量）的影响，并基于敏感度分析结果提出了一个新的校准 CERES-Maize 模型参数的方案。Vanuytrecht 等(2014)采用 Morris 参数筛选，EFAST 方法研究了 AquaCrop 模型产量输出对不同气候、土壤和作物组合的响应，研究发现模型参数的敏感度与环境条件相关。Zhao 等（2014）采用全局敏感度方法指导 APSIM 模型作物品质参数的校准，并建议将模型用于新的田间管理或者新环境时都需要重新进行校准，这样可以最小化作物品质参数给模型模拟带来的不确定性。但是，现有的敏感度和不确定性分析方法往往集中在作物指标方面（作物生长发育阶段、产量、叶面积指数等），目前很少有人将全局敏感度方法用于评估不同水氮管理方案下的硝酸盐淋失风险和作物产量的不确定性。因此，本研究的主要目的是：首先，使用简单的局部敏感度方法分析土壤、作物和氮转化参数的敏感度；其次，使用 Morris 参数筛选和 Sobol’方法评价不同水氮管理条件下的参数敏感度及参数间的交互作用；最后，分析不同水氮管理方案下硝酸盐淋失和作物产量模拟的不确定性。

4.2　局部参数敏感度分析

本小节采用了第 3 章中国际会议的公共数据来分析模型参数的敏感度。用于测试的 WHCNS 模型参数可分为 3 类：土壤水力学参数（见表 3-1）、作物参数（见表 3-4）和氮素转化参数（见 3.4.2 小节）。局部参数敏感度分析通过逐个改变模型输入参数而其余参数保持不变，来观察输入参数变化对模型输出结果的影响。本研究中将各个输入参数分别变化±10%，然后观察 0～0.9 m 剖面土壤含水量、土壤硝酸盐含量和土壤铵态氮含量的变化量，以及作物叶面积指数、干物质重和作物产量的变化幅度，从而可以得到各个参数的敏感度（图 4-1）。

从图 4-1a 可知，土壤水力学参数对土壤含水量的敏感度要高于作物参数，而氮素转化参数的敏感度较低。在土壤水力学参数中，θ_s 和 n 对土壤含水量敏感度最大。孙美等（2014）对 RZWQM2 模型的研究也发现氮素转化参数与土壤水力学参数和作物参数相比敏感度普遍较低。Li 等（2007）对 WNMM 模型参数敏感度测试的结果显示，土壤水力学参数 θ_s 和 n 对土壤含水量的敏感度最高。该结论与本研究的结果相似。

土壤硝态氮含量对作物参数和土壤水力学参数（仅 n）均敏感，氮素转化参数对土壤硝态氮含量的敏感度较低（图 4-1b）。而土壤铵态氮含量对氮素转化参

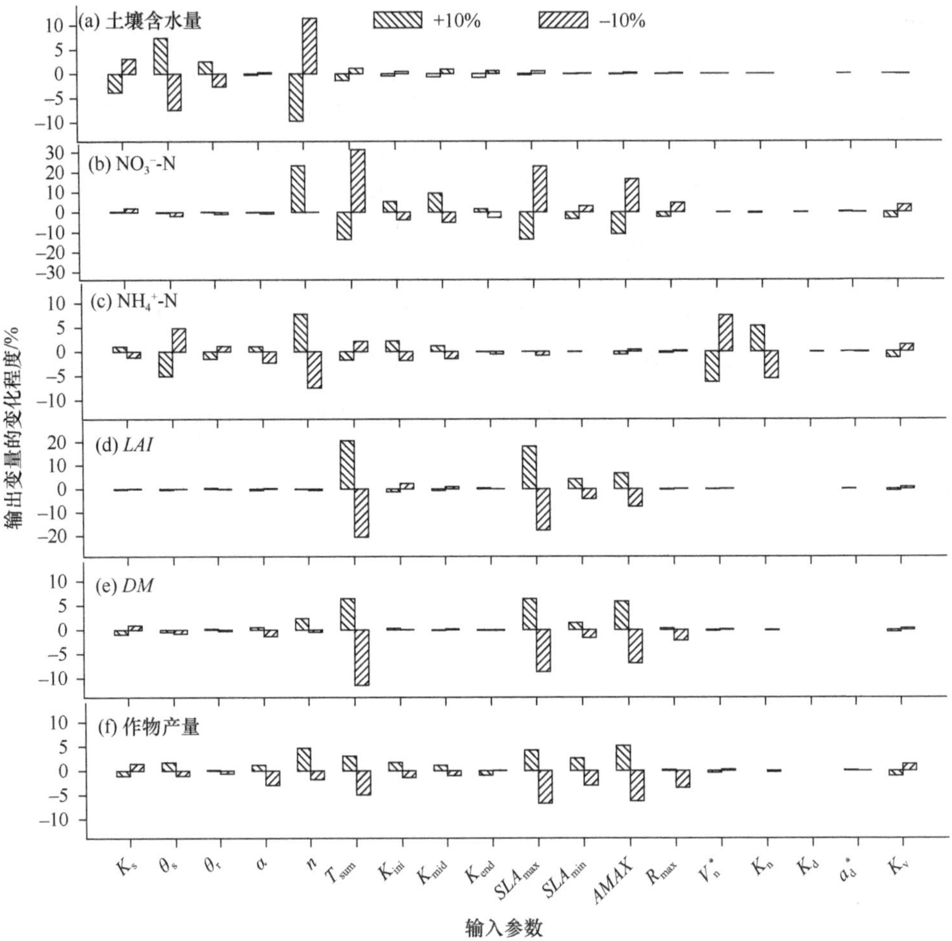

图 4-1 WHCNS 模型单个输入参数改变对土壤含水量（a）、硝态氮含量（b）、铵态氮含量（c）、叶面积指数（d）、干物质重（e）和作物产量（f）的影响

数和作物参数较敏感，土壤水力学参数对其影响较小（图 4-1c）。其中 van Genuchten 方程的参数 n、氮素转化参数 V_n^*和 K_n 对土壤铵态氮含量的影响程度均超过了 5%，说明土壤铵态氮容易受到土壤孔隙分布指数和土壤硝化作用的影响。作物参数对作物叶面积指数和干物质重的影响程度较高，而土壤水力学参数和氮素转化参数的影响程度相对较低（图 4-1d 和图 4-1e）。但是从图 4-1f 可知，土壤水力学参数显著影响作物产量，而氮素转化参数对作物产量的影响不大。在作物参数中，T_{sum}、SLA_{max} 和 $AMAX$ 对产量的影响程度最高，主要原因是参数 T_{sum} 控制了作物生长发育进程，而 SLA_{max} 则直接影响了作物的叶面积指数，$AMAX$ 参数控制了干物质的累积，这些均是显著影响产量形成的关键因素。Richter 等（2010）分析了荷兰作物模型（STAMINA）参数的敏感度，发现对产量最敏感的参数均是与作物生长发

育进程（本研究中的 T_{sum}）和冠层光截获直接相关的参数（本研究中的 SAL_{max} 和 $AMAX$），本研究结论与之吻合。

4.3　全局参数敏感度分析

4.3.1　数据来源

试验地位于内蒙古东南部阿拉善左旗，103°21′～106°51′E，37°24′～41°52′N，属于华北地区。总地势东南高、西北低，平均海拔 800～1500 m。该区属温带干旱荒漠区，为典型的大陆型气候，以风沙大、干旱少雨、日照充足、蒸发强烈为主要特点。年降雨量 80～220 mm，70%～80%的雨水集中在夏季 7～8 月，年蒸发量 2900～3300 mm，年均日照时数 3316 h，年均气温 7.2℃，无霜期 120～180 d。可利用草场 4.6 万 km^2，主要为荒漠、半荒漠草原。以单季作物种植制度为主，主要作物有春玉米、西瓜、向日葵和辣椒，其中春玉米占到了播种面积的 70%。春季和夏初比较干旱，作物容易缺水，主要依靠地下水灌溉。

田间试验从 2008 年 4 月开始到 2009 年 10 月结束，其中包括了两个春玉米生长季。试验设计有两个灌溉水平（I_{std}，农民习惯，750 mm 每季；I_{csv}，优化处理，750 mm）和两个氮肥施用水平（N_{std}，农民习惯，138 kg N/hm^2；N_{csv}，优化处理，92 kg N/hm^2），通过组合共 4 个处理：$I_{std}N_{std}$、$I_{std}N_{csv}$、$I_{csv}N_{std}$ 和 $I_{csv}N_{csv}$。详细的田间水氮管理如表 4-1 所示。

表 4-1　春玉米灌溉和施肥方案

处理	施肥和灌溉时间						每季总量
	2008 年	6 月 3 日	6 月 21 日	7 月 13 日	8 月 4 日	8 月 29 日	
	2009 年	6 月 1 日	6 月 22 日	7 月 13 日	8 月 1 日	8 月 23 日	
				灌溉/mm			
I_{std}		150	150	150	150	150	750
I_{csv}		105	105	120	120	120	570
				氮肥（尿素，kg N/hm^2）			
N_{std}		138					138
N_{csv}		92					92

试验前开挖了土壤剖面，取样测定了 0～1.80 m 土壤剖面各层基本理化性质，结果如表 4-2 所示。试验期间每周测定一次土壤剖面含水量（间隔 20 cm），在玉米的 7 个关键生育期分层（间隔 20 cm）测定土壤硝态氮含量和地上部作物干物质重，收获时测定产量，详细的测量方法见 Liang 等（2016）的文献。气象数据包括日最低和最高温、太阳辐射、相对湿度和离地 2 m 处风速，来源

于阿拉善左旗吉兰泰气象站，距离试验地 45 km，其中日降雨量数据采用试验地的观测值。

表 4-2　内蒙古阿拉善地区土壤剖面土壤物理和水力学参数

土层/cm	容重/(g/cm³)	机械组成/%			质地（美国制）	θ_s/(cm³/cm³)	θ_{fc}/(cm³/cm³)	θ_{wp}/(cm³/cm³)	K_s/(cm/d)
		砂粒	粉粒	黏粒					
0～25	1.42	31.4	66.5	2.1	粉壤土	0.33	0.22	0.12	62.6
25～45	1.45	62.8	36.2	1.0	砂壤土	0.36	0.20	0.10	80.6
45～70	1.44	28.6	69.0	2.4	粉壤土	0.36	0.20	0.08	51.4
70～90	1.48	10.1	85.0	4.9	粉土	0.29	0.18	0.06	33.1
90～123	1.36	83.4	15.5	1.1	壤砂土	0.27	0.17	0.06	34.6
123～160	1.26	13.0	82.4	4.6	粉土	0.25	0.16	0.06	41.5
160～180	1.62	74.3	24.9	0.9	壤砂土	0.24	0.17	0.07	62.6

注：θ_s 为饱和含水量；θ_{fc} 为田间持水量；θ_{wp} 为土壤萎蔫含水量；K_s 为饱和导水率

4.3.2　Morris 筛选方法

Morris（1991）提出了一个基于单个参数随机取样评价模型输入参数对输出结果影响的实验方案。Morris 参数筛选方法使用式（4-1）计算每一个输入参数对输出结果的影响程度（d）。

$$d_i(x_1,\cdots,x_k,\Delta)=\frac{[y(x_1,\cdots,x_{i-1},x_i+\Delta,x_{i+1},\cdots,x_k)]}{\Delta} \tag{4-1}$$

式中，i 为参数索引个数；$y(X)$为模型输出结果；$X=x_1,\cdots,x_k$，为 k 维参数输入向量；Δ 为介于 $1/(p-1)$和 $1-1/(p-1)$之间的数值，p 为参数水平。本研究种植作物为春玉米，土壤分为 7 层，k 为 41（表 4-3）。

表 4-3　土壤水力学参数、作物参数和氮素转化参数的范围

项目	参数名称	描述	变幅
土壤水力学参数	$K_{s1,2,3,4,5,6,7}$	饱和导水率(cm/d)	±10%
	$\theta_{s1,2,3,4,5,6,7}$	饱和含水量(cm³/cm³)	±10%
	$FC_{1,2,3,4,5,6,7}$	田间持水量(cm³/cm³)	±10%
	$WP_{1,2,3,4,5,6,7}$	萎蔫系数(cm³/cm³)	±10%
氮转化参数	V_n^*	最大硝化速率[g/(m³·d)]	±50%
	K_n	硝化半饱和常数(g/m³)	±50%
	K_d	反硝化比例常数（–）	±50%
	α_d^*	反硝化经验常数（–）	±50%
	K_v	氨挥发一阶动力学常数(d⁻¹)	±50%

续表

项目	参数名称	描述	变幅
作物参数	T_{sum}	出苗到成熟积温（℃）	±20%
	K_{ini}	前期作物系数（–）	±20%
	K_{mid}	中期作物系数（–）	±20%
	K_{end}	后期作物系数（–）	±20%
	SLA_{max}	最大比叶面积(m^2/kg)	±20%
	SLA_{min}	最小比叶面积(m^2/kg)	±20%
	$AMAX$	最大同化率[$kg/(hm^2·h)$]	±20%
	R_{max}	根系最大深度(cm)	±20%

注：1，2，…，7 分别代表了表 4-2 中的 7 个土壤层次

研究一般采用 μ^*和 σ 分析参数敏感度，它们分别表示不同水平下 d 值的平均值和方差，相对大的 μ^*值说明参数的敏感度较高，而 σ 指示了参数之间的交互作用和模型的非线性反馈。研究中考虑当参数的 μ^*值大于 5 kg N/hm^2 时被认为是敏感度较高的参数，这些参数将作为 Sobol'方法的输入参数集。本研究考虑到总的硝态氮淋失量达到 115 kg N/hm^2，因此选取 5 kg N/hm^2 作为阈值是合理的。

Morris 筛选方法分析时的输入参数组合由 SimLab（2010）软件产生，WHCNS 模型输出结果分析使用了 SimLab 和 MATLAB 软件（Mathworks，2010）。根据 Morris（1991）的建议，敏感度分析时参数采样因子 r 设置为 10，在一个水氮情景组合下需要运行模型 $r(k+1)=420$ 次。本研究采用了 2 年 4 个水氮耦合情景，总共需要运行模型 2×4×420=3360 次。

4.3.3 基于方差的 Sobol'方法

基于 Morris 筛选方法分析结果，参数敏感度较高的参数（μ*> 5 kg N/hm^2）作为 Sobol'方法的参数输入集。该方法通过分解输出变量的方差，来定量化评价各个输入参数和参数间交互作用对输出变量的影响程度（Saltelli et al.，2000），可以看出参数和参数间交互作用对输出变量变异的贡献率。Sobol'方法计算结果中单个参数敏感度用一阶敏感度指数反映，高阶敏感度指数则代表了参数间的交互作用，单个参数与其他所有参数的共同影响使用全阶敏感度指数表示（Saltelli et al.，2000）。有 m 个输入参数需要分析时，输出结果的方程 $V(Y)$定义如下：

$$V(Y)=\sum_{i=1}^{m}V_i+\sum_{1\leqslant i<j\leqslant m}V_{ij}+\cdots+V_{1,2,\cdots,m} \tag{4-2}$$

式中，V_i 为输入变量 x_i 产生的输出变量变异；V_{ij} 为输入参数 x_i 和 x_j 之间的交互作用产生的输出变量变异，以此类推。

这种分析方法与方差分析非常相似，除了 $V(Y)$代表所有输入参数的不确定性，包括不规则的和非线性影响（Monod et al.，2006）。一阶和二阶敏感度指数使用各个分量所引起的变异占总变异的比例来表示：

$$S_i = \frac{V_i}{V(Y)} \tag{4-3}$$

$$SI_{ij} = \frac{V_{ij}}{V(Y)} \tag{4-4}$$

式中，S_i 为一阶敏感度指数，即参数 x_i 的敏感度指数；SI_{ij} 为二阶敏感度指数，代表了参数 x_i 和 x_j 之间交互作用的敏感度。

全局敏感度分析时的输入参数矩阵采用 SimLab（2010）软件产生，经过 Morris 筛选方法分析后，Sobol'方法中输入参数个数 m 可减少为 19 个。Saltelli 等（2000）建议取样个数设置为 $n(m+2)$，其中 n 值应该设置为 100 或者更大，本研究中 n 值设置为 120，总共产生输入参数组合 2520 个，产生的输入参数组合数量与其他类似研究相似（Campolongo and Saltelli，1997；Saltelli et al.，2000），因此是合理的。研究采用了 2 年 4 个水氮耦合情景，总共需要运行模型 2×4×2520=20 160 次。

4.3.4 参数范围与分布

模型输入参数可分为 3 类：土壤水力学参数、作物参数和氮素转化参数（表 4-3）。由于没有输入参数的分布信息，研究假设各个参数服从均匀分布且相互独立。敏感度分析之前通常需要定义各个参数的分布类型和范围，在没有足够信息的情况下大多数的研究采用相对简单的均匀分布（Haan et al.，1998；Monod et al.，2006）。Monod 等（2006）研究发现，输入参数的范围对模型结果的影响要高于参数的分布，另外一些人的研究也得到了相似的结论（Haan et al.，1998；Zhao et al.，2014）。对于土壤水力学参数，最高和最低的阈值分别设置为实测值浮动+10%和–10%（表 4-3），在分析敏感度时，认为土壤各层的水力学参数相互独立。初始的作物参数来源于已发表文献，假设偏差为±20%（表 4-3）。由于土壤氮素转化极其复杂，氮素转化参数的偏差均设置为±50%。

4.3.5 模型校验

模型校准使用 2008 年 $I_{std}N_{std}$ 数据，采用“试错法”调节氮素转化参数和作物参数来匹配模拟的和实测的土壤含水量、土壤硝态氮含量、地上部干物质重与作物产量。采用 2008 年其余 3 个处理和 2009 年 4 个处理的数据来验证模型。

图 4-2 给出了 WHCNS 模型模拟的土壤含水量、土壤硝态氮含量、地上部干物质重和作物产量与实测值的相关性。土壤含水量、土壤硝态氮含量、地上部干物质

重和作物产量的线性相关系数分别为 0.630、0.687、0.984 和 0.715，经过 Student's t 检验（$P<0.001$），结果表明模拟值和实测值均为极显著相关。此外，线性回归方程的斜率分别为 0.957、0.989、0.964 和 0.969，均接近 1，说明 WHCNS 模型可用于模拟该地区不同水氮管理情况下的土壤水分运移、氮素去向和作物生长过程。

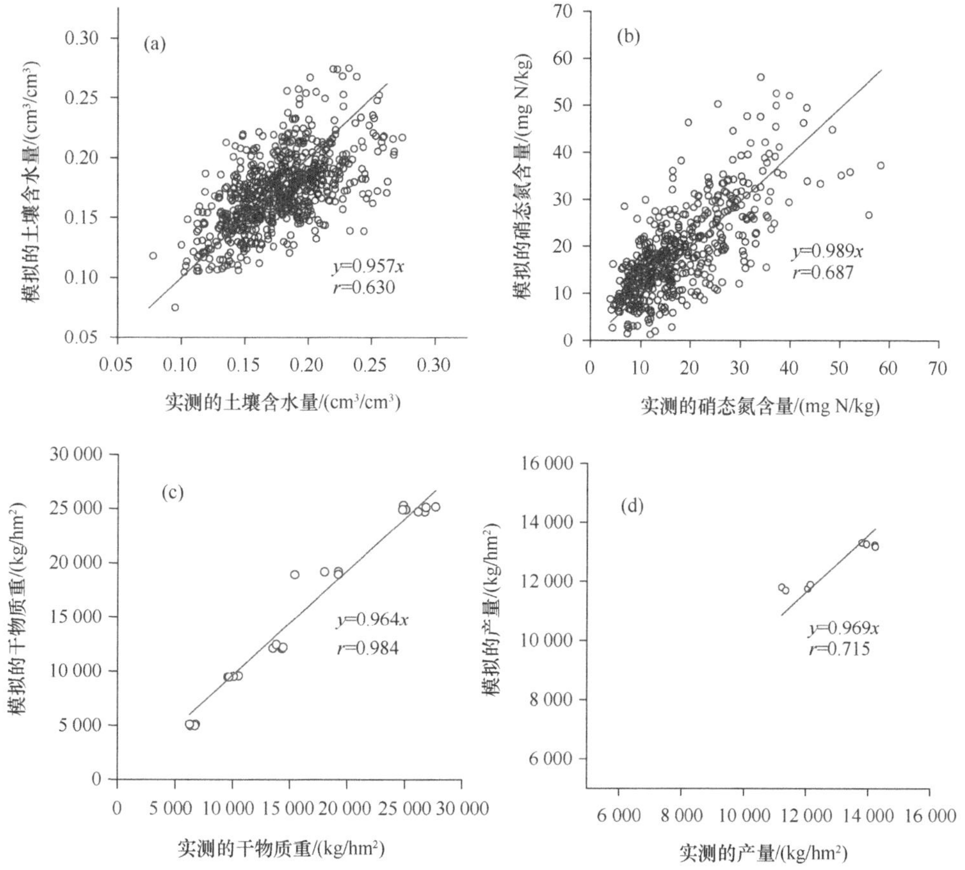

图 4-2　模拟和实测的土壤含水量（a）、硝态氮含量（b）、干物质重（c）和作物产量（d）相关性

4.3.6　Morris 筛选方法分析

图 4-3 和图 4-4 分别给出了 WHCNS 模型输入参数对硝酸盐淋失量与作物产量的 Morris 敏感度指数均值 μ^*和方差 σ。整体上，土壤水力学参数和作物参数的敏感度要高于氮素转化参数；作物参数中 T_{sum}（41.7 kg N/hm^2<μ^*<78.7 kg N/hm^2，66.8 kg N/hm^2<σ<88.1 kg N/hm^2）和 SLA_{max}（36.8 kg N/hm^2<μ^*<84.2 kg N/hm^2，38.9 kg N/hm^2<σ<85.0 kg N/hm^2）对硝酸盐淋失量的敏感度最高；土壤水力学参数

中饱和含水量 θ_s 和田间持水量 θ_{fc} 的敏感度最高（图 4-3）。主要原因在于参数 T_{sum} 控制了作物模拟的物候期，而 SLA_{max} 直接与模拟的 LAI 相关。作物产量的敏感度分析结果与此类似（图 4-4），也是 T_{sum} 和 SLA_{max} 的敏感度最高，这两个参数直接影响了作物冠层覆盖度。一些研究也发现作物冠层可以截获降雨和灌溉水，因此减小硝酸盐淋失风险（Leimer et al.，2015）。同时模型输入参数对硝酸盐淋失量和作物产量的敏感度也表现出有所不同，作物参数 *AMAX* 对作物产量的敏感度要高于对硝酸盐淋失量（图 4-3 和图 4-4）。*AMAX* 代表了光合作用的最大同化率，它直接控制作物干物质的积累和作物产量的形成。Specka 等（2015）研究了土壤-作物系统模型 MONICA 中不同作物参数对作物产量的敏感度，发现与作物光合作用和作物生长发育阶段相关的参数敏感度普遍较高。Richter 等（2010）分析了 STAMINA 作物模型参数的敏感度，结果表明对作物产量最敏感的参数与作物生长发育阶段和光截获有关，这些研究与本研究的结果是一致的。

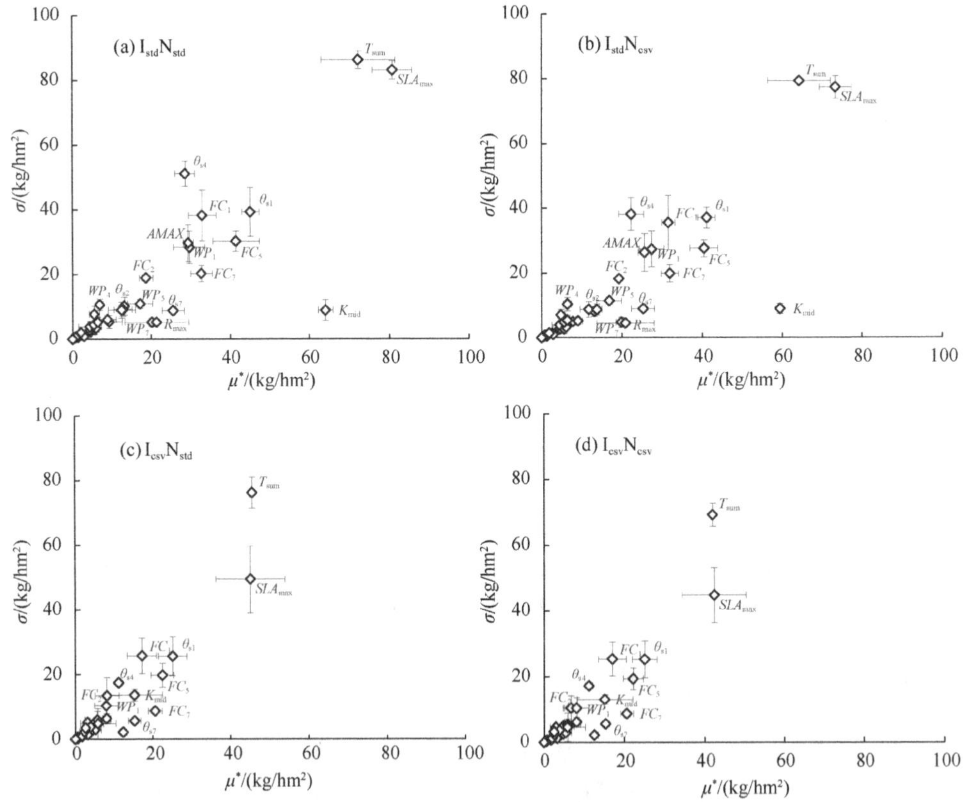

图 4-3 模型输入参数对硝酸盐淋失量的 Morris 敏感度指数均值（μ^*）和方差（σ）

（彩图请扫封底二维码）

误差线是指 2008 年和 2009 年变异

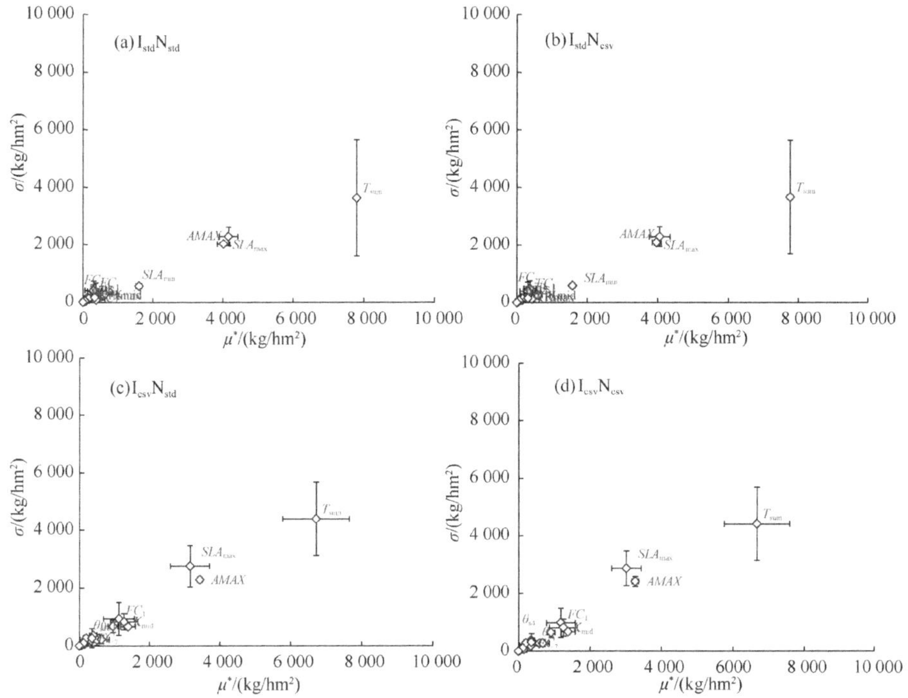

图 4-4　模型输入参数对作物产量的 Morris 敏感度指数均值（μ^*）和方差（σ）

（彩图请扫封底二维码）

误差线是指 2008 年和 2009 年变异

图 4-3 和图 4-4 也反映出不同水氮管理模式下参数的敏感度程度不一致，在高的水氮投入下参数的敏感度（μ^*）普遍较高，其中 $I_{std}N_{std}$ 处理的参数敏感程度最高。图 4-5a 和图 4-5b 分别给出了不同水氮管理条件下输入参数对硝酸盐淋失量和作物产量的 Morris 参数敏感度指数 μ^*之间的相关关系。灌溉和施肥对模型输

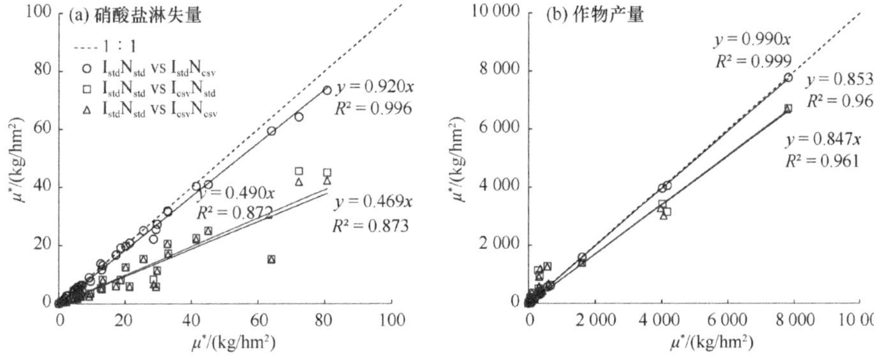

图 4-5　不同水氮管理条件下硝酸盐淋失量（a）和作物产量（b）的

Morris 参数敏感度指数 μ^*之间的相关关系

入参数均有影响，$I_{std}N_{std}$ 与 $I_{std}N_{csv}$ 处理的硝酸盐淋失量和作物产量的决定系数（分别为 0.996 和 0.999）要显著高于 $I_{std}N_{std}$ 与 $I_{csv}N_{std}/I_{csv}N_{csv}$ 之间的决定系数（硝酸盐淋失和作物产量分别为 0.872/0.873 和 0.963/0.961），该结果表明在本试验条件下灌溉方案是影响模型参数敏感度的主要因素。

4.3.7 Sobol'方法分析

研究中认为如果某个参数的 Morris 敏感度指数 μ^* 或者方差 σ 大于 5 kg N/hm^2，那么说明该参数对硝酸盐淋失模拟敏感度较高，将这些敏感度较高的参数作为 Sobol'方法的输入参数集，可以减少模型调用次数，从而提高敏感度分析效率。图 4-6 给出了采用 Sobol'方法分析时不同水氮管理条件下的一阶敏感度指数（S_i）

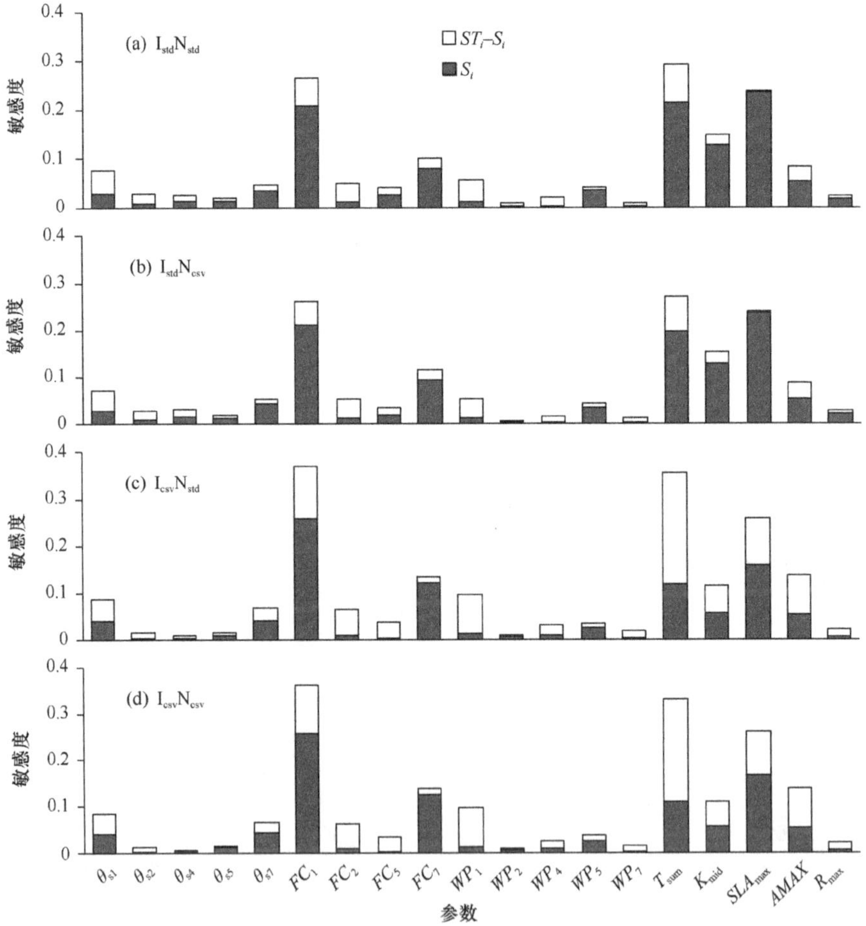

图 4-6 2008 年和 2009 年硝酸盐淋失模拟的 Sobol'全阶（ST_i）和一阶（S_i）敏感度指数

和全阶敏感度指数（ST_i）。

从图 4-6 可以看出，作物参数 T_{sum} 和 SLA_{max} 可分别解释硝酸盐淋失结果方差变异的 20%以上。与 Morris 筛选方法分析结果相似，土壤水力学参数中 θ_s 和 θ_{fc} 的 S_i 指数最高，特别是表层土壤，其中 FC_1 可解释硝酸盐淋失模拟结果方差变异的 25%。Nolan 等（2010）使用自动调参工具 PEST 校准 RZWQM2 模型，研究结果也发现土壤表层（0～50 cm）水力学参数的敏感度要高于其他土壤层次。在本研究中，灌溉水是主要农田水分投入项，占到总水分投入的 80%。在过量灌溉情况下，土壤水分渗漏量及径流量与土壤表层的水力学特性密切相关（每次灌溉量达到 125 mm）（Dunne et al.，1991），这导致了 FC_1 的敏感度最高。

不同水氮管理条件下各参数的敏感程度有所不同，对于 $I_{std}N_{std}$、$I_{std}N_{csv}$、$I_{csv}N_{std}$ 和 $I_{csv}N_{csv}$ 处理，作物参数分别解释了 64.3%、63.2%、39.2%和 39.2%的硝酸盐淋失模拟结果方差的变异（图 4-6）。图 4-7 显示了不同水氮管理条件下不同参数对作物产量敏感度的分析结果，不同水氮管理水平下 S_i 指数没有显现明显差异。作物产量模拟结果的方差变异主要是由作物参数导致的，其中 T_{sum}、K_{mid}、SAL_{max}、$AMAX$ 和 R_{max} 平均分别解释了作物产量变异的 58.6%、1.8%、12.7%、13.1%和 0.45%。

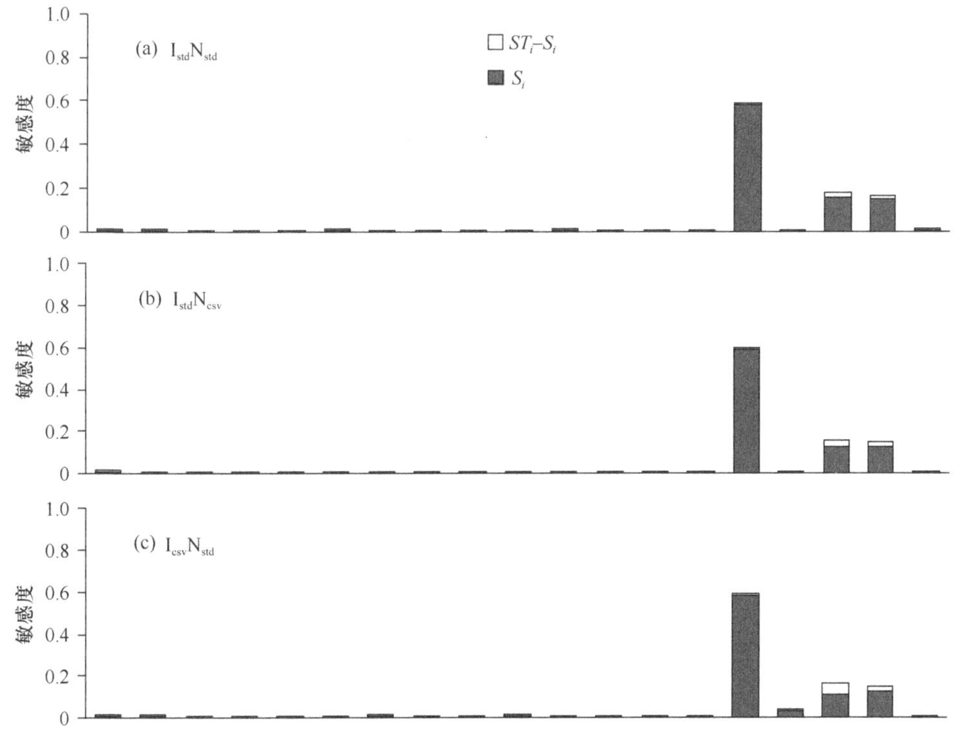

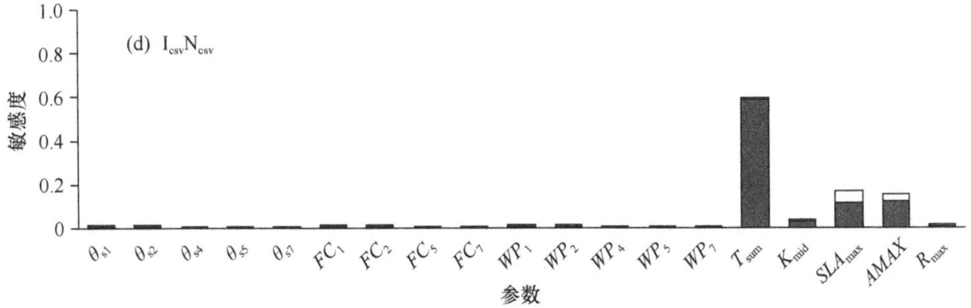

图 4-7　2008 年和 2009 年作物产量模拟的 Sobol'全阶（ST_i）和一阶（S_i）敏感度指数

考虑参数间的交互作用，当减少灌溉量时，作物参数 S_i 指数减小，而土壤参数 S_i 指数和作物参数的 ST_i 指数均增大（图 4-6）。土壤水力学参数分别解释了 $I_{std}N_{std}$、$I_{std}N_{csv}$、$I_{csv}N_{std}$ 和 $I_{csv}N_{csv}$ 处理硝酸盐淋失模拟结果方差变异的 37.3%、40.9%、45.4%和 46%。ST_i 与 S_i 指数的差值代表了参数交互作用。从图 4-6 可以看出，水氮胁迫越大，在模拟硝酸盐淋失时，各参数间交互作用越强。不同处理的交互作用大小排序为：$I_{std}N_{std} \approx I_{std}N_{csv} < I_{csv}N_{std} \approx I_{csv}N_{csv}$。在作物产量的分析中也发现类似的规律，即水氮胁迫越大，在模拟作物产量时，各参数间交互作用越强（图 4-7）。DeJonge 等（2012）使用全局敏感度分析方法分析 CERES-Maize 模型在不同灌溉情况下参数的敏感度，研究发现参数间交互作用在灌溉量较小时比较明显，这与本研究的结论相似。

4.4　硝酸盐淋失量和作物产量的不确定性分析

前文的研究显示，模型参数敏感度在不同水氮管理措施下变化较大，为了进一步研究水氮管理措施对模型模拟硝酸盐淋失量和作物产量的影响，有必要分析不同水氮管理措施下模型输出值的不确定性。图 4-8a 显示了 Sobol'方法分析 2520 个输出结果的统计规律，可以看出 $I_{std}N_{std}$、$I_{std}N_{csv}$、$I_{csv}N_{std}$ 和 $I_{csv}N_{csv}$ 处理硝酸盐淋失量范围分别为：44.2～347.5 kg N/hm^2、45.3～320.8 kg N/hm^2、19.9～192.8 kg N/hm^2 和 19.9～183.7 kg N/hm^2。I_{std} 处理模拟的硝酸盐平均淋失量（135.3 kg N/hm^2）是 I_{csv} 处理（58.0 kg N/hm^2）的 2.3 倍，但是处理 N_{std} 和 N_{csv} 模拟的作物产量没有明显差异（图 4-8b）。模拟的 4 个水氮组合处理 $I_{std}N_{std}$、$I_{std}N_{csv}$、$I_{csv}N_{std}$ 和 $I_{csv}N_{csv}$ 的作物产量范围分别为：3.07～18.76 Mg/hm^2、3.07～18.78 Mg/hm^2、3.07～18.32 Mg/hm^2 和 3.07～18.30 Mg/hm^2。因此，不同氮肥水平下模拟的作物产量差别不明显，而且灌溉对作物产量的提高效果也不明显。不同气候条件对作物产量影响较大，2009 年的春玉米产量（12.17 Mg/hm^2）要高于 2008 年（10.98 Mg/hm^2）。综上所述，灌溉措施对模型模拟硝酸盐淋失的结果影响较大，而施肥量对其没有明显影响。

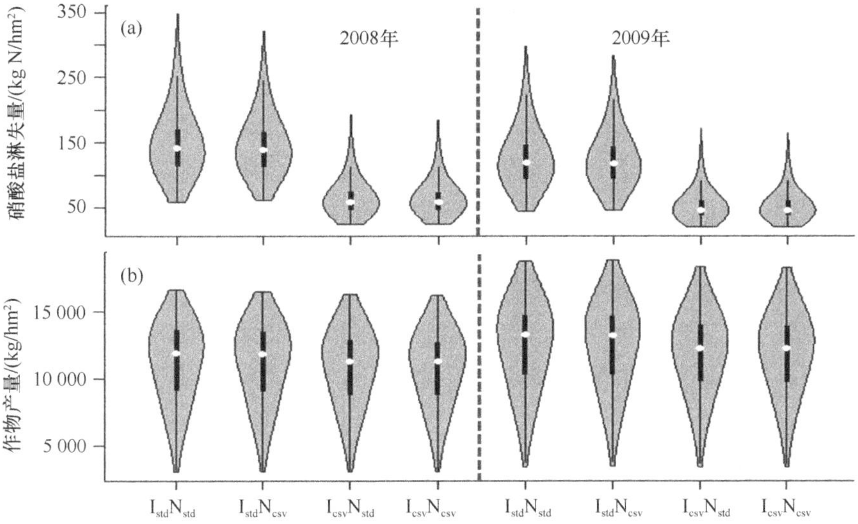

图 4-8　WHCNS 模型模拟的不同水氮管理措施下硝酸盐淋失量和作物产量的小提琴图

一些学者在作物系统的研究中发现，水氮胁迫对作物产量形成有较大影响，输入参数在不同的水氮胁迫条件下也会表现出不同的敏感度（DeJonge et al.，2012；Zhao et al.，2014）。DeJonge 等（2012）研究发现，土壤水力学参数在水分胁迫较大的情况下对作物产量的影响较大，而在水分胁迫小的条件下作物参数对作物产量的影响较大，本研究结果与之相似。He 等（2011）使用极大似然不确定性估计方法 GLUE 分析了不同氮肥水平下的硝酸盐淋失情况，发现增施氮肥显著增加了硝酸盐淋失量。Zhao 等（2014）同样发现氮肥施用量显著影响 APSIM-wheat 模型中作物产量和干物质重的输出结果。不施肥时，模拟的作物产量范围是 64～3559 kg/hm^2；当施肥量为 100 kg N/hm^2 时，模拟的作物产量最大值增加到 9157 kg/hm^2。但是本研究结果显示，施肥量对作物产量和硝酸盐淋失量的影响不显著。这主要是由于试验地土壤初始累积的无机氮量很大（约 340 kg N/hm^2），同时灌溉水中氮含量较高（26.5 mg N/L），试验设计的最小施肥量已经满足了作物生长的需要。因此，硝酸盐淋失量和作物产量主要由土壤初始累积的无机氮量和灌溉管理措施决定，模型输入参数的敏感度与氮肥施用量的相关关系在无机氮残留较少的土壤中可能会表现得比较明显。综上所述，I_{csv} 处理减少了灌溉量，从而降低了硝酸盐淋失风险，同时维持了作物产量。氮肥施用量的减少对作物产量没有显著的影响，灌溉是导致硝酸盐淋失风险的主要原因，该结果显示研究区水氮管理优化潜力较大。

然而，研究中也存在一些不足。首先，硝酸盐淋失量和作物产量模拟的不确定性与众多因素有关，如作物种类、品种、气象条件等（Asseng et al.，2013；Zhao et al.，2014；Vanuytrecht et al.，2014；Specka et al.，2015）。Specka 等（2015）研究不同作物品种参数的敏感度，发现与光合作用和作物生长发育阶段有关的参数敏感度较高。Zhao 等（2014）建议作物模型在新环境中应用要考虑作物品种参数带来的不确定性。Asseng 等（2013）发现不同模型在不同的气候条件下模拟作物产量的不确定性有较大差异。当前本研究仅考虑了不同的水氮管理措施对参数敏感度和模型输出结果不确定性的影响。其次，在模型尺度方面，Van der Keur 等（2008）提出了一个在区域尺度上简化模型和分析硝酸盐淋失量不确定性的框架。而本研究中水氮管理措施是基于农田尺度的。最后，为了更好地将 WHCNS 模型运用到更复杂的环境中，迫切需要全面系统地考虑作物品种、田间管理、气候条件和不同尺度的参数敏感度与模拟结果的不确定性，对于模型的推广运用尤为重要。

4.5 小　　结

从整体来看，局部敏感度和全局敏感度分析方法计算的参数敏感度有一定的一致性，局部敏感度分析结果显示，土壤水力学参数对土壤含水量的影响程度要高于作物参数，而氮素转化参数的影响程度较低。在土壤水力学参数中，θ_s 和 n 对土壤含水量模拟结果影响最大。土壤硝态氮含量对作物参数和土壤水力学参数（仅 n）均敏感，氮素转化参数对土壤硝态氮含量的影响程度较低。而土壤铵态氮含量对氮素转化参数和作物参数较敏感，水力学参数对其影响较小。其中 van Genuchten 方程的参数 n、氮素转化参数 V_n^*和 K_n 对土壤铵态氮含量的影响程度均超过了 5%。作物参数对作物叶面积指数和干物质重的影响程度较高，而水力学参数和氮素转化参数的影响程度相对较低。土壤水力学参数显著影响了作物产量，而氮素转化参数对作物产量影响不大。在作物参数中，T_{sum}、SLA_{max} 和 $AMAX$ 对作物产量的影响最大。

Morris 敏感度分析结果表明，土壤水力学参数和作物参数的敏感度普遍高于氮素转化参数，参数敏感度在不同的水氮措施下有较大差异。硝酸盐淋失模拟结果的不确定性受作物参数影响较大，$I_{std}N_{std}$、$I_{std}N_{csv}$、$I_{csv}N_{std}$ 和 $I_{csv}N_{csv}$ 处理中作物参数分别解释了硝酸盐淋失模拟结果方差变异的 64.3%、63.2%、39.2%和 39.2%。作物的水氮胁迫越大，参数间的交互作用越明显，灌溉措施是其中的关键因素。上述结论对于模型校验具有一定的指导作用。

不确定性分析显示，I_{std} 处理的平均硝酸盐淋失量（135.3 kg N/hm^2）是 I_{csv} 处理（58.0 kg N/hm^2）的 2.3 倍，不同水氮管理措施下即 $I_{std}N_{std}$、$I_{std}N_{csv}$、$I_{csv}N_{std}$ 和 $I_{csv}N_{csv}$ 处理的平均作物产量没有显著差异，这与实测结果是吻合的。氮肥施用量

的减少对作物产量没有显著的影响，灌溉是导致硝酸盐淋失风险的主要原因，该结果显示研究区水氮管理优化潜力较大。

参 考 文 献

孙美, 张晓琳, 冯绍元, 等. 2014. 基于 PEST 的 RZWQM2 模型参数优化与验证. 农业机械学报, 45(11): 146-153.

Asseng S, Ewert F, Rosenzweig C, et al. 2013. Uncertainty in simulating wheat yields under climate change. Nature Climate Change, 3: 827-832.

Campolongo F, Saltelli A. 1997. Sensitivity analysis of an environmental model: an application of different analysis methods. Reliability Engineering & System Safety, 57(1): 49-69.

Cariboni J, Gatelli D, Liska R. et al. 2007. The role of sensitivity analysis in ecological modelling. Ecological Modelling, 203: 167-182.

Confalonieri R. 2010. Monte Carlo based sensitivity analysis of two crop simulators and considerations on model balance. European Journal of Agronomy, 33: 89-93.

DeJonge K C, Ascough J C, Ahmadi M, et al. 2012. Global sensitivity and uncertainty analysis of a dynamic agroecosystem model under different irrigation treatments. Ecological Modelling, 231: 113-125.

Dunne T, Zhang W, Aubry B F. 1991. Effects of rainfall, vegetation, and microtopography on infiltration and runoff. Water Resources Research, 27: 2271-2285.

Haan C T, Storm D E, Al-Issa T, et al. 1998. Effect of parameter distributions on uncertainty analysis of hydrologic models. Transactions of ASABE, 41: 65-70.

He J Q, Dukes M D, Hochmuth G J, et al. 2011. Evaluation of sweet corn yield and nitrogen leaching with CERES—maize considering input parameter uncertainties. Transactions of ASABE, 54: 1257-1268.

Leimer S, Oelmann Y, Wirth C, et al. 2005. Time matters for plant diversity effects on nitrate leaching from temperate grassland. Agricultural Ecosystem & Environment, 211: 155-163.

Li Y, White R, Chen D, et al. 2007. A spatially referenced water and nitrogen management model (WNMM) for (irrigated) intensive cropping systems in the North China Plain. Ecological Modelling, 203(3-4): 395-423.

Liang H, Qi Z M, Hu K L, et al. 2016. Can nitrate contaminated groundwater be remediated by optimizing flood irrigation rate with high nitrate water in a desert oasis using the WHCNS model? Journal of Environmental Management, 181: 16-25.

Mathworks. 2010. MATLAB 2010. Natick, MA. http://ww2.mathworks.cn/. [2016-5-23].

Monod H, Naud C, Makowski D. 2006. Uncertainty and sensitivity analysis for crop models. *In*: Wallach D, Makowski D, Jones J W. Working with Dynamic Crop Models: Evaluation, Analysis, Parameterization, and Applications. Amsterdam, UK: Elsevier: 55-100.

Morris M D. 1991. Factorial sampling plans for preliminary computational experiments. Technometrics, 33(2): 161-174.

Nolan B T, Puckett L J, Ma L, et al. 2010. Predicting unsaturated zone nitrogen matter balances in agricultural settings of the United States. Journal of Environmental Quality, 39: 1051-1065.

Richter G M, Acutis M, Trevisiol P, et al. 2010. Sensitivity analysis for a complex crop model applied to Durum wheat in the Mediterranean. European Journal of Agronomy, 32: 127-136.

Saltelli A, Annoni P. 2010. How to avoid a perfunctory sensitivity analysis. Environmental Modelling

& Software, 25: 1508-1517.

Saltelli A, Tarantola S, Campolongo F. 2000. Sensitivity analysis as an ingredient of modeling. Statistical Science, 15(4): 377-395.

Simlab. 2010. Software package for uncertainty sensitivity analysis. Joint Research Centre of the European Commission. http: //simlab.jrc.ec.europea.eu.[2016-05-12].

Specka X, Nendel C, Wieland R. 2015. Analysing the parameter sensitivity of the agro-ecosystem model MONICA for different crops. European Journal of Agronomy, 71: 73-87.

Stella T, Frasso N, Negrini G, et al. 2014. Model simplification and development via reuse, sensitivity analysis and composition: a case study in crop modeling. Environmental Modelling & Software, 59: 44-58.

Van der Keur P, Hansen J R, Hansen S, et al. 2008. Uncertainty in simulation of nitrate leaching at field and catchment scale within the Odense River Basin. Vadose Zone Journal, 7: 10-21.

Vanuytrecht E, Raes D, Willems P. 2014. Global sensitivity analysis of yield output from the water productivity model. Environmental Modelling & Software, 51: 323-332.

Varella H, Guérif M, Buis S. 2010. Global sensitivity analysis measures the quality of parameter estimation: the case of soil parameters and a crop model. Environmental Modelling & Software, 25: 310-319.

Zhao G, Bryan B A, Song X. 2014. Sensitivity and uncertainty analysis of the APSIM-wheat model: interactions between cultivar, environmental, and management parameters. Ecological Modelling, 279: 1-11.

第5章　土壤水分特征曲线的一种快速获取方法

5.1　引　　言

水分特征曲线是模型模拟水分运动和溶质运移不可或缺的参数。通常将土水势 $\psi = -15\ 000$ cm 定义为永久萎蔫点，一条完整的（或全范围的）土壤水分特征曲线常常以永久萎蔫点为分界点分为高吸力段和低吸力段两部分（Campbell and Shiozawa，1992）。水分特征曲线的低吸力段（$\psi > -15\ 000$ cm）对模拟非饱和带水分的运动和溶质的运移是非常重要的水力学参数，然而它的直接测定一般需要1～2个月的时间，且成本较高。

土壤的持水性与许多土壤属性存在密切关系，如颗粒大小组成（砂粒、粉粒和黏粒）、容重和有机质含量。因此，一些研究尝试采用这些容易测定的土壤属性来间接估计土壤水分特征曲线的低吸力段，这类方法统称为土壤传递函数（PTF）（Bouma，1989）。土壤传递函数主要有三类：①点传递函数，预测某个特定水势下土壤含水量的模型（Gupta and Larson，1979；Rawls and Brakensiek，1982；Naveed et al.，2012）；②参数传递函数，预测水分特征曲线模型的参数（Saxton et al.，1986；Vereecken et al.，1989；Wösten et al.，1999；Schaap et al.，2001），常用的模型有Brooks和Corey（1964）模型、van Genuchten（1980）模型（简称VG模型）；③物理经验模型，基于土壤粒径分布与土壤水分特征曲线的相似性来预测土壤水分特征曲线（Arya and Paris，1981）。

许多研究采用方程描述了全范围的土壤水分特征曲线（Ross et al.，1991；Rossi and Nimmo，1994；Fayer and Simmons，1995；Webb，2000；Khlosi et al.，2006）。土壤水分特征曲线的高吸力段常常呈线性，可以被Campbell和Shiozawa（1992）提出的线性方程描述（简称CS模型）。因此，土壤水分特征曲线的高吸力段可以通过少量数据快速且容易的确定。因为土壤水分特征曲线的高吸力段是全范围土壤水分特征曲线的一部分且包含许多土壤信息，如黏粒含量、比表面积、有机质含量和阳离子交换量（Resurreccion et al.，2011；Arthur et al.，2014），所以可以考虑将它作为预测土壤水分特征曲线低吸力段的输入信息。但是目前很少有研究采用土壤水分特征曲线的高吸力段来预测它的低吸力段。

许多研究表明CS模型和VG模型可以分别用来描述土壤水分特征曲线的高吸力段和低吸力段（Fayer and Simmons，1995；Webb，2000；Lu et al.，2008；Resurreccion et al.，2011），并且水分特征曲线的低吸力段和高吸力段在水势

–15 000 cm 处连续。在本研究中，假设土壤水分特征曲线的高吸力段是低吸力段在水势–15 000 cm 处的切线（CS 模型是 VG 模型在水势–15 000 cm 处的切线方程），可以用一个简便的方法来预测土壤水分特征曲线的低吸力段。

5.2 基本理论

VG 模型（van Genuchten，1980）和 CS 模型（Campbell and Shiozawa，1992）常常用来描述土壤水分特征曲线的低吸力段（ψ>–15 000 cm）和高吸力段（ψ<–15 000 cm），表述为

$$\text{VG 模型：} \theta = \theta_r + \frac{\theta_s - \theta_r}{\left[1 + \left(\alpha|\psi|\right)^n\right]^m} \tag{5-1}$$

$$\text{CS 模型：} \log_{10}(-\psi) = SL \times \theta + \log_{10}(-\psi_0) \tag{5-2}$$

式中，θ、θ_s、θ_r 分别为实测含水量、饱和含水量和残余含水量，g/g；α、n、m 为模型拟合参数，其中 α 为进气值的倒数，cm^{-1}，n 和 m 为形状参数（$m = 1-1/n$）；ψ 为土水势，cm H_2O，ψ_0 定义为烘干条件下（θ=0 g/g）的土水势，本研究中 ψ_0 作为拟合参数；SL 为无量纲的斜率。

水分特征曲线的低吸力段也可以用 θ 和 $\log_{10}(-\psi)$来表述，所以本研究采用变形的 VG 模型来描述土壤水分特征曲线的低吸力段：

$$\theta = \theta_r + \frac{\theta_s - \theta_r}{\left\{1 + \left[\alpha \log_{10}(-\psi)\right]^n\right\}^m} \tag{5-3}$$

变形 VG 模型的一阶导数可以写为

$$\frac{d\theta}{d\left[\log_{10}(-\psi)\right]} = \frac{-mn\alpha^n(\theta_s - \theta_r)\log_{10}(-\psi)^{n-1}}{\left\{1 + \left[\alpha \log_{10}(-\psi)\right]^n\right\}^{m+1}} \tag{5-4}$$

土壤水分特征曲线的高吸力段可以用 CS 模型来描述，假设 CS 模型与变形的 VG 模型在 $\log_{10}(-\psi^*)$= 4.2 处相切。因此，满足下面两个条件。

1）CS 模型和变形 VG 模型都经过点 $[\log_{10}(-\psi^*), \theta^*]$：

$$\log_{10}(-\psi^*) = SL \times \theta^* + \log_{10}(-\psi_0) \tag{5-5}$$

$$\theta^* = \frac{\theta_s - \theta_r}{\left\{1 + \left[\alpha \log_{10}\left(-\psi^*\right)\right]^n\right\}^m} + \theta_r \tag{5-6}$$

式中，ψ^* 为萎蔫点处的土水势，θ^* 为萎蔫系数。

2）在连接点处，CS 模型的斜率等于变形 VG 模型导数的倒数：

$$\frac{1}{SL}=\frac{-mn\alpha^{n}(\theta_{s}-\theta_{r})\log_{10}(-\psi^{*})^{n-1}}{\left\{1+\left[\alpha\log_{10}\left(-\psi^{*}\right)\right]^{n}\right\}^{m+1}} \tag{5-7}$$

利用式（5-2）拟合实测土壤水分特征曲线的高吸力段，可以得到 SL 和 ψ_0，然后用式（5-5）得到 θ^*。假设残余含水量 $\theta_r = 0$ g/g（Rajkai et al.，2004；Zacharias and Wessolek，2007），θ_s 通过实测或者用容重来估计（$\theta_s=1-\rho_b/\rho_s$，ρ_b 为实测的土壤容重，ρ_s 为土壤颗粒密度，通常取值 2.65 g/cm^3）且 $m=1-1/n$，则参数 α 和 n 可以用式（5-6）和式（5-7）来计算。

最后，将计算得到的 α、m、n 代入式（5-3）就可得到土壤水分特征曲线的低吸力段。图 5-1 给出了用新方法预测土壤水分特征曲线低吸力段的一个例子。

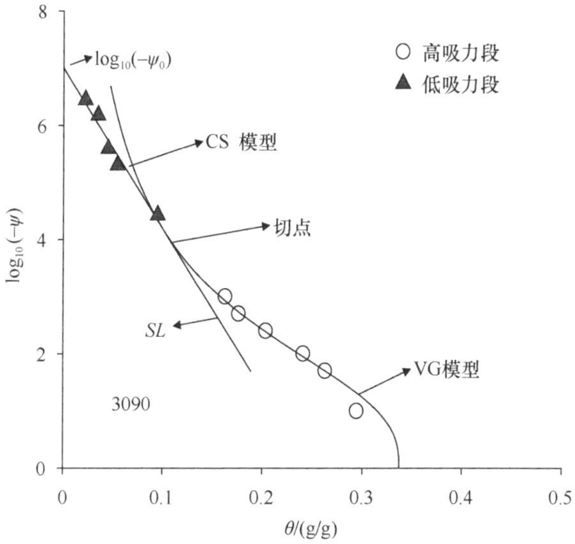

图 5-1　利用新方法预测土壤水分特征曲线低吸力段的示意图

5.3　数 据 来 源

本研究收集得到了 21 个土样（黏粒含量的范围为 0～47%）的全范围水分特征曲线，其中 6 个样品来自 Campbell 和 Shiozawa（1992）的文献，7 个样品来自 Lu 等（2008）的文献，4 个样品来自 Schelle 等（2013）的文献，3 个样品来自 Naveed 等（2013）的文献，1 个样品来自美国 UNSODA 数据库（Nemes et al.，1999）。表 5-1 给出了 21 个土样的基本信息，包括容重、质地、有机质含量和饱和含水量。

表 5-1 21 个土样的基本物理信息和来源

编号	砂粒/%	粉粒/%	黏粒/%	质地（美国制）	有机质/%	容重/(g/cm)	饱和含水量/(g/g)
Palouse[a]	11	68	21	粉壤土	—	—	0.44
Palouse B[a]	9	44	47	粉黏土	—	—	0.55
Walla Walla[a]	23	63	14	粉壤土	—	—	0.40
Salkum[a]	19	58	23	粉壤土	—	—	0.48
Royal[a]	53	32	15	砂壤土	—	—	0.35
L-soil[a]	89	6	5	砂土	—	—	0.20
Soil 2[b]	67	21	12	砂壤土	0.86	1.41	0.31
Soil 3[b]	40	49	11	壤土	0.49	1.30	0.36
Soil 4[b]	27	51	22	粉壤土	1.19	1.34	0.38
Soil 5[b]	19	54	27	粉黏壤土	0.39	1.29	0.40
Soil 6[b]	11	70	19	粉壤土	0.84	1.33	0.37
Soil 7[b]	8	60	32	粉黏壤土	3.02	1.32	0.44
Soil 8[b]	2	73	25	粉壤土	4.40	1.20	0.44
Sand 2a[c]	99	1	0	砂土	—	1.53	0.24
Silt loam[c]	29	55	16	粉壤土	—	1.56	0.23
Sand 2b[c]	100	0	0	砂土	—	1.48	0.25
Silt[c]	7	83	10	粉土	—	1.40	0.32
L2[d]	73	11	16	砂壤土	2.30	1.57	0.26
L4[d]	55	13	32	砂黏壤土	2.20	1.44	0.32
L6[d]	39	15	46	黏土	2.30	1.36	0.36
3090[e]	2	53	45	粉黏土	3.85	1.40	0.34

数据来源：a 来自 Campbell 和 Shiozawa（1992）；b 来自 Lu 等（2008）；c 来自 Schelle 等（2013）；d 来自 Naveed 等（2013）；e 来自 Nemes 等（1999）

收集的数据中，土壤水分特征曲线高吸力段主要采用 WP4 露点水势仪（Decagon Devices，Pullman，WA）测定。这种方法测定速度快，且在 $\psi\leqslant-5000$ cm 时有较高的测定精度（±0.1%的偏差）。由于测定受到温度的限制，此方法在 $\psi>-5000$ cm 时的测定精度较低。通常土壤水分特征曲线低吸力段的测定需要将砂箱法和压力膜法结合起来。砂箱法测定快但范围较窄（水势范围为−100～0 cm）。当 $\psi>-5000$ cm 时，压力膜法可能给出较好的测定结果；当 $\psi<-5000$ cm 时，压力板和土样缺乏紧密的接触及土壤分散，使得压力膜法的测定结果并不可靠（Bittelli and Flury，2009）。同时该方法完成土壤水分特征曲线低吸力段的测定往往需要 1～2 个月，且压力膜仪的价格要比露点水势仪贵 2～3 倍。土壤结构对土壤水分特征曲线低吸力段的影响比对高吸力段的影响大，且结构完好土样的采集要比无结构土样的采集困难。综上所述，土壤水分特征曲线高吸力段的测定要更迅速、容易和便宜。

5.4　模型预测效果评价指标

新方法的预测精度用均方根误差（*RMSE*）、平均误差（*ME*）和平均相对误差（*E*，%）来进行评价。

$$RMSE=\sqrt{\sum_{i=1}^{n}\frac{(P_i-O_i)^2}{n}} \tag{5-8}$$

$$ME=\frac{1}{n}\sum_{i=1}^{n}(P_i-O_i) \tag{5-9}$$

$$E=\frac{100}{n}\sum_{i=1}^{n}\frac{\left|P_i-O_i\right|}{O_i} \tag{5-10}$$

式中，P_i 和 O_i 分别为预测土壤含水量和实测土壤含水量，g/g；*n* 为实测样品的数目。

5.5　土壤水分特征曲线高吸力段的模拟

表 5-2 给出了 CS 模型的拟合参数[*SL* 和 $\log_{10}(-\psi_0)$]及其拟合精度（R^2 和 *RMSE*）。21 个样品实测土壤含水量的变化范围为 0.002～0.151 g/g。CS 模型给出的 *RMSE* 都小于 0.005（平均值为 0.002），R^2 都大于 0.94（平均值为 0.98），这些结果表明 CS 模型可以很好地描述土壤水分特征曲线的高吸力段。CS 模型的参数 $\log_{10}(-\psi_0)$的变化范围为 6.27～7.71，平均值为 6.88，这与许多研究者得到的结果相近（Webb，2000；Groenevelt and Grant，2004；Schneider and Goss，2012a）。从表 5-1 和表 5-2 可以看出，黏粒含量低的土壤通常 *SL* 值较低（如 L-soil、Soil 2、Sand 2a 和 Sand 2b），黏粒含量高的土壤 *SL* 值通常较高（如 Palouse B 和 L6）。对于 Soil 8，它的黏粒含量低于 Soil 7、L4 和 3090，但它的 *SL* 值却是最大的，可能的原因是 Soil 8 有最高的有机质含量（4.4%）和粉粒含量（73%）。上述结果表明，*SL* 值与土壤黏粒含量存在着密切的关系，并且可能受到有机质含量和土壤粉粒含量的影响。一些研究表明，*SL* 的倒数与土壤黏粒含量存在负的线性相关性，并且建立了经验方程来预测 *SL* 值（Schneider and Goss，2012b；Arthur et al.，2013）。

表 5-2　CS 模型的参数和拟合精度

编号	*SL*	$\log_{10}(-\psi_0)$	R^2	*RMSE*
Palouse	–30.63	7.07	0.99	0.002
Palouse B	–17.02	7.03	0.99	0.004

续表

编号	*SL*	$\log_{10}(-\psi_0)$	R^2	*RMSE*
Walla Walla	−38.38	7.00	0.96	0.003
Salkum	−25.34	6.90	0.98	0.005
Royal	−56.51	6.89	0.98	0.002
L-soil	−119.55	7.01	0.99	0.001
Soil 2	−108.6	7.71	1.00	0.000
Soil 3	−78.42	6.88	0.99	0.001
Soil 4	−41.87	7.33	0.99	0.001
Soil 5	−30.36	7.05	0.98	0.003
Soil 6	−44.63	7.13	0.96	0.003
Soil 7	−26.7	7.23	1.00	0.001
Soil 8	−19.7	6.90	1.00	0.001
Sand 2a	−235.58	6.60	0.99	0.000
Silt loam	−40.44	6.46	0.98	0.002
Sand 2b	−182.61	6.58	0.94	0.001
Silt	−42.45	6.42	0.99	0.002
L2	−30.89	6.27	0.99	0.002
L4	−22.19	6.47	0.99	0.002
L6	−15.42	6.56	1.00	0.002
3090	−28.90	7.00	0.96	0.005
平均值	—	6.88	0.98	0.002

5.6 土壤水分特征曲线低吸力段的预测

图 5-2 和表 5-3 给出了利用新方法对 21 个土样水分特征曲线低吸力段进行预测的效果(图 5-2 中虚线)。对于所有的样品，*RMSE* 的变化范围为 0.009～0.113 g/g（平均值为 0.053 g/g），*ME* 的变化范围为−0.098～0.002 g/g（平均值为−0.038 g/g），*E* 的变化范围为 2.3%～29.6%（17.7%）。基于 Vereecken 等（1989）提出的传递函数，Weynants 等（2009）提出了一个新的传递函数，并且用 48 个样品作为验证数据集对比了它与其他 3 个传递函数（Vereecken et al.，1989；Wösten et al.，1999；Schaap et al.，2001）的预测效果。4 个传递函数 *RMSE* 的变化范围为 0.094～0.140 g/g。比较 *RMSE* 值，说明新方法给出的预测结果是可以接受的，可用来预测土壤水分特征曲线的低吸力段。

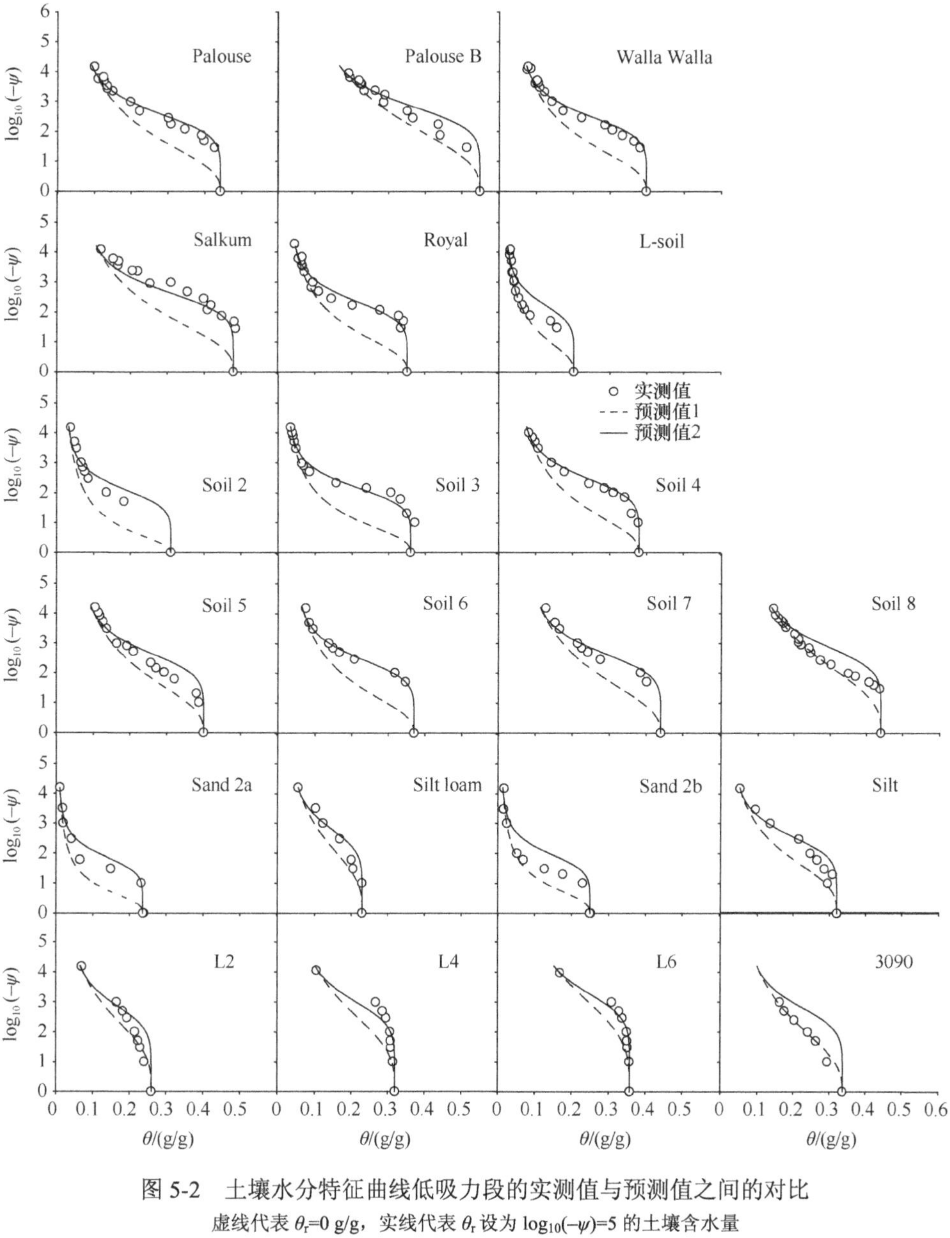

图 5-2　土壤水分特征曲线低吸力段的实测值与预测值之间的对比

虚线代表 θ_r=0 g/g，实线代表 θ_r 设为 $\log_{10}(-\psi)$=5 的土壤含水量

表 5-3　新方法的预测表现

编号	θ_r = 0 g/g			$\theta_r[\log_{10}(-\psi)=5]$		
	ME/(g/g)	*RMSE*/(g/g)	*E*/%	*ME*/(g/g)	*RMSE*/(g/g)	*E*/%
Palouse	–0.055	0.072	19.3	0.010	0.020	6.1
Palouse B	–0.031	0.038	9.6	0.024	0.042	8.8

续表

编号	$\theta_r = 0$ g/g			$\theta_r[\log_{10}(-\psi)=5]$		
	ME/(g/g)	*RMSE*/(g/g)	*E*/%	*ME*/(g/g)	*RMSE*/(g/g)	*E*/%
Walla Walla	–0.046	0.067	19.0	0.009	0.018	7.8
Salkum	–0.098	0.113	29.5	–0.026	0.035	10.9
Royal	–0.051	0.083	21.7	0.008	0.023	12.5
L-soil	–0.011	0.022	13.8	0.025	0.038	41.9
Soil 2	–0.029	0.039	29.6	0.020	0.037	19.8
Soil 3	–0.070	0.107	27.6	–0.003	0.022	11.2
Soil 4	–0.062	0.079	23.5	0.009	0.014	5.4
Soil 5	–0.033	0.038	14.2	0.024	0.039	13.3
Soil 6	–0.056	0.076	25.2	0.004	0.011	5.1
Soil 7	–0.051	0.061	18.5	0.014	0.025	9.1
Soil 8	–0.014	0.026	4.7	0.037	0.050	14.3
Sand 2a	–0.033	0.057	27.2	0.019	0.037	30.9
Silt loam	–0.017	0.021	11.4	0.005	0.014	6.2
Sand 2b	–0.028	0.047	22.2	0.042	0.060	59.6
Silt	–0.038	0.047	17.6	0.011	0.021	6.8
L2	–0.015	0.024	10.2	0.015	0.021	9.2
L4	–0.043	0.056	15.5	–0.009	0.023	6.0
L6	–0.027	0.036	8.2	–0.003	0.009	2.0
3090	0.002	0.009	2.3	0.061	0.064	28.4
平均值	–0.038	0.053	17.7	0.014	0.030	15.0

除样品 3090 外，新方法给出的 *ME* 都小于 0 g/g，这表明在预测的过程中可能存在系统误差。出现这种情况可能是由于残余含水量设为 0 g/g。θ_r代表低水势（小于–1500 kPa）或者 $d\theta/d\psi \approx 0$ 时的土壤含水量（Minasny et al.，1999）。根据相关研究，假定 θ_r 为 $\log_{10}(-\psi)=5$ 时的土壤含水量，重新计算了 VG 模型的参数。图 5-2（实线）和表 5-3 给出了重新计算的结果。对于 21 个土样，*RMSE* 的变化范围为 0.009～0.064 g/g（平均值为 0.030 g/g），*ME* 的变化范围为–0.026～0.061 g/g（平均值为 0.014 g/g），*E* 的变化范围为 2.0%～59.6%（平均值为 15.0%），这些结果表明改变 θ_r 值时，新方法能给出更好的预测结果。图 5-3 对比了 21 个土样的实测含水量与 θ_r不为 0 g/g 时采用新方法给出的预测值，回归方程的斜率为 1.05，决定系数为 0.94，*RMSE* 和 *ME* 分别为 0.013 g/g 和 0.032 g/g，这些结果表明 θ_r 取值合理可以提高新方法的预测精度。

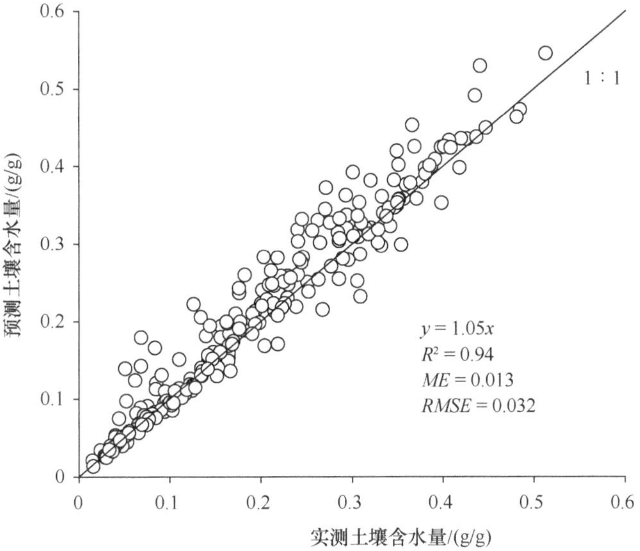

图 5-3　实测含水量与预测含水量之间的对比[θ_r 设为 $\log_{10}(-\psi)$=5 的土壤含水量]

从图 5-2 和表 5-3 也可以看出，土样 L-soil、Sand 2a、Sand 2b 和 3090 的 *E* 值都大于 20%，这表明新方法（θ_r 不为 0 g/g）对这 4 个土样的预测有较大的误差。对于土样 3090，它的有机质含量和黏粒含量都高于大部分土样。一些研究表明，高的有机质含量对土壤水的吸附有明显影响，进而改变含水量与土水势的关系（Rawls et al.，2003；Resurreccion et al.，2011；Chen et al.，2014）。另外，有机质和黏粒含量的交互作用对土壤水分特征曲线高吸力段的影响比较复杂。Rawls 等（2003）的研究表明，土壤的萎蔫含水量随有机质含量的增加而增加，但当土壤黏粒含量高于 19%时，土壤的萎蔫含水量随着有机质含量的增加而减少。新方法（θ_r 不为 0 g/g）对样品 3090 预测误差较大的原因可能是受到有机质和黏粒含量的影响。

土样 L-soil、Sand 2a 和 Sand 2b 的质地属于砂土，它们的 *SL* 值在所有的样品中最小（表 5-2）。本研究中将萎蔫点设为土壤水分特征曲线高吸力段和低吸力段的切点。对于不同质地的土样，土壤水分特征曲线高吸力段和低吸力段的切点应该不是固定的值。Webb（2000）拟合了 6 个土样全范围的水分特征曲线，结果表明粗质地土样的切点明显低于细质地土样。因此，本研究将这 3 个样品的切点从 $\log_{10}(-\psi)$=4.2 变为 $\log_{10}(-\psi)$=3.4（间隔为 0.2），重新用新方法预测了土壤水分特征曲线的低吸力段，我们发现随着切点的减小 *RMSE* 和 *ME* 绝对值先减小后增大（表 5-4）。这些结果表明，新方法对砂质土壤预测有较大误差的原因可能是切点选择不合理。

表 5-4 新方法随切点的预测表现

切点 $\log_{10}(-\psi)$	L-soil			Sand 2a			Sand 2b		
	ME/(g/g)	*RMSE*/(g/g)	*E*/%	*ME*/(g/g)	*RMSE*/(g/g)	*E*/%	*ME*/(g/g)	*RMSE*/(g/g)	*E*/%
4.2	0.025	0.038	41.9	0.019	0.037	30.9	0.042	0.060	59.6
4.0	0.007	0.016	18.3	0.001	0.013	13.8	0.014	0.022	22.9
3.8	−0.005	0.011	11.4	−0.019	0.031	19.4	−0.010	0.018	11.4
3.6	−0.012	0.020	16.4	−0.028	0.052	30.0	−0.027	0.043	22.6
3.4	−0.017	0.027	21.3	−0.035	0.065	36.2	−0.039	0.060	31.0

从以上的讨论可以看出，固定 θ_r 和切点时，对所有的土样预测并不能保证均得到理想的效果。为了改进新方法对土壤水分特征曲线低吸力段的预测精度，进一步的研究需要针对不同质地的土壤确定合理的 θ_r 和切点。

5.7 小 结

本研究提出了一个简便的预测土壤水分特征曲线低吸力段的新方法，即用土壤水分特征曲线的高吸力段来预测它的低吸力段。在残余含水量（设为 0 g/g）和切点固定的条件下，与文献的结果相比，新方法给出的预测结果是可以接受的。但新方法对所有的样品并不能都给出好的预测结果。如果将残余含水量设为非零小值，新方法的预测效果得到了明显提升。当切点由$-10^{4.2}$ cm 变为$-10^{3.8}$ cm 时，明显提高了新方法对砂土水分特征曲线低吸力段的预测精度。因此，进一步的研究需要针对不同质地的土壤确定合理的θ_r和切点。

参 考 文 献

Arthur E, Tuller M, Moldrup P, et al. 2014. Rapid and fully automated measurement of water vapor sorption isotherms: new opportunities for vadose zone research. Vadose Zone Journal, 13(1). doi: 10.2136/vzj2013.10.0185.

Arthur E, Tuller M, Moldrup P, et al. 2013. Soil specific surface area and non-singularity of soil-water retention at low saturations. Soil Science Society of America Journal, 77: 43-53.

Arya L M, Paris J F. 1981. A physicoempirical model to predict the soil moisture characteristic from particle-size distribution and bulk density data. Soil Science Society of America Journal, 45(6): 1023-1030.

Bittelli M, Flury M. 2009. Errors in water retention curves determined with pressure plates. Soil Science Society of America Journal, 73(5): 1453-1460.

Bouma J. 1989. Using soil survey data for quantitative land evaluation. Advances in Soil Science, 9: 177-213.

Brooks R H, Corey A T. 1964. Hydraulic properties of porous media. Hydrological Paper 3. Civ. Eng. Dep., Colorado State Univ., Fort Collins.

Campbell G S, Shiozawa S. 1992. Prediction of Hydraulic Properties of Soils Using Particle Size Distribution and Bulk Density Data. Berkeley: Univ. of Calif. Press.

Chen C, Ren T, Hu K, et al. 2014. Estimation of soil clay content using hygroscopic water content at an arbitrary humidity. Soil Science Society of America Journal, 78(1): 119-124.

Fayer M J, Simmons C S. 1995. Modified soil water retention function for all matric suctions. Water Resource Research, 31(5): 1233-1238.

Groenevelt P H, Grant C D. 2004. A new model for the soil-water retention curve that solves the problem of residual water contents. European Journal of Soil Science, 55: 479-485.

Gupta S C, Larson W E. 1979. Estimating soil water retention characteristics from particle size distribution, organic matter content and bulk density. Water Resource Research, 15: 1633-1635.

Khlosi M, Cornelis M W, Gabriels D, et al. 2006. Simple modification to describe the soil water retention curve between saturation and oven dryness. Water Resource Research, 42(11). doi: 10.1029/2005wr004699.

Lu S, Ren T, Gong Y, et al. 2008. Evaluation of three models that describe soil water retention curves from saturation to oven dryness. Soil Science Society of America Journal, 72: 1542-1546.

Minasny B, McBratney A B, Bristow K L. 1999. Comparison of different approaches to the development of pedotransfer functions for water-retention curves. Geoderma, 93(3-4): 225-253.

Naveed M, Moldrup P, Arthur E, et al. 2013. Revealing soil structure and functional macroporosity along a clay gradient using X-ray computed tomography. Soil Science Society of America Journal, 77(2): 403-411.

Naveed M, Moldrup P, Tuller M, et al. 2012. Prediction of the soil water characteristic from soil particle volume fractions. Soil Science Society of America Journal, 76(6): 1946-1956.

Nemes A, Schaap M G, Leij F J. 1999. The UNSODA unsaturated soil hydraulic database. Version 2.0. California: University of California Riverside, US Salinity Laboratory.

Rajkai K, Kabos S, van Genuchten M T. 2004. Estimating the water retention curve from soil properties: comparison of linear, nonlinear and concomitant variable methods. Soil and Tillage Research, 79(2): 145-152.

Rawls W J, Pachepsky Y A, Ritchie J C, et al. 2003. Effect of soil organic carbon on soil water retention. Geoderma, 116(1): 61-76.

Rawls W J, Brakensiek D L. 1982. Estimating soil water retention from soil properties. Journal of the Irrigation and Drainage Division, 108(2): 166-171.

Resurreccion A C, Moldrup P, Tuller M, et al. 2011. Relationship between specific surface area and the dry end of the water retention curve for soils with varying clay and organic carbon contents. Water Resource Research, 47: W06522.

Ross P J, Williams J, Bristow K L. 1991. Equation for extending water-retention curves to dryness. Soil Science Society of America Journal, 55: 923-927.

Rossi C, Nimmo J R. 1994. Modeling of soil water retention from saturation to oven dryness. Water Resource Research, 30: 701-708.

Saxton K E, Rawls W, Romberger J S, et al. 1986. Estimating generalized soil-water characteristics from texture. Soil Science Society of America Journal, 50(4): 1031-1036.

Schaap M G, Leij F J, van Genuchten M T. 2001. Rosetta: a computer program for estimating soil hydraulic parameters with hierarchical pedotransfer functions. Journal of Hydrology, 251: 163-176.

Schelle H, Heise L, Jänicke K, et al. 2013. Water retention characteristics of soils over the whole moisture range: a comparison of laboratory methods. European Journal of Soil Science, 64(6): 814-821.

Schneider M, Goss K U. 2012a. Prediction of the water sorption isotherm in air dry soils. Geoderma, 170: 64-69.

Schneider M, Goss K U. 2012b. Prediction of water retention curves for dry soils from an established pedotransfer function: evaluation of the Webb model. Water Resource Research, 48(6): 6603.

van Genuchten M T. 1980. A closed-form equation for predicting the hydraulic conductivity of unsaturated soils. Soil Science Society of America Journal, 44: 892-898.

Vereecken H, Feyen J, Maes J, et al. 1989. Estimating the soil moisture retention characteristic from texture, bulk density and carbon content. Soil Science, 148: 389-403.

Webb S W D. 2000. A simple extension of two-phase characteristic curves to include the dry region. Water Resource Research, 36(6): 1425-1430.

Weynants M, Vereecken H, Javaux M. 2009. Revisiting Vereecken pedotransfer functions: introducing a closed-form hydraulic model. Vadose Zone Journal, 8(1): 86-95.

Wösten J H M, Lilly A, Nemes A, et al. 1999. Development and use of a database of hydraulic properties of European soils. Geoderma, 90: 169-185.

Zacharias S, Wessolek G. 2007. Excluding organic matter content from pedotransfer predictors of soil water retention. Soil Science Society of America Journal, 71(1): 43-50.

第 6 章　基于 PEST 的模型参数自动优化

6.1 引　　言

在模型应用之前需要对输入参数进行率定，建立在动力学基础之上的农业生产系统模型具有输入参数多、土壤和作物参数的时空变异性强、参数存在较大的不确定性等特点，而且参数之间往往存在着非线性关系。因此，土壤-作物系统模型参数的校验一直被认为是模型研究和应用的难点（Stella et al.，2014；Rashad et al.，2015）。目前大多数模型工作者采用传统的“试错法”来调试模型参数，该方法需要根据研究者自身的知识和对模型的了解程度对输入参数进行主观的调试，不仅耗时费力，而且模型的模拟精度也不是令人十分满意。另外，由于尺度效应的存在，实验室测得的土壤水力学参数等很难直接运用到模型中，这些因素大大限制了模型的推广和应用。

近年来，发展了一些参数自动优化工具，如 HYDRUS-1D（Šimůnek et al.，2008）、UCODE（Poeter and Hill，1999）、PEST（Donherty，2004）、SCE-UA（shuffle complex evolution method）算法（Li et al.，2015）、个体优势遗传算法（IAGA）（庄嘉祥等，2013）等，其中 PEST 采用改进的非线性最小二乘优化算法 Gauss-Marquardt-Levevberg，已经在水文学模型中得到了广泛运用（Elci et al.，2010；董艳辉等，2010；Kim et al.，2014）。例如，Elci 等（2010）使用 PEST 工具自动率定了地下水模型 MODFLOW 的水力学参数，并分析了土耳其伊兹密尔地区地下水污染物的扩散情况。董艳辉等（2010）应用并行 PEST 算法优化了 MODELOW 模型的参数，结果表明并行化的 PEST 可以将地下水模型参数优化效率提高 3.7 倍。Kim 等（2014）将 PEST 工具用于率定降雨-径流模型 STWIR 的参数，发现 PEST 对降雨产流参数有较高的率定效率。

参数自动优化方法在土壤-作物系统模型方面的运用并不多见，现有的研究主要是对土壤参数或作物参数进行反演（Fang et al.，2010；Nolan et al.，2010；房全孝，2012；孙美等，2014），如 Fang 等（2010）利用 PEST 程序估算了 RZWQM 模型土壤水力学参数，发现 PEST 软件在土壤水力学参数寻优方面表现出了明显的优势和较高的效率。庄嘉祥等（2013）使用 IAGA 算法成功估算了 ORYZA2000 水稻模型中的作物参数，表明 IAGA 方法对模型作物参数的估算具有较高的准确性。Nolan 等（2010）将 PEST 程序用于 RZWQM 模型中，估计了土壤水力学参数和氮素转化参数。Rashad 等（2015）利用 PEST 软件优化了生物地球化学模型 DayCent 的氮素转化参数，并利用经 PEST 计算得到的敏感度雅可比矩阵分析了温室气体排放的不确定性，认为 PEST 能较好地反演 DayCent 模型的氮素转化参数。上述研究分别对土壤水力学、作物和氮素转化参数进行了优化，目前将土壤水力学参数、氮素转化参数和作物参数同时进行优化的研究还不多见。

本研究建立的 WHCNS 模型参数较多，模型校验过程十分复杂，大大限制了该模型的推广应用。因此，本研究以华北平原两年的冬小麦-夏玉米田间试验观测数据为基础，利用 PEST 参数优化工具对土壤水力学参数、氮素转化参数和作物参数同时进行优化，并对模型参数进行综合敏感度分析，旨在为土壤-作物-大气系统模型参数的自动优化提供一种便捷方法，为 WHCNS 模型的快速推广应用提供技术支持。

6.2 田 间 试 验

田间试验于 2009 年 10 月 10 日至 2011 年 9 月 28 日在山东省泰安市山东农业大学农学实验站（36°09′37″N，117°09′18″E，海拔 130 m）进行。试验地冬小麦-夏玉米一年两作，本研究选取了三块代表不同土地生产力水平的农田，各田块面积大小为 30 m×10 m，土壤基本理化性质如表 6-1 所示。基于小麦多年平均产量将这 3 块农田分为高产田 T1、中产田 T2 和低产田 T3，分别对应平均产量＞9000 kg/hm^2、约 7500 kg/hm^2 和约 6000 kg/hm^2。

冬小麦（‘泰农 18’）在 10 月上旬播种，6 月中旬收获，基本苗为 240 万株/hm^2，耕作方式为深耕，秸秆还田。夏玉米（‘郑单 958’）在 6 月下旬播种，9 月下旬收获，密度为 6.6 万株/hm^2，耕作方式为免耕。三块农田水肥及耕作管理完全一致。具体的水肥管理见文献（刘海涛等，2015）。

土壤 0～160 cm 水分数据每 10 d 利用中子仪观测 1 次，测定时每 20 cm 一层。土壤无机氮每月测定 1 次，用土钻取 0～160 cm 鲜土样，每 20 cm 一层，用流动分析仪测定。土壤饱和导水率采用定水头方法测定。土壤水分特征曲线采用砂箱和压力膜法测定。采用 van Genuchten（1987）的模型拟合得到土壤水力学参数（表 6-1）。作物叶面积每月测定 1 次，采用叶片长×宽×0.75 计算得到；地上部干物质每月测定 1 次，将植株在 75℃下烘干称重获得；作物成熟后划定 3 m×3 m 小区，收获测产，具体方法见文献（刘海涛等，2015）。气象数据（日最高、最低和平均气温、降雨量、日照时数、风速和相对湿度）由当地气象站提供。

表 6-1　试验地土壤剖面基本理化性质

深度/cm	农田	砂粒/%	粉粒/%	黏粒/%	K_s/(cm/d)	θ_s/(cm^3/cm^3)	θ_r/(cm^3/cm^3)	α/cm^{-1}	n(–)	SOM/(g/kg)	TN/(g/kg)
0～30	T1	30.2	57.6	12.2	30.2	0.38	0.03	0.0111	1.439	13.3	1.12
	T2	39.0	55.0	6.0	39.0	0.37	0.03	0.0061	1.627	9.9	0.77
	T3	31.0	49.0	20.0	31.0	0.42	0.038	0.038	1.395	10.8	0.82
30～70	T1	17.1	73.4	9.5	17.1	0.38	0.03	0.0114	1.280	7.9	0.66
	T2	39.0	51.0	10.0	39.0	0.36	0.032	0.0072	1.580	6.2	0.51
	T3	32.0	49.0	19.0	32.0	0.44	0.046	0.046	1.392	6.8	0.55
70～100	T1	6.3	83.0	10.7	6.3	0.4	0.024	0.0268	1.135	4.1	0.41
	T2	31.0	62.0	7.0	31.0	0.39	0.025	0.0071	1.586	3.2	0.3
	T3	20.0	60.0	20.0	20.0	0.4	0.051	0.051	1.385	4.1	0.37
100～160	T1	12.8	82.8	4.4	12.8	0.41	0.048	0.0188	1.094	4.1	0.41
	T2	17.0	65.0	18.0	17.0	0.38	0.044	0.0081	1.583	3.2	0.3
	T3	6.0	46.0	48.0	6.0	0.49	0.049	0.049	1.358	4.1	0.37

注：K_s 为饱和导水率；θ_r 为残余含水量；θ_s 为饱和含水量；α 为进气值的倒数；n 为孔隙分布指数；SOM 为土壤有机质；TN 为土壤全氮

6.3　PEST 参数优化方法

6.3.1　算法介绍

对于非线性系统，PEST 软件基于 Gauss-Marquardt-Levevberg（GML）算法对目标函数求解最小值，能够在多维的参数空间内优化模型输入参数，经迭代逐步逼近目标函数最小值，具体算法参见文献（Donherty，2004）。其基本过程如下，首先为模型设置初值：

$$\boldsymbol{c_0} = M(\boldsymbol{b_0}) \tag{6-1}$$

式中，M 为模型调用函数；$\boldsymbol{b_0}$ 为模型初始输入参数矩阵；$\boldsymbol{c_0}$ 为模型初始输出矩阵。令 c 为观察值（实测值），b 为模型输入参数的真值，可得到泰勒近似解：

$$c = \boldsymbol{c_0} + \boldsymbol{J}(b - \boldsymbol{b_0}) \tag{6-2}$$

式中，$\boldsymbol{J}$ 为 M 函数雅可比矩阵，矩阵由 m 行组成（每一行代表模型的一次输出），每一行的第 n 个元素是第 n 个参数与相应观察值的微分，根据最小二乘法原理，可以将上述真值逼近问题转化为下式的最小化问题：

$$\boldsymbol{\Phi} = [c - \boldsymbol{c_0} - \boldsymbol{J}(b - \boldsymbol{b_0})]^{\mathrm{T}} \boldsymbol{Q}[c - \boldsymbol{c_0} - \boldsymbol{J}(b - \boldsymbol{b_0})] \tag{6-3}$$

式中，$\boldsymbol{Q}$ 为对角矩阵，对角线上的元素是各个观测值的权重。Marquardt（1963）改进了参数最小化过程，引入 Marquardt 参数 β，使得最小化迭代过程更容易收敛，

定义更新矩阵为

$$\boldsymbol{u} = (\boldsymbol{J}^{\mathrm{T}}\boldsymbol{QJ} + \beta\boldsymbol{I})^{-1}\boldsymbol{J}^{\mathrm{T}}\boldsymbol{Qr} \tag{6-4}$$

式中，$\boldsymbol{u}$ 为参数的更新矩阵；$\boldsymbol{I}$ 为 $n \times n$ 的单位矩阵；$\boldsymbol{r}$ 为残差矩阵。

最后判断收敛情况：

$$R = \frac{\sum (w_i c_i - m)(w_i c_{oi} - m_o)}{[\sum (w_i c_i - m)(w_i c_i - m)\sum (w_i c_{oi} - m_o)(w_i c_{oi} - m_o)]^{1/2}} \tag{6-5}$$

式中，c_i 为第 i 个观察值；c_{oi} 为模型输出的第 i 个观测值；m 为观测值的加权平均值；m_o 为模型输出的观测值的加权平均值；w_i 为第 i 个观察值的权重。通常 R 大于 0.9 认为模型模拟效果是可以接受的；反之，则利用 $\boldsymbol{u}$ 矩阵替换相应的 $\boldsymbol{b_0}$，并重复上述过程，直至收敛。PEST 软件将上述 GML 算法做了较好的封装和改进，使得本来参数较多的 GML 算法变得简单实用，用户不需要设定算法的具体参数就可以满足一般的优化需求。

6.3.2 目标函数设置

PEST 算法的核心是对目标函数求解最小值，目标函数值一般由实验观测值与模拟值的差值组成，根据观测值的种类和模型模拟的需求，可以将观测值分组并赋予相应权重，以期达到实测值与模拟值最好的匹配。研究将目标函数分为 4 组：土壤含水量 Φ_w、土壤硝态氮含量 Φ_n、作物产量 Φ_y 和作物叶面积指数 Φ_l，其中冬小麦和夏玉米同时优化，等同对待，目标函数不区分 C3 或 C4 作物，其形式如下：

$$\Phi = \Phi_w + \Phi_n + \Phi_y + \Phi_l = \sum_{i=1}^{p_w}(O_{wi} - S_{wi}) \times \omega_w{}^2 + \sum_{i=1}^{p_n}(O_{ni} - S_{ni}) \times \omega_n{}^2 + \sum_{i=1}^{p_y}(O_{yi} - S_{yi}) \times \omega_y{}^2 + \sum_{i=1}^{p_l}(O_{li} - S_{li}) \times \omega_l{}^2 \tag{6-6}$$

式中，Φ 为目标函数；p_w、p_n、p_y 和 p_l 分别为土壤含水量（cm^3/cm^3）、土壤硝态氮含量（mg/kg）、作物产量（kg/hm^2）和作物叶面积指数观测值的个数；O_i 和 S_i 分别为第 i 个实测值和第 i 个模拟值；ω_w、ω_n、ω_y 和 ω_l 分别为土壤含水量、土壤硝态氮含量、作物产量和作物叶面积指数的权重系数，其取值方法见 6.4 小节。

6.3.3 参数敏感度计算

在 PEST 迭代优化过程中，计算雅可比矩阵 $\boldsymbol{J}$ 占据了其大多数的运行时间，每一次迭代至少调用模型 n 次（优化参数个数），研究设置最大迭代次数为 10 次。PEST 在优化时会估计各个参数的相对综合敏感度（relative composite sensitivity,

RCS），RCS 反映的是输入参数对目标函数值的敏感程度，其值越高代表参数对目标函数的响应程度越高，公式如下：

$$s_i = (\boldsymbol{J}^{\mathrm{T}} \cdot \boldsymbol{Q} \cdot \boldsymbol{J})_i^{1/2} / m \tag{6-7}$$

式中，s_i 为第 i 个参数的综合敏感度。

6.3.4 PEST 软件优化步骤

首先，选择 WHCNS 模型需要优化的参数，以及各个参数的取值范围、初始值；其次，建立 PEST 软件能够识别的模型参数输入文件、观测数据文件和控制文件，以实现 PEST 软件与 WHCNS 模型之间的数据交换；再次，在 DOS 窗口下，执行控制文件，计算机根据控制文件中使用者给定的路径地址自动调用 WHCNS 模型，PEST 在优化运行前会计算出各个组分的残差，通过反复调试权重系数使得各组分残差相等；最后，设置最大迭代次数，开始优化。

6.3.5 模拟效果评价

选择 3 种统计参数：均方根误差（root mean square error，*RMSE*）、模型模拟效率（Nash-Sutcliffe modeling efficiency，*NSE*）和一致性指数（agreement index，*IA*）来评价模型模拟值与实测值的吻合程度。

6.4 参数综合敏感度分析

相对综合敏感度（*RCS*）反映的是输入参数对目标函数值的敏感程度，其值越高代表参数对目标函数的响应程度越高，而目标函数由土壤含水量、土壤硝态氮含量、作物产量和作物叶面积指数 4 部分构成，这 4 组观测值在数量级上差异很大，PEST 在优化运行前会计算出各个组分的残差，通过反复调试权重系数可以使得 4 个组分残差相等。经过调试，土壤含水量、土壤硝态氮含量、作物产量和作物叶面积指数的权重系数分别设置为 40、0.3、5 和 0.01 时系统给出的各组分残差相同。

图 6-1 给出了 18 个参数的 *RCS* 值，整体上看，相比氮素转化参数，土壤水力学参数和作物参数普遍具有较高的敏感度。土壤水力学参数中饱和含水量有最高的敏感度，各参数敏感度从大到小的顺序为 $\theta_s>n>\alpha>\theta_r>K_s$；作物参数方面，冬小麦和夏玉米的 T_{sum} 和 SLA_{max} 都具有较高的敏感度，其次为作物各个阶段的作物系数，对于模型的率定可以优先考虑敏感度较高的参数。PEST 计算的氮素转化参数普遍敏感度较低，其中与硝化作用有关的参数较敏感，最大硝化速率 V_n^* 敏感度

最高，其次是硝化半饱和常数 K_n。

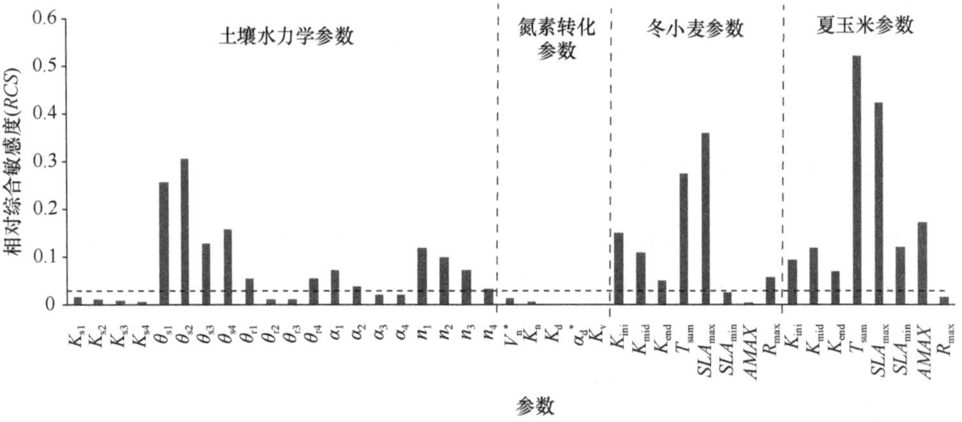

图 6-1 WHCNS 模型各输入参数相对综合敏感度

图中将 RCS 等于 0.5 使用虚线标出，认为值低于此线的参数敏感度较低

在冬小麦和夏玉米生长过程中，上层土壤（通常 0～50 cm）的根系密度比较大，与土壤交互作用也最强，导致土壤水力学参数有较高的敏感度，这与 Nolan 等（2010）的研究结果相似。对于模型参数的率定可以优先考虑敏感度较高的参数。作物参数方面，冬小麦和夏玉米的 T_{sum} 与 SLA_{max} 都具有较高的敏感度，其次为作物各个阶段的作物系数。两种作物最大同化率 *AMAX* 的敏感度差异最大，该参数代表了作物同化 CO_2 的能力，而 C3 作物（如小麦）和 C4 作物（如玉米）有不同的光合反应途径，在模型中使用不同的光合作用计算公式，这可能是导致其敏感度不同的原因。此外，冬小麦和夏玉米 R_{max} 的敏感度也有较大差异，我国华北平原冬小麦生育期内土壤较为干旱，而根系长度参数控制着作物吸水的最大深度，这是导致冬小麦 R_{max} 参数较为敏感的原因。PEST 计算的氮素转化参数普遍敏感度较低，其中与硝化作用有关的参数较敏感，最大硝化速率 V_n^*敏感度最高，其次是硝化半饱和常数 K_n，一些研究结果也表明土壤氮素转化参数的敏感度较低（孙美等，2014）。

6.5 基于 PEST 的模型参数优化与评价

6.5.1 参数优化结果

参数自动优化的初始土壤水力学参数设置为实测值，而作物参数和氮素转化参数来源于模型默认值，土壤基本物理参数采用实测数据（土壤饱和导水率、饱和含水量、残余含水量、水分特征曲线拟合参数 *a* 和 *n*），共选取 18 个参数作为自动优化对象，其中包括 5 个土壤水力学参数、5 个氮素转化参数和 8 个作物参数，具体的优化参数初始值、取值区间及优化结果见表 6-2。

表 6-2　用于 PEST 的土壤水力学参数和作物参数的初始值、取值区间及优化结果

参数类型	参数	描述	初始值	取值范围	优化结果
土壤水力学参数	K_{s1}，K_{s2}，K_{s3}，K_{s4}	饱和导水率(cm/d)	23.1，16.3，13.6，27.5	1～50	23.3，20.7，18.3，18.0
	θ_{s1}，θ_{s2}，θ_{s3}，θ_{s4}	饱和含水量(cm^3/cm^3)	0.370，0.360，0.390，0.375	±20%	0.374，0.430，0.430，0.453
	θ_{r1}，θ_{r2}，θ_{r3}，θ_{r4}	残余含水量(cm^3/cm^3)	0.030，0.032，0.025，0.044	±20%	0.030，0.032，0.025，0.050
	α_1，α_2，α_3，α_4	进气值的倒数(cm^{-1})	0.0061，0.0072，0.0071，0.0081	0.005～0.05	0.0106，0.0111，0.027，0.0179
	n_1，n_2，n_3，n_4	孔隙分布指数	1.627，1.580，1.586，1.583	1.0～1.8	1.439，1.280，1.141，1.094
氮素转化参数	V_n^*	最大硝化速率[$g/(m^3 \cdot d)$]	20	10～30	10.2
	K_n	硝化半饱和常数(g/m^3)	50	25～75	51.7
	K_d	反硝化比例常数	0.1	0.1～1	0.8
	α_d^*	反硝化经验常数	0.1	0.05～0.15	0.05
	K_v	氨挥发一阶动力学常数(d^{-1})	0.02	0.01～0.03	0.01
冬小麦作物参数	T_{sum}	出苗到成熟积温（℃）	2000	1800～2200	2051
	K_{ini}	初始作物系数	0.65	0.45～0.8	0.45
	K_{mid}	中期作物系数	1.05	1.0～1.3	1.25
	K_{end}	后期作物系数	0.25	0.1～0.5	0.4
	SLA_{max}	最大比叶面积(m^2/kg)	24	21～27	20.6
	SLA_{min}	最小比叶面积(m^2/kg)	14	10～18	10
	$AMAX$	最大同化率[$kg/(hm^2 \cdot h)$]	45	40～60	47
	R_{max}	根系最大深度(cm)	120	100～150	123
夏玉米作物参数	T_{sum}	出苗到成熟积温（℃）	1500	1400～1700	1583
	K_{ini}	初始作物系数	0.65	0.45～0.8	0.45
	K_{mid}	中期作物系数	1.35	1.1～1.5	1.13
	K_{end}	后期作物系数	1.2	0.3～1.2	0.55
	SLA_{max}	最大比叶面积(m^2/kg)	30	27～33	29.7
	SLA_{min}	最小比叶面积(m^2/kg)	15	10～18	13.8
	$AMAX$	最大同化率[$kg/(hm^2 \cdot h)$]	60	50～70	61.2
	R_{max}	根系最大深度(cm)	120	100～150	123

注：土壤水力学参数下标中的 1、2、3 和 4 分别代表从表层到下层 4 个土壤层次

6.5.2 算法收敛程度

最大迭代次数的设置对模型参数的优化精度和效率有比较大的影响。图 6-2 显示了 PEST 优化次数与残差平方和之间的关系，可以看出残差平方和随迭代次数的增加而减少，当迭代次数达到 7 次以后，残差平方和不再减小，因此，本研究认为设置最大迭代次数为 10 次可以取得较为合理的结果，这与前人的研究结果相似（孙美等，2014）。

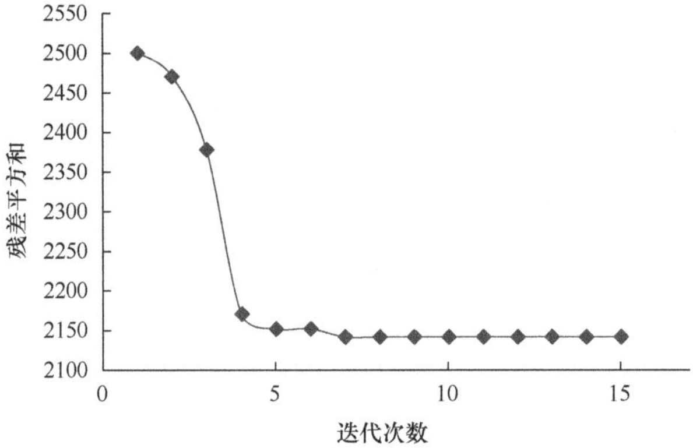

图 6-2　PEST 参数优化收敛曲线

6.5.3 模型校验

本研究采用 T2 处理实测数据进行模型参数率定，采用其他 2 个处理实测数据校验模型。模型计算时段为 2009 年 10 月 10 日至 2011 年 9 月 28 日，其间连续运行，以实测土壤水力学参数作为模型初始值，包括土壤饱和导水率、饱和含水量、残余含水量、水分特征曲线拟合参数 *a* 和 *n*，然后使用 PEST 优化软件自动率定表 6-2 中的参数，在取值区间内自动寻优，使其最大程度地吻合 T2 处理实测的土壤含水量、土壤硝态氮含量、叶面积指数和作物产量。参数率定后输入 T1 和 T3 处理实测数据进行模型校验。最后与输入实测土壤水力学参数的模拟结果进行对比。

从表 6-3 可以看出，PEST 软件对 T2 处理的率定效果较好，特别是对土壤含水量和作物产量率定的效果有较大提升，与实测参数法相比，土壤含水量 *RMSE* 值从 0.085 cm^3/cm^3 下降到 0.032 cm^3/cm^3，*NSE* 值从–0.33 提高到 0.80，*IA* 值增加了 0.16；作物产量 *RMSE* 值降低 73%，*NSE* 值提高到 0.93，*IA* 值从 0.81 增加到 0.97；土壤硝态氮含量和作物叶面积指数的模拟效果也有提高。同时将 PEST 方法与“试错法”的结果进行了比较（表 6-3），在土壤含水量和作物产量模拟方面，

PEST 方法比"试错法"有更高的精度，这与一些学者的研究结果是一致的（Nolan et al., 2010；孙美等，2014）；而对土壤硝态氮含量和叶面积指数的模拟效果与"试错法"相比并没有显著提升。总体来看，PEST 方法应用于参数率定不仅大大节约了调试时间，而且取得了高于"试错法"的模拟精度，提高了模型工作效率。

表 6-3　T1、T2 和 T3 处理土壤体积含水量、硝态氮含量和作物叶面积指数、产量的模型评价指数

处理	项目	实测参数			"试错法"†			PEST 法		
		RMSE	*NSE*	*IA*	*RMSE*	*NSE*	*IA*	*RMSE*	*NSE*	*IA*
T2（率定）	土壤含水量(cm^3/cm^3)	0.085	–0.33	0.76	0.032	0.39	0.83	0.032	0.80	0.92
	硝态氮含量(mg N/kg)	12.7	–0.59	0.58	9.6	–0.96	0.51	8.2	0.01	0.72
	叶面积指数	0.783	0.79	0.94	0.59	0.88	0.97	0.737	0.81	0.95
	作物产量(kg/hm^2)	524	–0.36	0.81	206	0.81	0.95	140	0.93	0.97
T1（验证）	土壤含水量(cm^3/cm^3)	0.097	–0.40	0.68	0.038	0.37	0.8	0.036	0.81	0.96
	硝态氮含量(mg N /kg)	11.4	–0.69	0.53	10.3	–0.85	0.48	8.6	0.04	0.68
	叶面积指数	0.821	0.79	0.95	0.58	0.90	0.97	0.656	0.87	0.96
	作物产量(kg/hm^2)	897	–1.44	0.74	319	0.76	0.93	225	0.91	0.98
T3（验证）	土壤含水量(cm^3/cm^3)	0.093	–0.66	0.60	0.045	0.36	0.75	0.037	0.81	0.93
	硝态氮含量(mg N /kg)	9.5	–0.89	0.53	12.1	–1.23	0.41	8.9	–0.15	0.79
	叶面积指数	0.979	0.65	0.90	1.26	0.39	0.85	0.837	0.74	0.92
	作物产量(kg/hm^2)	820	–4.20	0.48	248	0.72	0.93	227	0.84	0.92

注：†表示结果来源于已发表文献（梁浩等，2014）

6.5.3.1　土壤含水量

表 6-3 中给出了 T1 和 T3 处理土壤含水量验证的统计指标（*RMSE*、*NSE* 和 *IA*），PEST 方法的 *RMSE* 值介于 0.036～0.037 cm^3/cm^3，*NSE* 值均大于 0.8，*IA* 值均大于 0.9，说明能够得到较高的模拟精度。从三个统计指标可以看出，与实测参数法模拟结果相比，PEST 优化算法模拟的土壤含水量有更高的精度。图 6-3 给出了通过 PEST 方法和实测参数法模拟得到的 T1 处理土壤各层（10 cm、30 cm、70 cm 和 110 cm）含水量与实测值的对比结果，土壤含水量在 70 cm 以上土层变化比较剧烈，随着深度的增加变化逐渐平缓，主要是由于上层土壤受到降雨、灌溉和大气条件的影响比较大，与实际情况相符。深层土壤含水量变幅很小，说明已接近田间持水量。两种方法对表层土壤含水量的模拟吻合度都较好，而 PEST 法对底层土壤含水量（70 cm 和 110 cm）的模拟精度比实测参数法高。

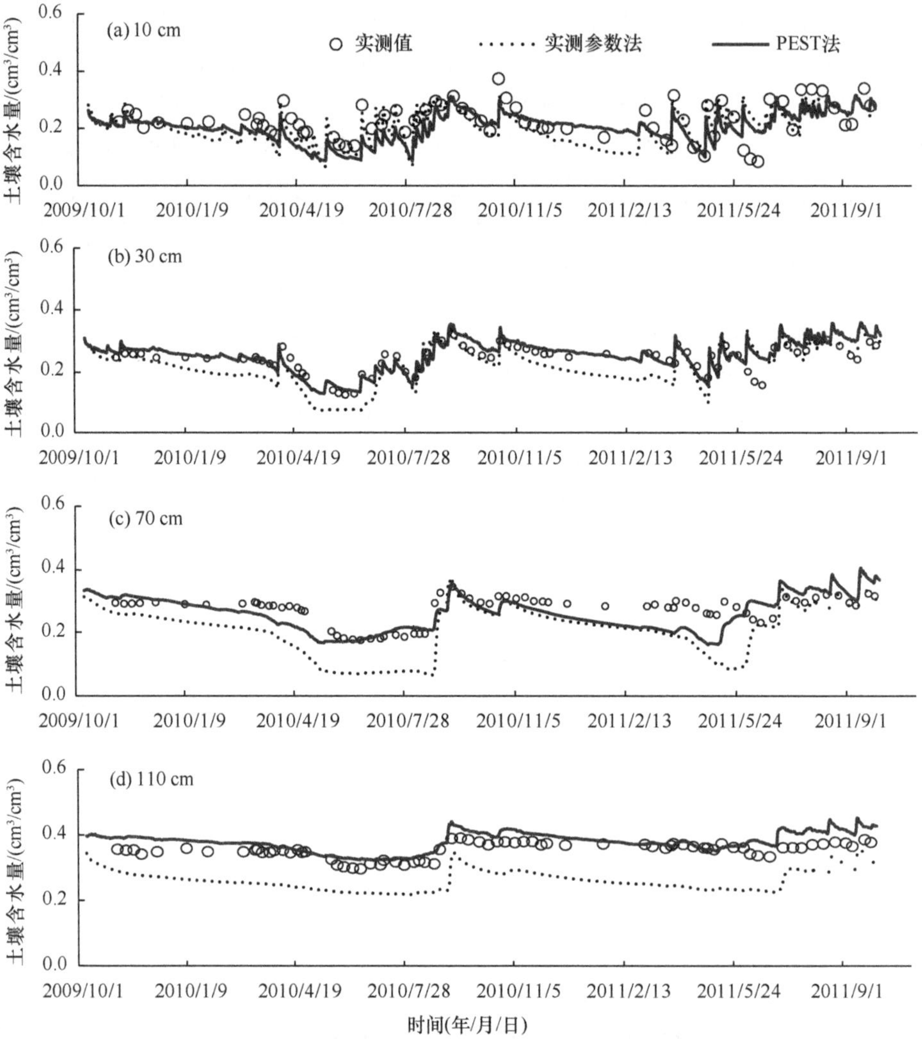

图 6-3 T1 处理土壤剖面体积含水量模拟值与实测值比较

6.5.3.2 土壤硝态氮含量

表 6-3 中给出了 T1 和 T3 处理土壤硝态氮含量的 *RMSE*、*NSE* 和 *IA* 值，PEST 法的 *RMSE* 值介于 8.6～8.9 mg/kg，*NSE* 值范围为–0.15～0.04，*IA* 值范围为 0.68～0.79，由于氮素转化过程十分复杂，加上硝态氮含量具有较大的空间变异性，许多研究认为负的 *NSE* 值是可以接受的（Kersebaum et al.，2007）。从三个统计值的变化上可以看出，与实测参数法相比，PEST 法模拟的土壤硝态氮含量精度明显较高。图 6-4 显示了通过 PEST 法与实测参数法模拟得到的 T1 处理土壤各层（10 cm、

30 cm、70 cm 和 110 cm）硝态氮含量与实测值的对比情况，可以看出表层土壤硝态氮含量变化剧烈，而底层相对平缓，模拟值与实测值的变化趋势基本一致，反映了硝态氮含量在土体中的实际变化情况，其中 PEST 法对土壤硝态氮含量的模拟精度总体较高（表 6-3），特别是对土壤表层硝态氮含量的模拟效果明显好于实测参数法。

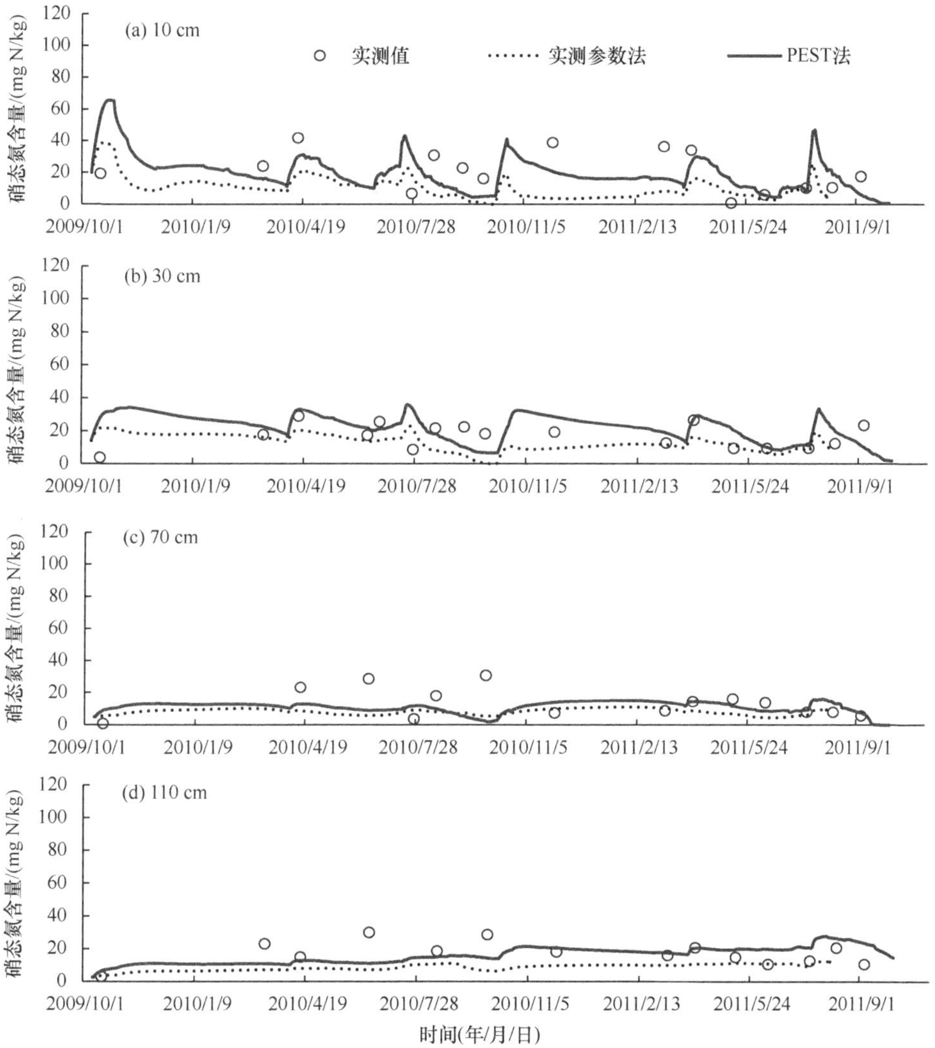

图 6-4　T1 处理土壤剖面硝态氮含量模拟值与实测值比较

6.5.3.3　作物生长

表 6-3 中给出了 T1 和 T3 处理作物产量的 *RMSE*、*NSE* 和 *IA* 值，“试错法”

和 PEST *RMSE* 值介于 225～319 kg/hm²，*NSE* 值均大于 0.7，*IA* 值均大于 0.9，两种方法都对冬小麦和夏玉米的产量有很高的模拟精度。从三个统计指标可以看出，与实测参数法相比，PEST 法模拟的作物产量有更高的精度，其中 T1 和 T3 处理的 *RMSE* 值分别降低了 64%和 72%。

图 6-5 给出三个处理冬小麦和夏玉米叶面积指数的模拟值与实测值的对比结果。由于 PEST 法对每个叶面积指数观测值赋予相同的权重，因此对于实测值越多的时间段其优化精度越高。由于第一季田间管理较差，加上取样点较少，因此第一季小麦的叶面积指数模拟效果相对较差，而其余作物生长季的模拟效果均较好。总体来看，“试错法”和 PEST 方法对玉米叶面积指数的模拟吻合度都较高，特别是对 T2 和 T3 处理第二年玉米的模拟。与实测参数法相比，PEST 法对小麦叶面积指数的模拟精度有明显提高，特别是对第二年三个处理叶面积指数的模拟有较大改善，T1、T2 和 T3 处理的 *RMSE* 值分别降低了 6%、20%和 15%，*NSE* 和 *IA* 值都有所提高，其中 T3 处理 *NSE* 值从 0.65 提高到 0.74。

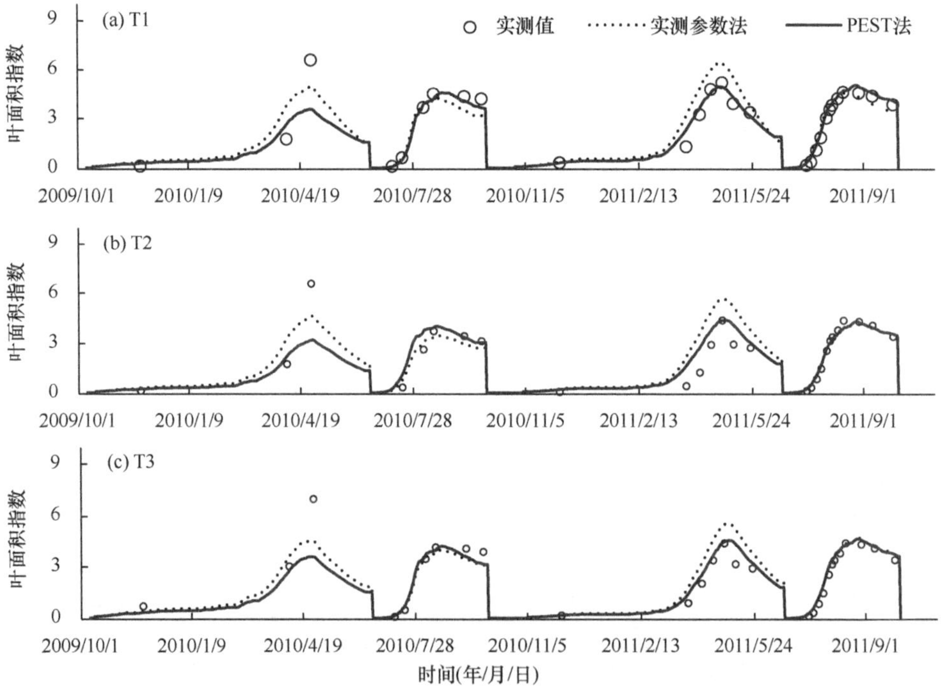

图 6-5　T1、T2 和 T3 处理叶面积指数拟值与实测值比较

从统计值上看，经 PEST 方法优化可以达到较高的模拟精度，但同时存在一定的局限，特别是对作物叶面积指数的模拟。王礼恒等（2014）利用 PEST 软件优化地下水数值模型时发现观测资料越丰富，优化结果与真实值越接近，反之优

化结果误差较大。本研究中叶面积指数观测值较少，特别是第一年的冬小麦生育期观测值只有三个，使得 PEST 方法对第一季冬小麦叶面积指数的模拟产生了较大的误差。

6.6 小　结

将 PEST 参数自动优化工具用于 WHCNS 模型的土壤水力学参数、氮素转化参数和作物参数的自动寻优与敏感度分析，参数敏感度分析结果表明，作物参数的敏感度最高（其中出苗到成熟积温和最大比叶面积最高），其次是土壤水力学参数（其中饱和含水量最高），而氮素转化参数最低。

模型统计性检验指标表明，PEST 法较实测参数法对土壤含水量、叶面积指数和作物产量的模拟精度有较大提高，但对土壤硝态氮含量的模拟精度提高不明显，其中土壤含水量、硝态氮含量、作物产量和叶面积指数的 *RMSE* 值分别降低了 61.8%、23.5%、73.6%和 23.3%，同时 PEST 法较“试错法”对土壤含水量和作物产量的模拟精度也有较大程度提高，然而对土壤硝态氮含量和叶面积指数的模拟精度提高不明显，但是该方法大大节约了模型校验时间，在较短的时间内就取得了高于“试错法”的模拟精度。因此，PEST 软件在 WHCNS 模型参数自动优化中是一种值得推广的工具。

参考文献

董艳辉, 李国敏, 郭永海, 等. 2010. 应用并行 PEST 算法优化地下水模型参数. 工程地质学报, 18(1): 140-145.

房全孝. 2012. 根系水质模型中土壤与作物参数优化及其不确定性评价. 农业工程学报, 28(10): 118-123.

刘海涛, 胡克林, 李保国, 等. 2015. 土壤剖面基础性质差异对农田水氮过程和产量的影响. 中国农业科学, 48(7): 1348-1360.

孙美, 张晓琳, 冯绍元, 等. 2014. 基于 PEST 的 RZWQM2 模型参数优化与验证. 农业机械学报, 45(11): 146-153.

王礼恒, 董艳辉, 李国敏, 等. 2014. 基于 PEST 的地下水数值模拟参数优化的应用. 工程勘察, 3: 38-42.

庄嘉祥, 姜海燕, 刘蕾蕾, 等. 2013. 基于个体优势遗传算法的水稻生育期模型参数优化. 中国农业科学, 46(11): 2220-2231.

Doherty J. 2004. PEST, Model-Independent Parameter Estimation User Manual. 5th ed. Brisbane: Watermark Numerical Computing.

Elci A, Karadas D, Fistikoglu O. 2010. The combined use of MODFLOW and precipitation-runoff modeling to simulate groundwater flow in a diffuse-pollution prone watershed. Water Science & Technology, 62(1): 180-188.

Fang Q X, Green T R, Ma L, et al. 2010. Optimizing soil hydraulic parameters in RZWQM2 under

fallow conditions. Soil Science Society of America Journal, 74(6): 1897-1913.
Kersebaum K C, Hecker J M, Mirschel W, et al. 2007. Modelling Water and Nutrient Dynamics in Soil-Crop Systems. Dordrecht: Springer.
Kim K, Whelan G, Purucker S T, et al. 2014. Rainfall-runoff model parameter estimation and uncertainty evaluation on small Ts. Hydrological Processes, 28(20): 5220-5235.
Li Q, Chen X, Luo Y, et al. 2015. A new parallel framework of distributed SWAT calibration. Journal of Arid Land, 7(1): 122-131.
Marquardt D W. 1963. An algorithm for the estimation of nonlinear parameters. Journal of the Society for Industrial & Applied Mathmatics, 11: 431-441.
Nolan B T, Puckett L J, Ma L, et al. 2010. Predicting unsaturated zone nitrogen matter balances in agricultural settings of the United States. Journal of Environmental Quality, 39: 1051-1065.
Poeter E P, Hill M C. 1999. UCODE, a computer code for universal inverse modeling. Computer Geosciences, 25: 457-462.
Rashad R, Sandeep K, Luo Y Q, et al. 2015. An algorithmic calibration approach to identify globally optimal parameters for constraining the DayCent model. Ecological Modelling, 297: 196-200.
Šimůnek J, Šejna M, Saito H, et al. 2008. The HYDRUS-1D Software Package for Simulating the Movement of Water, Heat, and Multiple Solutes in Variably Saturated Media, V4.0. California: University of California Riverside.
Stella T, Frasso N, Negrini G, et al. 2014. Model simplification and development via reuse, sensitivity analysis and composition: a case study in crop modeling. Environmental Modelling & Software, 59: 44-58.
van Genuchten M T. 1987. A Numerical Model for Water and Solute Movement in and below the Root Zone. California: University of California Riverside, US Salinity Laboratory.

第7章 荒漠绿洲井灌农田氮素淋失规律及水氮优化管理

7.1 引　　言

绿洲是干旱荒漠区的三大地理景观（山地、绿洲、荒漠）之一，是干旱地区的经济活动中心，是干旱地区人民生存和生产的载体。阿拉善左旗为典型的干旱荒漠区绿洲之一，目前该地区面临着水资源严重短缺和地下水硝酸盐污染的问题。该地区自然降水量少，农业用水主要来源于地下水，目前地下水过度开采十分严重。有资料显示，过去20年来，该绿洲地下水位正以每年约0.5 m的速度持续下降；另外，该地区土壤偏砂质，保水保肥性差，加上化肥施用过量，氮素淋失十分严重，已造成部分地下水硝酸盐含量超过100 mg N/L，远远超过了国家规定的饮用水标准10 mg N/L（GB 5749—2006），严重威胁着当地人畜的安全。因此，迫切需要研究该地区的氮素淋失规律，为制定科学合理的水氮管理措施服务。

国外有关农田氮素淋失规律的定量化研究很多，在这里不再详细叙述，可参考有关文献（Shaffer and Ma，2001；Kersebaum et al.，2007）。我国从20世纪90年代初期才开始关于土壤氮素淋失规律的研究。黄元仿和李韵珠（1996）应用土壤水热氮联合运移模型对北京郊区一块冬小麦地的硝酸盐淋失进行了研究。胡克林等（2007）和金梁等（2007）应用作物生长与土壤水、热、氮联合模拟模型对北京海淀区不同水肥处理下的农田水氮动态进行了模拟及评价。王欢元等（2011）应用WNMM模型分析了农民习惯和优化水氮管理模式下的氮素淋失特征。王相平等（2011）将土壤水氮迁移转化与作物生长过程耦合，对北京市通州区冬小麦季的氮素淋失进行了分析。Li等（2014）使用DNDC模型探索了华北平原区域水氮管理与硝酸盐淋失空间分布之间的关系。Wang等（2014）使用SWAT模型评估了白洋淀地区集约化种植模式下的硝酸盐淋失风险。Cao等（2014）在江苏省苏州市通过改善农田管理措施来减少稻麦轮作体系的硝酸盐淋失。另外一些学者对南方稻田淹水条件下土壤氮素的流失规律进行了研究（王晓玲等，2014）。

综上所述，当前我国有关农田氮素淋失规律的研究主要集中在华北平原冬小麦-夏玉米轮作区和南方稻麦轮作区，而在我国西北荒漠绿洲区的研究还很少见。因此，本研究以内蒙古阿拉善左旗荒漠绿洲作为研究对象，研究该地区单季作物（春玉米）种植条件下砂质土壤氮素的淋失规律，为揭示荒漠绿洲区浅层地下水中硝酸盐富集的主要来源提供科学依据，对于该地区实现水土资源可持续利用及环境保护均具有十分重要的现实意义。

7.2 数 据 来 源

7.2.1 研究区概况

阿拉善左旗位于内蒙古东南部，103°21′～106°51′E，37°24′～41°52′N，属于华北地区。全旗南北长 495 km，东西宽 214 km，面积 8.04 万 km^2。总地势东南高、西北低，平均海拔 800～1500 m。该区沙漠面积为 3.4 万 km^2，主要是腾格里和乌兰布和两大沙漠。该区属温带干旱荒漠区，为典型的大陆型气候，以风沙大、干旱少雨、日照充足、蒸发强烈为主要特点。年平均降雨量 110 mm，70%～80%的雨水集中在夏季 7～8 月，年平均蒸发量 3100 mm，年均日照时数 3316 h，年均气温 7.2℃，无霜期 120～180 d。可利用草场 4.6 万 km^2，主要为荒漠、半荒漠草原。以单季作物种植制度为主，主要作物有春玉米、西瓜、向日葵和辣椒，其中春玉米占到了播种面积的 70%。春季和夏初比较干旱，作物容易缺水，主要依靠地下水灌溉。

7.2.2 测定项目和方法

2005 年 4 月 5 日在试验地开挖了土壤剖面，对土壤剖面各层性质进行了描述，并取样测定了其基本理化性质。每个小区均埋设了时域反射仪（TDR）测管（180 cm 长），含水量测定间隔为 10 cm，每 4～7 d 测定一次；分别在 5 月 1 日、6 月 30 日、8 月 5 日和 9 月 26 日取土样（0～180 cm），用 1 mol/L KCl 浸提，采用流动分析仪测定土壤无机氮含量。同时观测了作物主要生育期的叶面积指数、地上部干物质重、植物全氮量、根长并测产。每次灌溉时取水样测定硝态氮含量。逐日气象资料和土温资料来源于距试验地最近的阿拉善左旗吉兰泰气象站。

7.3 模 型 参 数

7.3.1 土壤水力学和溶质运移参数

水分特征曲线，$\theta(h)$和非饱和导水率 $k(h)$分别使用 van Genuchten 和 Mualem 模型来描述，拟合的模型参数值见表 7-1。水动力弥散系数可表示为

$$D_{\mathrm{sh}}(v,\theta)=D_{\mathrm{L}}\frac{|q|}{\theta}+D_0\tau \tag{7-1}$$

式中，D_0 为自由水体的扩散系数，cm^2/d，铵态氮和硝态氮的 D_0 均取值为 1.2 cm^2/d；τ 为液相的弯曲系数，可近似为 $\theta^{7/3}/\theta_s^2$；$|q|$为达西流速的绝对值，cm/d；D_L 为纵向弥散系数，cm，0～40 cm 取值 2.0 cm，40～180 cm 取值 10 cm；v 为水流速度(cm/d)；θ为土壤含水量(cm^3/cm^3)。

表 7-1　土壤剖面质地及水力学特性参数

土壤层次/cm	容重/(g/cm^3)	机械组成/%			质地（美国制）	θ_r/(cm^3/cm^3)	θ_s/(cm^3/cm^3)	α/cm^{-1}	n	K_s/(cm/d)
		砂粒	粉粒	黏粒						
0～35	1.42	31.4	66.5	2.1	粉壤土	0.02	0.33	0.0179	1.77	62.8
35～47	1.45	62.8	36.2	1.0	砂质壤土	0.05	0.36	0.0097	1.62	68.3
47～63	1.44	28.6	69.0	2.4	粉壤土	0.05	0.36	0.0238	1.50	50.7
63～70	1.44	78.8	19.9	1.3	壤质砂土	0.02	0.26	0.0208	1.45	89.3
70～80	1.48	10.1	85.0	4.9	粉土	0.02	0.29	0.0333	1.61	52.8
80～85	1.36	83.4	15.5	1.1	壤质砂土	0.02	0.28	0.0285	1.31	112.6
85～97	1.26	13.0	82.4	4.6	粉土	0.02	0.29	0.0352	1.25	36.8
97～140	1.62	74.3	24.9	0.9	壤质砂土	0.02	0.27	0.0188	1.18	66.1
140～180	1.58	89.8	9.4	0.9	砂土	0.017	0.25	0.0035	1.83	45.4

注：θ_r 为残余含水量；θ_s 为饱和含水量；K_s 为饱和导水率；α 和 n 均为水分特征曲线参数（l=0.5）

7.3.2　土壤碳氮转化参数

模型设定微生物活动范围为 0～30 cm 土层，在此范围内才考虑土壤氮素转化过程（矿化、硝化、反硝化）。氮素转化各参数参考 DAISY 模型默认值，并根据实际情况进行了校准，最大硝化速率 V_n^*设置为 10 g/(m^3·d)，硝化半饱和常数 K_n 设置为 50 g/m^3，K_d 经验常数代表土壤可反硝化的硝态氮量占总硝态氮量的比例，设为 0.1，反硝化经验常数 α_d^*设置为 0.1。本研究有机质库的分解速率和各个有机质库的分配系数主要来源于 Hansen 等（1990）的文献，各参数定义及取值见表 7-2。

表 7-2　土壤有机质转化参数

参数	描述	取值
k^*_{SOM1}	SOM1 库分解速率（d^{-1}）	2.70E-6
k^*_{SOM2}	SOM2 库分解速率（d^{-1}）	1.40E-4
k^*_{AOM1}	AOM1 库分解速率（d^{-1}）	1.20E-2
k^*_{AOM2}	AOM2 库分解速率（d^{-1}）	5.00E-2
d^*_{BOM1}	BOM1 库死亡速率（d^{-1}）	1.85E-4
d^*_{BOM2}	BOM2 库死亡速率（d^{-1}）	1.00E-2
m^*_{BOM1}	BOM1 库维持呼吸速率（d^{-1}）	1.80E-3
m^*_{BOM2}	BOM2 库维持呼吸速率（d^{-1}）	1.00E-2
f_{SOM2_SOM1}	SOM2 库到 SOM1 库的分配系数（0～1）	0.1

续表

参数	描述	取值
f_{BOM1_SOM2}	BOM1 库到 SOM2 库的分配系数（0～1）	0.6
f_{BOM2_SOM2}	BOM2 库到 SOM2 库的分配系数（0～1）	0.6
f_{AOM1_BOM1}	AOM1 库到 BOM1 库的分配系数（0～1）	0.5
f_{AOM1_BOM2}	AOM1 库到 BOM2 库的分配系数（0～1）	0.5
$[C/N]_{SOM1}$	SOM1 库碳氮比（–）	10
$[C/N]_{SOM2}$	SOM2 库碳氮比（–）	12
$[C/N]_{BOM}$	BOM1 和 BOM2 库碳氮比（–）	6.7
$[C/N]_{AOM1}$	AOM1 库碳氮比（–）	50
$[C/N]_{AOM2}$	AOM1 库碳氮比（–）	20

7.3.3 作物参数

参考相邻地区的研究（Li et al.，2008），春玉米前期、中期和后期的作物系数分别为 0.45、1.25 和 0.8。春玉米出苗到成熟积温为 1850℃，上、下限温度分别为 35℃和 10℃，叶片生长发育积温为 1100℃，其最大和最小比叶面积分别为 32 m^2/kg 和 12 m^2/kg，可见光消光系数为 0.6。根据有关文献（Driessen and Konjin，1992；金梁等，2007）给出了春玉米同化物向根、茎、叶、籽粒各个功能器官的转化效率 $Ec(org)$及各器官的维持呼吸速率 $r(org)$，以及不同生育期同化物向各器官的分配系数 $fr(org)$（表 7-3）。

表 7-3　同化物转化效率、各器官维持呼吸速率及不同生育期各器官的同化物分配系数

器官	同化物参数		相对生长发育阶段									
	$Ec(org)$	$r(org)$	0	0.16	0.29	0.42	0.53	0.64	0.76	0.86	0.92	1
叶	0.72	0.013	0.3	0.32	0.27	0.2	0.15	0.15	0.11	0.11	0.11	0
根	0.72	0.01	0.4	0.3	0.305	0.26	0.22	0.1	0.1	0.1	0	0
茎	0.69	0.01	0.3	0.38	0.425	0.46	0.58	0.4	0.29	0.12	0.12	0
籽粒	0.72	0.01	0	0	0	0	0.05	0.35	0.5	0.67	0.77	1

7.4 模 型 校 验

模型模拟计算时段为 2005 年 4 月 18 日至 9 月 30 日，先用 T1 处理的实测土壤和作物资料来率定土壤水和氮素转化与运移参数，再用 T2 处理的实测数据来验证模型。图 7-1 给出了 T2 处理各层土壤含水量模拟值与实测值的对比情况。发现在 1 m 以上土层含水量变化比较剧烈，随着深度的增加变化逐渐平缓，主要是由于上层土壤受到降雨、灌溉和大气条件的影响比较大。深层土壤含水量变幅很小，说明基本接近田间持水量。2005 年春玉米生长季灌溉 5 次，模拟的表层土壤含水量分别在对应时间出现了 5 个峰值，说明模拟值与实测值比较吻合。

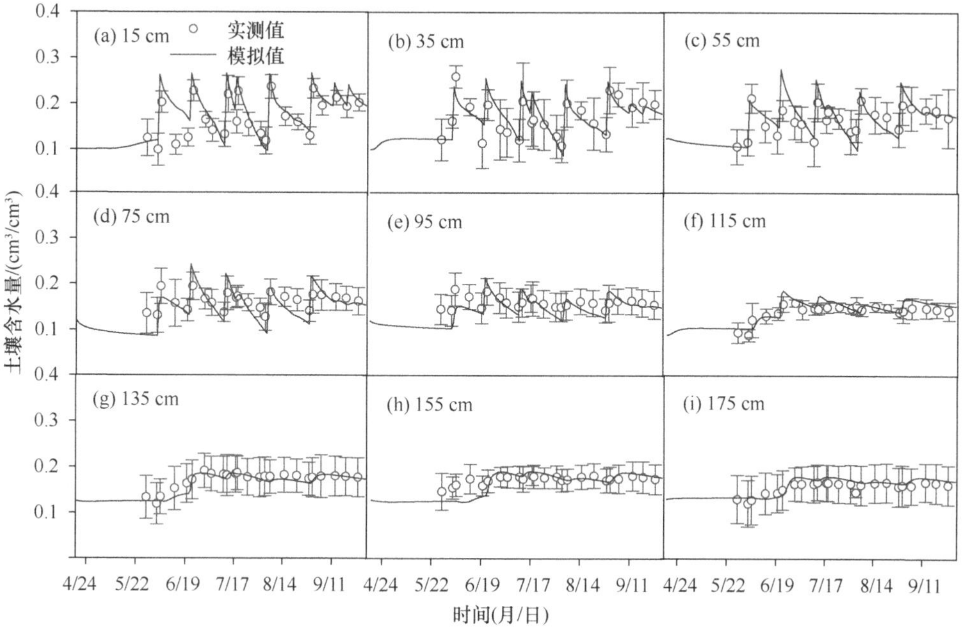

图 7-1　T2 处理土壤剖面含水量模拟值与实测值的比较

图中横线为 5 个重复的标准差

图 7-2 是 T2 处理各层土壤硝酸盐含量模拟值与实测值的对比情况。土壤剖面硝酸盐含量随施肥的变化出现与含水量类似的变化规律，T2 处理分别在第一次和第三次灌溉时追施了尿素，模型模拟的上层土壤硝酸盐含量在对应位置出现了 2 个明显的峰值，说明模拟结果符合实际情况。从模型模拟效果评价指标来看，土壤剖面各层土壤含水量的统计量 *RMSE*、*NSE* 和 *IA* 值分别为 0.02 cm^3/cm^3、0.397 和 0.859，硝酸盐含量的 3 个统计量分别为 6.15 mg N/kg、0.316 和 0.865，与其他研究结果相比（Kersebaum et al.，2007；王相平等，2011；Li et al.，2014），3 个统计量均在合理范围之内。

从图 7-3 可以看出，模型模拟的干物质重、叶面积指数和作物吸氮量均比较理想，*RMSE* 值分别为 2011 kg/hm^2、0.49 m^2/m^2 和 58.6 kg N/hm^2，除了作物吸氮量的 *NSE* 值小于 0 外，干物质重和叶面积指数的 *NSE* 值分别为 0.64 和 0.90；另外，三者的 *IA* 值均在 0.93 以上，说明模型模拟结果比较理想。因此，该模型可用来分析该地区的水分渗漏、氮素淋失和作物生长动态过程。

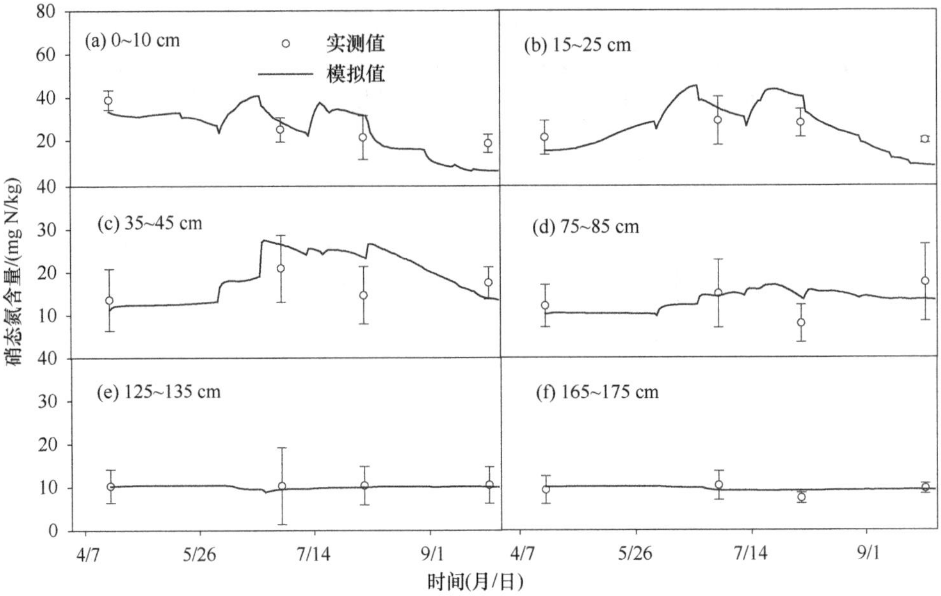

图 7-2　T2 处理土壤剖面硝酸盐含量模拟值与实测值的比较

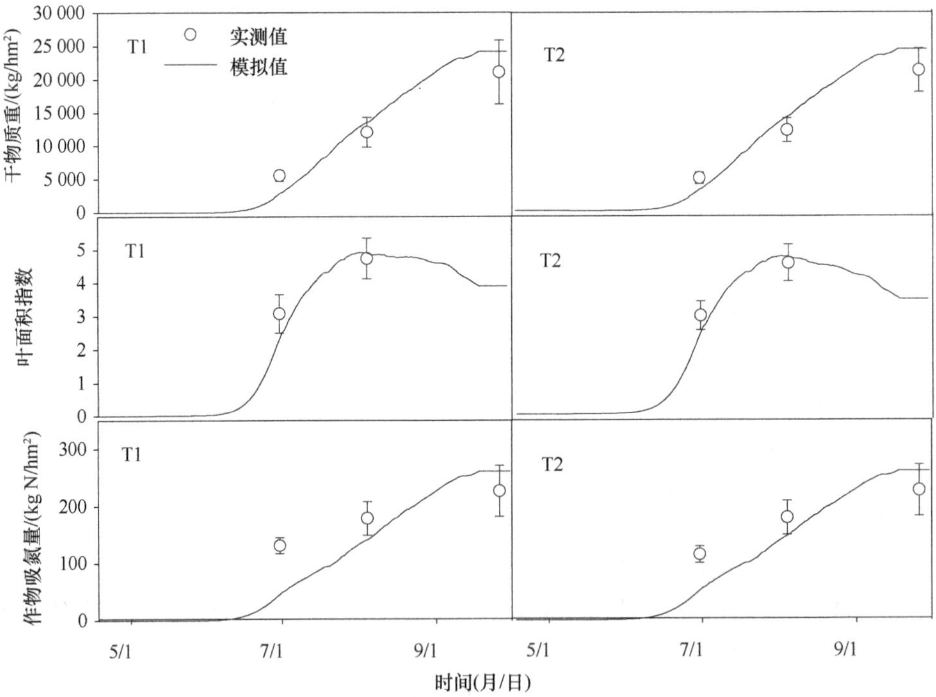

图 7-3　T1 和 T2 处理的干物质重、叶面积指数和作物吸氮量模拟值与实测值的比较

7.5 模型应用

7.5.1 农田水分渗漏和硝酸盐淋失动态

图 7-4 是传统和改进处理下农田水分渗漏与硝酸盐淋失的动态过程。从中可知，180 cm 土体的水分渗漏和硝酸盐淋失主要发生在第二次灌溉时，第二次灌溉后 T1 和 T2 处理的水分渗漏量分别为 105 mm 和 48 mm，分别占到了水分总渗漏量的 34.6%和 34.5%；T1 和 T2 处理的硝酸盐淋失量分别为 51 kg N/hm^2 和 267 kg N/hm^2，分别占到了硝酸盐淋失总量的 28.7%和 30.9%。水分渗漏量大导致硝酸盐的淋失量也大。其主要原因是土壤前期比较干燥，第一次灌溉主要补充了土体的水分，第二次灌溉时（6 月 21 日）作物处在生长初期，该地区气温较低，作物生长缓慢，春玉米 5 月 10 日才出苗，对水分和养分的需求比较少，故灌溉后很容易发生渗漏。而到了抽雄期（7 月 15 日）以后，春玉米生长旺盛，根系下扎较深，对水分和养分的需求也较大，故后三次灌溉后渗漏量明显减少。另外，该地区土壤质地偏砂，砂土的持水能力很差，而且饱和导水率很大，很容易导致水分渗漏和硝酸盐淋失，这与其他一些在砂质土壤上所得到的硝酸盐淋失规律是一致的（Gehl et al.，2005；Kayser et al.，2011）。

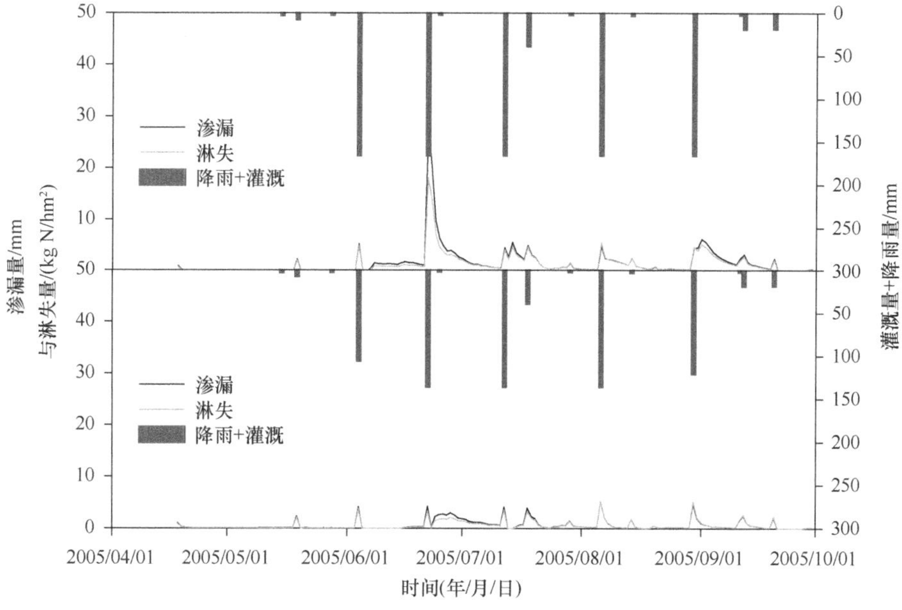

图 7-4　T1 和 T2 处理土壤水分渗漏与氮素淋失动态图

从图 7-4 中还可以看出，硝酸盐淋失和水分渗漏几乎同时发生，并且硝酸盐淋失量与水分渗漏量密切相关，主要是由于灌溉水中含有高浓度的硝酸盐（平均为 26.5 mg N/L）。当减少每次灌溉量时，可明显减少水分渗漏和硝酸盐淋失量。当前两次的灌溉量从传统处理的 165 mm 分别减少到改进处理的 105 mm 和 135 mm 时，水分渗漏和硝酸盐淋失量均明显减少。当后三次的灌溉量从传统处理的 165 mm 分别减少到改进处理的 135 mm、135 mm 和 120 mm 时，水分渗漏和硝酸盐淋失量均降到较低的水平。

7.5.2 农田水氮平衡分析

从表 7-4 的水分平衡结果可以看出，春玉米生育期内的降雨量仅为 94 mm，作物需水量主要靠灌溉来满足。T1 和 T2 处理的灌溉量分别为 825 mm 和 630 mm。蒸散量是水分的主要消耗项，两个处理的蒸散量差别不大，分别为 564 mm 和 559 mm。水分渗漏量较大，T1 处理的渗漏量达到了 303 mm，是 T2 处理的 2 倍多，分别占到了来水总量的 32.7%和 19.1%，主要原因为该地土壤质地偏砂，土壤持水能力弱，而饱和导水率很大，稍有强的降雨或灌溉很容易导致水分渗漏。玉米收获后土壤储水量均表现为增加，说明灌溉量超过了作物的需水量。T1 和 T2 处理的作物产量差别不大，分别为 11 606 kg/hm^2 和 12 209 kg/hm^2，它们的水分利用效率（WUE）分别为 2.1 kg/m^3 和 2.2 kg/m^3，相对于华北平原来说，还是比较高的（Fang et al.，2010）。

表 7-4　模型模拟计算的土体（1.8 m）水氮平衡及水氮利用效率

水分收支项/mm	T1	T2	氮素收支项/(kg N/hm^2)	T1	T2
灌溉（I）	825	630	施肥	179	317
降雨（R）	94	94	湿沉降	27	27
蒸散量	564	559	灌溉水中氮	235	180
水分渗漏（D）	303	138	净矿化	65	64
D/(I+R)	32.7%	19.1%	氨挥发①	17	28
平衡	52	27.1	作物吸收②	258	256
产量/(kg/hm^2)	11 606	12 209	淋失③	179	86
WUE/(kg/m^3)	2.1	2.2	淋失/(总氮来源)	35.3%	14.6%
			反硝化④	5.9	5.6
			收入–支出	47	213
			产量/(kg/hm^2)	11606	12209
			NUE/(kg/kg N)	25.3	32.5

注：WUE=产量/蒸散量；NUE=产量/氮素表观损失量，氮素表观损失量=①+②+③+④

由表 7-4 可知，农田氮素的收入项主要有施肥、灌溉和降雨带入的氮素，其中来自湿沉降的氮素有 27 kg N/hm^2，施肥和灌溉是土壤氮素的主要来源，其中 T1 和 T2 处理灌溉带入的氮素分别高达 235 kg N/hm^{2}和 180 kg N/hm^2。作物吸收是氮素的主要支出项，T1 和 T2 处理的作物吸氮量差别不大，分别为 258 kg N/hm^{2}和 256 kg N/hm^2。通过氨挥发和反硝化损失的氮素非常少，主要的损失途径是硝酸盐淋失，T1 和 T2 处理的硝酸盐淋失量分别达到了 179 kg N/hm^{2}和 86 kg N/hm^2，占各自总氮来源的 35.3%和 14.6%，该结果明显高于华北平原小麦-玉米轮作体系下的硝酸盐淋失量（Li et al.，2014；Wang et al.，2014）。T1 和 T2 处理的氮素利用效率（NUE）分别为 25.3 kg/kg N 和 32.5 kg/kg N。改进处理的水氮利用效率均比传统处理有一定程度的提高。

7.5.3　荒漠绿洲农田水氮管理措施优化

由于本研究所设置两个处理的灌溉量和施肥量均超过了作物的需求量，因此需要采用校准后的模型对不同水肥组合下的作物产量、氮素淋失量和水氮利用效率进行情景分析，以期获得最优的水氮管理方案。由于当地的灌溉时间主要是根据作物关键生育期来定的，因此本研究不考虑灌溉次数的变化，设置了 15 个灌溉量（325～1025 mm，间隔 50 mm）和 11 个施氮量（0～200 kg N/hm^2，间隔 20 kg N/hm^2），共有 165 个水氮组合管理方案。模拟的结果如图 7-5 所示，从图 7-5a 中可以看出，春玉米的产量随着灌溉量增加而增加，当灌溉量达到 500 mm 左右时，产量便不再增加。作物产量和灌溉量的关系可以用线性加平台的模型来描述（R^2=0.881，n=165）：

$$\begin{cases} Y = 22.59I + 2003 & I < 535\text{mm} \\ Y = 14080 & I \geqslant 535\text{mm} \end{cases} \tag{7-2}$$

式中，Y 为春玉米产量，kg/hm^2；I 为灌溉量，mm。当灌溉量低于 535 mm 时作物的产量与灌溉量之间呈线性关系，当灌溉量达到 535 mm 后，增加灌溉量对作物产量的影响很小。与此类似可以得到水分利用效率与灌溉量的关系如图 7-5b 所示，当灌溉量为 506 mm 时，水分利用效率达到平台值。图 7-5c 和图 7-5d 显示的是灌溉量与水分渗漏和氮素淋失量的关系，水分渗漏和氮素淋失量随着灌溉量的增加显著增加，可用抛物线方程来描述两者之间的关系：

$$\begin{cases} WD = 0.00095I^2 - 0.715I + 180.6 \\ NL = 0.00052I^2 - 0.347I + 94.36 \end{cases} \tag{7-3}$$

式中，WD 为水分渗漏量，mm；NL 为氮素淋失量，kg N/hm^2。

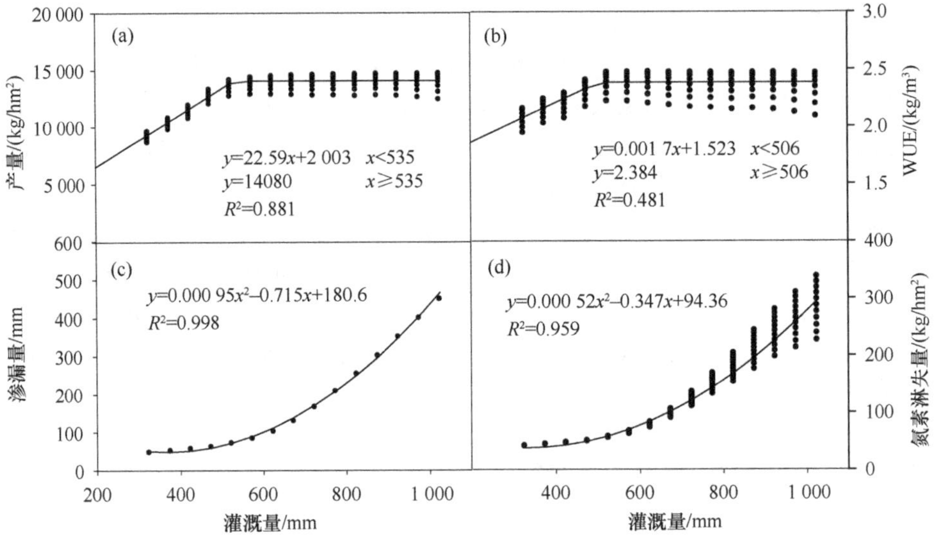

图 7-5　灌溉量与春玉米产量（a）、水分利用效率（b）、渗漏量（c）和氮素淋失量（d）关系图

与灌溉量相比，施肥量与作物产量、WUE、水分渗漏和氮素淋失量的关系并不显著，这是由于当地农民长期过量施肥，因此土体初始的硝态氮累积量较高，达到 360 kg N/hm^2，同时灌溉水也带入了大量的氮素，作物生长过程中没有发生氮素亏缺，因此，作物产量与氮肥的关系并不密切。综合考虑作物产量、水氮利用效率、水分渗漏及硝态氮淋失量，发现灌溉 5 次，每次灌溉约 105mm 时能达到较高产量（13 863 kg/hm^2），同时减少了硝态氮淋失量（仅 50 kg N/hm^2），该灌溉量可以作为当地水肥管理的依据。

7.6　小　　结

根据内蒙古阿拉善左旗荒漠绿洲地区的特点，对土壤-作物系统水氮模型 WHCNS 进行了参数校准和验证，结果令人满意。模型计算结果表明，农民传统水肥管理的水分渗漏和硝酸盐淋失量非常大，分别达到了 303 mm 和 179 kg N/hm^2，与该地区土壤质地偏砂，土壤持水能力差，饱和导水率大有关，这可能是导致该地区浅层地下水中硝酸盐富集的主要原因。

减少灌溉量后能明显减少水分渗漏和硝酸盐淋失量，改进处理的水分渗漏和硝酸盐淋失量分别为 138 mm 和 86 kg N/hm^2，远远小于传统水肥管理，并且其水氮利用效率均有一定程度的提高。由于本研究所设置两个处理的灌溉量和施肥量均超过了作物的需求量，因此，使用校准后的 WHCNS 模型对 165 个水肥组合进行了情景分析，结果表明当保持灌溉 5 次，每次灌溉约 105 mm 时能达到较高产量，同时大大减少了硝态氮淋失量。由于土体初始硝态氮累积量较高，因此施肥的增产效果没有体现出来，需要从多年水肥运筹的角度来进一步优化施肥量。

参考文献

胡克林, 李保国, 陈研, 等. 2007. 作物生长与土壤水氮运移联合模拟的研究 I 模型. 水利学报, 38(7): 779-785.

黄元仿, 李韵珠. 1996. 田间条件下土壤氮素运移的模拟模型. 水利学报, 6: 9-14.

金梁, 胡克林, 李保国, 等. 2007. 作物生长与土壤水氮运移联合模拟的研究 II 模型验证与应用. 水利学报, 38(8): 972-980.

王欢元, 胡克林, 李保国, 等. 2011. 不同管理模式下的农田水氮利用效率及其环境效应分析. 中国农业科学, 44(13): 2701-2710.

王相平, 黄冠华, 于利鹏, 等. 2011. 土壤水氮迁移转化与作物生长耦合模拟. 农业工程学报, 27(3): 19-25.

王晓玲, 涂佳敏, 李松敏, 等. 2014. 稻田沟渠施肥后降雨径流中氮素迁移规律研究. 水利学报, 45(9): 1075-1081.

Cao Y S, Tian Y H, Yin B, et al. 2014. Improving agronomic practices to reduce nitrate leaching from the rice-wheat rotation system. Agriculture, Ecosystems & Environment, 195: 61-67.

Driessen P M, Konjin N T. 1992. Land Use System Analysis. Wageningen: Wageningen Agricultural University.

Fang Q X, Ma L, Green T R, et al. 2010. Water resources and water use efficiency in the North China Plain: current status and agronomic management options. Agricultural Water Management, 97(8): 1102-1116.

Gehl R J, Schmidt J P, Stone L R, et al. 2005. *In situ* measurements of nitrate leaching implicate poor nitrogen and irrigation management on sandy soils. Journal of Environmental Quality, 34(6): 2243-2254.

Hansen S, Jensen H E, Nielsen N E, et al. 1990. NPo-research, A10: DAISY: Soil Plant Atmosphere System Model. Copenhagen: The National Agency for Environmental Protection.

Kayser M, Benke M, Isselstein J. 2011. Litter fertilizer response but high N loss risk of maize on a productive organic-sandy soil. Agronomy for Sustainable Development, 31(4): 709-718.

Kersebaum K C, Hecker J M, Mirschel W, et al. 2007. Modelling Water and Nutrient Dynamics in Soil-Crop Systems. Dordrecht: Springer.

Li H, Wang L G, Qiu J J, et al. 2014. Calibration of DNDC model for nitrate leaching from an intensively cultivated region of Northern China. Geoderma, 223-225: 108-118.

Li S E, Kang S Z, Li F S, et al. 2008. Evapotranspiration and crop coefficient of spring maize with plastic mulch using eddy covariance in northwest China. Agricultural Water Management, 95(11): 1214-1222.

Shaffer M J, Ma L. 2010. Crabon and nitrogen dynamics in upland soil. *In*: Shaffer M J, Ma L, Hansen S. Modling Carbon and Nitrogen Dynamics for soil Management. Boca Raton: Lewis Publishers: 11-26.

Wang R, Liu Z F, Yao Z J, et al. 2014. Modeling the risk of nitrate leaching and nitrate runoff loss from intensive farmland in the Baiyangdian Basin of the North China Plain. Environmental Earth Science, 72: 3143-3157.

第8章　不同水肥与栽培管理措施下农田水氮利用效率分析

8.1　引　　言

由于华北平原人均土地较少，农民对土地的期望值较低，作物种植多采取粗放管理，如播量大、播期早、施肥灌溉过量、播种方式不合理等，栽培管理措施与作物生长发育需求错位，不仅限制了作物产量的提高，而且水分和养分利用效率低，导致氮素损失严重，造成了一系列环境污染问题（Zhu and Chen，2002；Ju et al.，2006；Liu et al.，2006；Guo et al.，2010）。近些年来随着国家对粮食安全问题的日益重视，在华北平原为了提高作物产量，单项栽培技术措施如节水灌溉、降低氮肥的施用量、氮肥后移、合理密植等被广泛提出和应用。但面对当前作物生产中的实际问题，迫切需要将单项技术集成，创建切实可行的优化的综合栽培管理措施，使不同的栽培措施在作物生产中的作用得到充分发挥。在华北平原，关于冬小麦和夏玉米的综合管理措施对产量与水氮利用效率的影响已有一些研究。张秋丽等（2012）在河南省温县以农民习惯管理模式为对照，研究了两种优化水肥和播种密度组合模式对作物干物质重与产量的影响，结果表明在农民习惯种植模式的基础上，降低施氮量和播种量，减少灌溉次数可以作为当前小麦高产高效生产的最佳种植管理模式。Jin 等（2012）在山东省泰安市设置了 4 种综合农艺管理措施来研究其对夏玉米产量和氮素利用效率的影响，结果发现再高产高效模式显著提高了夏玉米的产量和氮素利用效率。以上的这些研究都建立在田间试验的基础上，在我国采用数学模型研究不同综合管理措施下农田水氮损失及评价水氮利用效率的研究还较少（Chen et al.，2011）。因此，本研究的目的是：①利用山东省泰安试验田实测数据对 WHCNS 模型进行验证，探讨其适用性；②通过对不同综合栽培管理模式下农田水氮动态的模拟，分析不同栽培管理措施对农田水氮损失及水氮利用效率的影响，为制定最佳的农田水肥及栽培管理综合措施提供技术指导。

8.2 田间试验

8.2.1 试验设计

试验于 2009 年 10 月 5 日到 2012 年 10 月 6 日在山东省泰安市大汶口镇试验田（35°58′N，117°03′E）进行。试验冬小麦品种为‘泰农 18’，夏玉米品种为‘郑单 958’，设置 4 种不同水肥及栽培管理模式：①农民传统模式（FP）；②高产高效模式（OPT-1）；③再高产模式（HY）；④再高产高效模式（OPT-2）。小区采用 4 重复的完全随机区组设计，每个小区的面积是 6 m×40 m。农民传统模式采用了当地传统水氮和栽培管理方式，该处理一般是指在冬小麦季灌溉 300 mm，施氮肥 315 g N/hm^2；夏玉米播种后灌溉 75 mm，施氮肥 225 g N/hm^2。OPT-1 和 OPT-2 模式是指在农民传统模式基础上，播种方法、密度、播期和收获日期、灌溉量与施肥量及日期等根据作物的需求来调整。再高产模式是指为了达到作物产量最大而不计水肥投入。具体的作物播期、密度、播种方式及耕作管理措施见表 8-1。

表 8-1　2009～2011 年不同模式的田间管理措施

作物	模式	播种日期	播种方式	播种密度/（万株/hm^2）	灌溉量/mm	施肥量/(kg/hm^2)			耕作措施	前茬秸秆还田
						N	P_2O_5	K_2O		
冬小麦	FP	10/5	直播	300	375（300）	315	120	30	旋耕	不还田
	OPT-1	10/12	直播	300	300（225）	210	90	75	深耕	还田
	HY	10/12	直播	300	300（225）	360（390）	180（210）	120（150）	深耕	还田
	OPT-2	10/15	直播	330	300（225）	240	120	75	深耕	还田
夏玉米	FP	5/25	套种	6.0	75	225	45	75	免耕	不还田
	OPT-1	6/15	直播	6.0	75	160	45	75	旋耕	不还田
	HY	6/15	直播	8.7	75	450	150	300	旋耕	不还田
	OPT-2	6/15	直播	7.5	75	184	56	131	旋耕	不还田

注：灌溉量和施肥量括号中的数字代表 2010～2011 年冬小麦季的灌溉量和施肥量

灌溉水来源于地下水，灌溉方式为大水漫灌。FP 模式在 2009～2010 年冬小麦季总共灌溉了 5 次（分别为出苗期、越冬期、返青期、开花期和灌浆期），每次灌溉量为 75 mm。其他 3 种模式（OPT-1、HY 和 OPT-2）冬小麦季共灌溉 4 次，比 FP 模式少灌 1 次，减少了越冬期灌溉。4 种管理模式在 2010～2011 年冬小麦季的灌溉量都比 2009～2010 年冬小麦季减少了 75 mm。在作物生长期间施用的氮肥、磷肥和钾肥种类分别为尿素、过磷酸钙和氯化钾。在冬小麦季，FP 模式的氮肥基追比为 5∶5，其余 3 个模式为 4∶6。在夏玉米季，FP 模式和 HY 模式不施基肥，OPT-1 和 OPT-2 模式的基追比分别为 2∶5 和 1∶5。具体的田间水肥管理措施见表 8-1。

8.2.2 数据测量

试验开始前在田间开挖 1.6 m 深土壤剖面，按照土壤发生层取样，分别测定了土壤的基本理化性质，如表 8-2 所示。试验田安装 TDR（Time-IPH）用来测定土壤含水量，观测深度为 0～160 cm，每 20 cm 一层，每 7 d 左右测定一次，降雨或灌溉后加测。每月取土测定一次土壤无机氮含量，用土钻以 20 cm 间隔取到 160 cm，用 1 mol/L KCl 溶液浸提（水土比为 10∶1），用流动分析仪（TRAACS 2000）测定。

表 8-2　土壤剖面基本理化性质

土层/cm	容重/(g/cm³)	颗粒组成/%			质地（美国制）	有机质/(g/kg)	pH	θ_s/(cm³/cm³)	θ_{fc}/(cm³/cm³)	θ_{wp}/(cm³/cm³)	K_s/(cm/d)
		砂粒	粉粒	黏粒							
0～23	1.53	28.1	52.2	17.6	粉质壤土	22.1	7.5	0.42	0.33	0.15	8.9
23～60	1.60	12.9	62.6	24.5	粉质壤土	5.5	7.6	0.39	0.31	0.17	5.1
60～110	1.59	8.6	68.2	23.2	粉质壤土	4.2	7.9	0.40	0.32	0.22	10.6
110～136	1.49	83.9	10.7	5.4	壤质砂土	1.8	8.0	0.40	0.28	0.15	38.4
136～150	1.61	24.0	51.6	24.4	粉质壤土	2.1	8.5	0.39	0.32	0.15	3.1

注：θ_s 为土壤饱和含水量；θ_{fc} 为田间持水量；θ_{wp} 为萎蔫系数；K_s 为饱和导水率

在冬小麦各关键生育期（越冬期、拔节期、挑旗期、开花期、灌浆期和成熟期）取植物样进行叶面积指数、干物质累积量的动态监测。采用 LI-3100C 叶面积仪测量叶面积指数（LAI）。各器官样品经 105℃杀青 30 min 后，于 80℃烘干至恒重称重。成熟期在各小区内选取长势均匀一致的区域，划定 4.0 m×6 行（共计 6 m²；包含一个边行）的面积用于籽粒产量的测定。

对于夏玉米，各处理分别于拔节期、大喇叭口期、抽雄期、抽雄后 2 周、抽雄后 4 周、抽雄后 6 周、成熟期选择有代表性的植株，取长势均匀一致的植株 5 株，大喇叭口期和抽雄期植株分为叶片和茎鞘，开花后植株分为叶片、茎鞘和籽粒，105℃杀青，75℃烘干至恒重。各处理分别于拔节期、大喇叭口期、抽雄期、抽雄后 2 周、抽雄后 4 周、抽雄后 6 周和成熟期选择有代表性的植株，取 10 株测定叶片的长和宽。单叶叶面积=长×宽×0.75；叶面积指数=单株叶面积×单位土地面积内的株数/单位土地面积。成熟区在各小区收获玉米 3 行，共 30 个果穗，晒干，脱粒，称重，计算玉米的产量（含水量约为 14%）。

气象数据包括日降雨量、日照时数、日平均气温、日最低和最高温、日均风速和日均相对湿度，由距试验地 18 km 的国家标准气象站获得。

8.3 模 型 输 入

碳氮转化参数：土壤耕作层一般在 0～30 cm，也是微生物活动最活跃层，模型设定微生物活动土层范围为 0～30 cm，在此范围内才考虑土壤氮素转化过程（矿化、硝化、反硝化）。氮素各转化参数参考 DAISY 模型默认值，并根据实际情况进行了校准，最大硝化速率 V_n^*设置为 20 g/(m^3·d)，硝化半饱和常数 K_n 设置为 50 g/m^3，K_d 经验常数表示土体可反硝化的硝态氮量占总硝态氮量的比例，设为 0.1，反硝化经验常数 α_d^*设置为 0.1。本研究有机质库的分解速率、秸秆的碳氮比和各个有机质库分配系数等参数主要来源于前人的研究（Hansen et al.，1990；Mueller et al.，1997；van Liew and Garbrecht，2003），具体参数值见表 8-3。

表 8-3　WHCNS 模型中土壤碳氮转化参数

参数	描述	取值
K^*_{SOM1}	SOM1 库分解速率（d^{-1}）	2.70-6E
K^*_{SOM2}	SOM2 库分解速率（d^{-1}）	1.40-4E
d^*_{BOM1}	BOM1 库死亡速率（d^{-1}）	1.85-4E
d^*_{BOM2}	BOM2 库死亡速率（d^{-1}）	1.00-2E
K^*_{AOM1}	AOM1 库分解速率（d^{-1}）	1.20-2E
K^*_{AOM2}	AOM2 库分解速率（d^{-1}）	5.00-2E
m^*_{BOM1}	BOM1 库维持呼吸速率（d^{-1}）	1.80-2E
m^*_{BOM2}	BOM2 库维持呼吸速率（d^{-1}）	1.00-2E
UE_{BOM1}	BOM1 库有机质利用效率	0.6
UE_{BOM2}	BOM2 库有机质利用效率	0.6
UE_{SOM1}	SOM1 库有机质利用效率	0.4
UE_{SOM2}	SOM2 库有机质利用效率	0.5
UE_{AOM1}	AOM1 库有机质利用效率	0.13
UE_{AOM2}	AOM2 库有机质利用效率	0.69
f_{SOM2_SOM1}	SOM2 库到 SOM1 库的分配系数（0～1）	0.1
f_{BOM1_SOM2}	BOM1 库到 SOM2 库的分配系数（0～1）	0.6
f_{BOM2_SOM2}	BOM2 库到 SOM2 库的分配系数（0～1）	0.6
f_{AOM1_BOM1}	AOM1 库到 BOM1 库的分配系数（0～1）	0.5
f_{AOM1_BOM2}	AOM1 库到 BOM2 库的分配系数（0～1）	0.5
$[C/N]_{SOM1}$	SOM1 库碳氮比（–）	10
$[C/N]_{SOM2}$	SOM2 库碳氮比（–）	12
$[C/N]_{BOM}$	BOM1 和 BOM2 库碳氮比（–）	6.7
$[C/N]_{AOM1}$	AOM1 库碳氮比（–）	100
$[C/N]_{AOM2}$	AOM2 库碳氮比（–）	20

作物参数：比叶面积、消光系数、作物系数、分配系数，来源于 Driessen 和 Konjin（1992）的文献，通过“试错法”调整最大光合量和各器官分配系数，使模拟的叶面积指数和作物产量与实测值达到吻合。调整后的作物参数见表 8-4。

表 8-4 WHCNS 模型作物参数设置

模型参数	描述	作物	
		冬小麦	夏玉米
T_{base}	作物生长发育最低温度（℃）	0	8
T_{sum}	出苗到成熟积温（℃）	2000	1600
L_{sum}	叶片生长发育积温（℃）	1050	1100
K_e	消光系数	0.6	0.6
K_{ini}	前期作物系数（–）	0.46	0.55
K_{mid}	中期作物系数（–）	1.16	1.28
K_{end}	后期作物系数（–）	0.6	1.05
SLA_{max}	最大比叶面积(m^2/kg)	29	29
SLA_{min}	最小比叶面积(m^2/kg)	13	9
$AMAX$	最大同化率[kg/(hm^2·h)]	50	68
R_{max}	根系最大深度(cm)	180	150

气象数据：模型所需的气象数据（逐日最低温和最高温、平均气温、平均相对湿度、太阳辐射、离地 2 m 处风速、日照时数、日降雨量等）通过距试验站 18 km 的国家标准气象站获得。

8.4 模 型 校 验

田间试验一共进行了 2 年（2009 年 10 月～2011 年 9 月）。根据相关文献的建议（Ma et al.，2012），采用水肥供应充足的处理来校准模型参数。因此本研究利用 HY 模式的田间试验数据来校准模型参数，在此过程中我们采用“试错法”，通过模拟值与实测值的比较，对模型参数进行调整。模型的校准结果分别见图 8-1 和图 8-2。从中可以看出，HY 模式下不同土壤层次含水量和硝态氮含量的模拟值与实测值相关性很好（由于 TDR 只能测定液态水的含量，因此缺少了冰冻期土壤含水量数据）。模型校正结果的好坏用均方根差、模型模拟效率和一致性指数来评价。

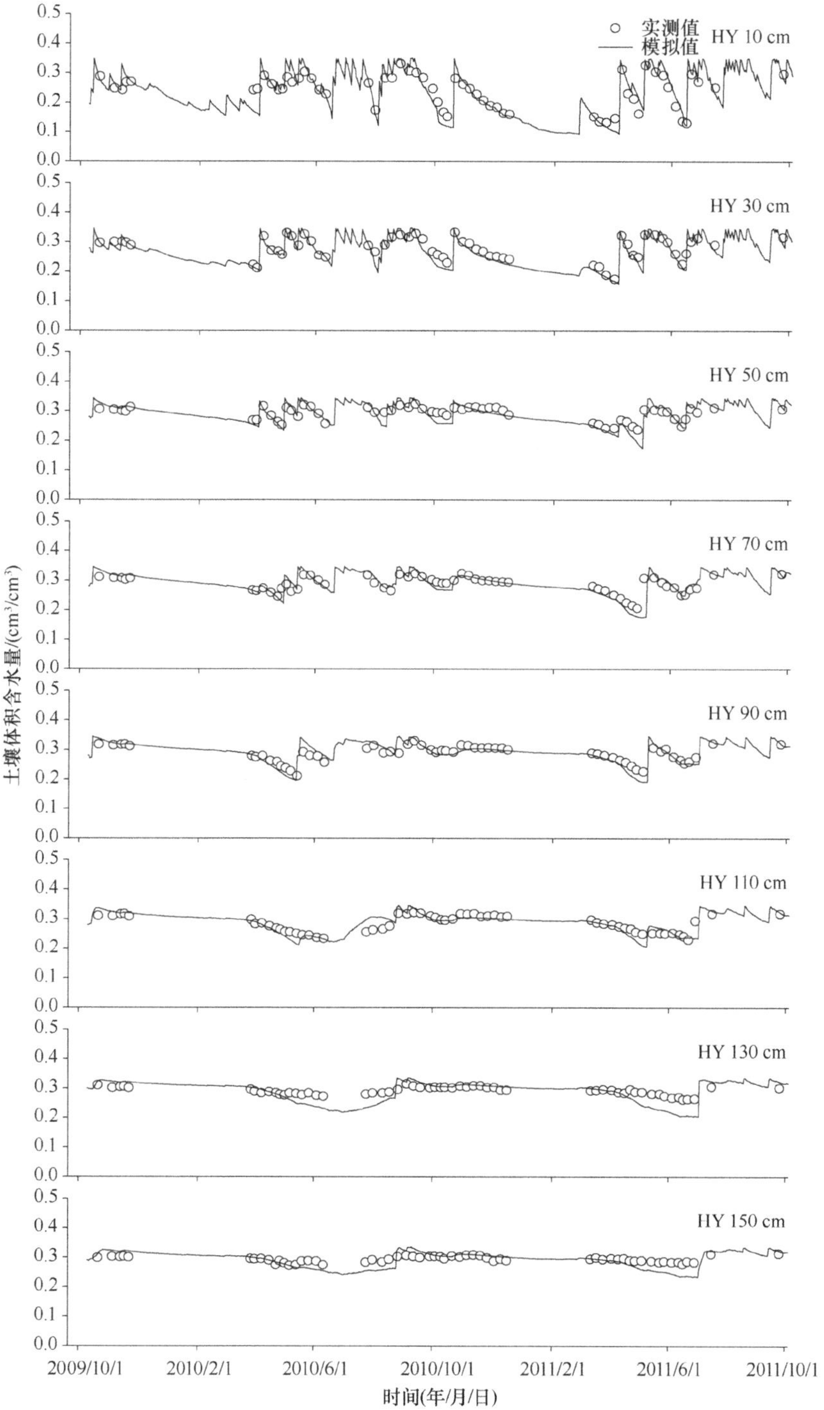

图 8-1　HY 模式下各土壤深度模拟和实测土壤体积含水量的对比

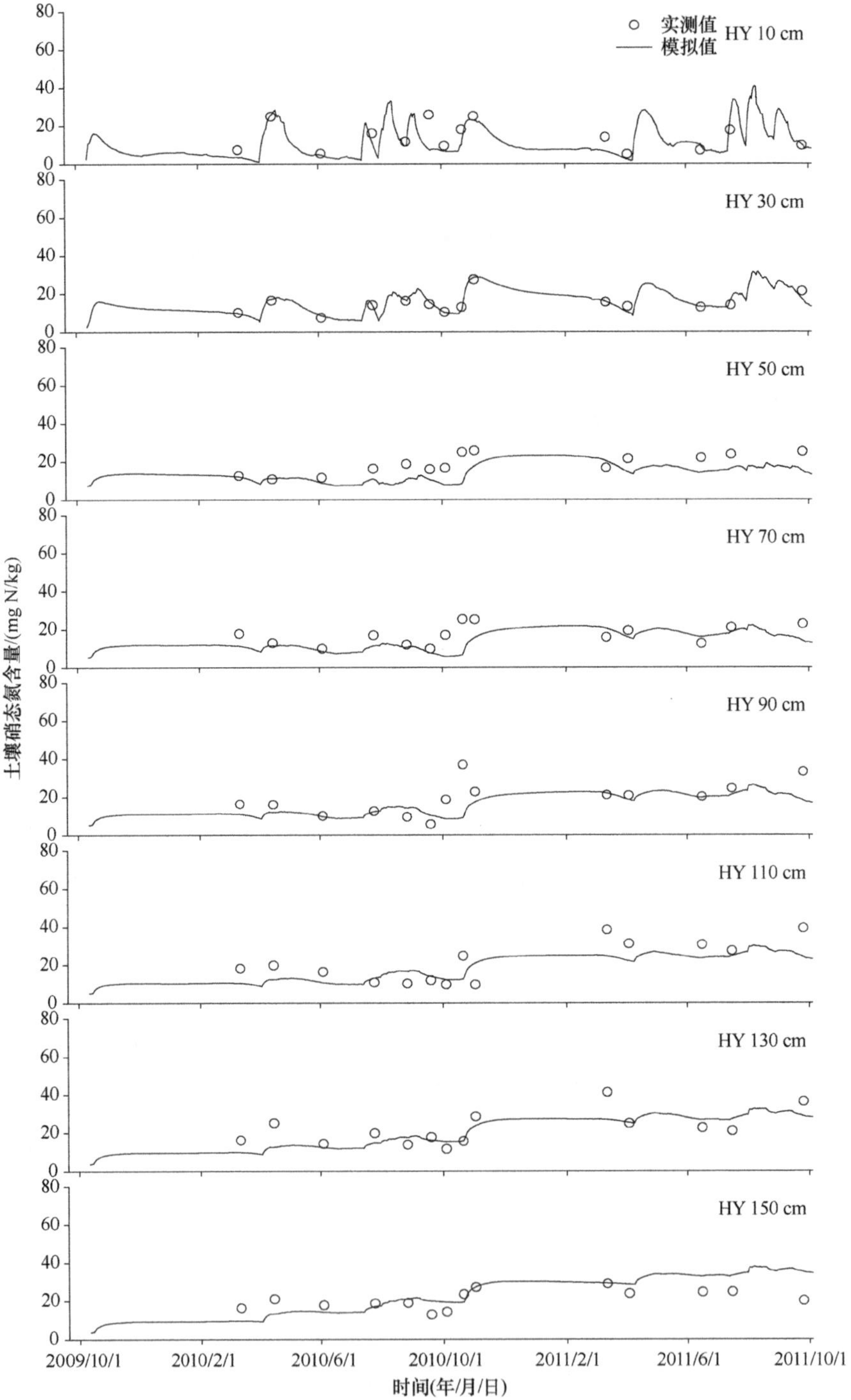

图 8-2 HY 模式下各土壤深度模拟和实测土壤硝态氮含量的对比

模型校准统计分析结果表明（表 8-5），各层土壤体积含水量模拟值和实测值之间的 *RMSE* 值均很小，最大为 0.02；除了 40～60 cm 土层外，其余土层 *NSE* 值均大于 0.36；*IA* 值在 0.89～0.97。对于土壤硝态氮含量来说，各层 *RMSE* 值较大，在 1.40～4.97，根据前人的研究，该结果是可以接受的（Hu et al.，2006；Fang et al.，2008；Wang and Huang，2008）；除了 0～20 cm 和 140～160 cm 土层外，其余土层 *NSE* 值均大于 0.36；*IA* 值在 0.70～0.90。图 8-3 和图 8-4 分别给出了 HY 模式下叶面积指数（LAI）和干物质重模拟值与实测值的对比情况（由于 2009～2010 年冬小麦季缺少干物质重数据，因此无法进行比较），从中可以看出，HY 模式下 LAI 和干物质重的模拟值与实测值均吻合较好；另外，作物产量的模拟值也与实测值很接近。在模型校准后，利用其他模式（FP、OPT-1 和 OPT-2）的观测数据对模型进行了验证。

表 8-5　HY 模式下各层土壤体积含水量和硝态氮含量的模拟效果评价

观测项目	土层/cm	*RMSE*	*NSE*	*IA*
土壤体积含水量/(cm^3/cm^3)	0～20	0.02	0.67	0.93
	20～40	0.01	0.73	0.94
	40～60	0.01	0.35	0.89
	60～80	0.01	0.55	0.92
	80～100	0.01	0.49	0.90
	100～120	0.01	0.57	0.91
	120～140	0.01	0.48	0.90
	140～160	0.01	0.89	0.97
土壤硝态氮含量/(mg N/kg)	0～20	3.67	0.19	0.81
	20～40	2.60	0.61	0.86
	40～60	2.01	0.38	0.89
	60～80	1.40	0.52	0.90
	80～100	1.90	0.64	0.89
	100～120	4.97	0.36	0.70
	120～140	3.77	0.38	0.78
	140～160	3.33	0.25	0.82

验证后所得到的各土层体积含水量模拟值与实测值之间的关系分别见图 8-5～图 8-7。各层土壤含水量模拟值与实测值均吻合较好。所有模式的表层土壤含水量波动较大，下层土壤含水量变化较小。表 8-6 为所有验证模式下不同土层体积含水量的模拟效果评价结果。结果表明，所有土层体积含水量模拟值与实测值之间的 *RMSE* 值范围为 0.01～0.03 cm^3/cm^3，接近于 0。*NSE* 值范围为 0.42～0.76，均大于 0.36；所有土层体积含水量模拟值与实测值之间的 *IA* 值范围为 0.89～0.97，

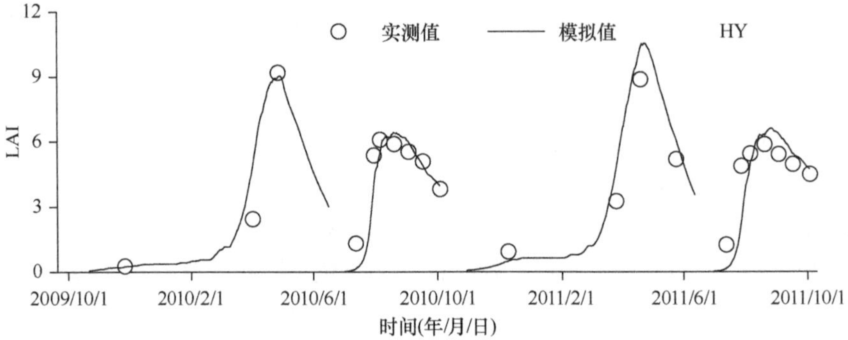

图 8-3 HY 模式下模拟和实测叶面积指数的对比

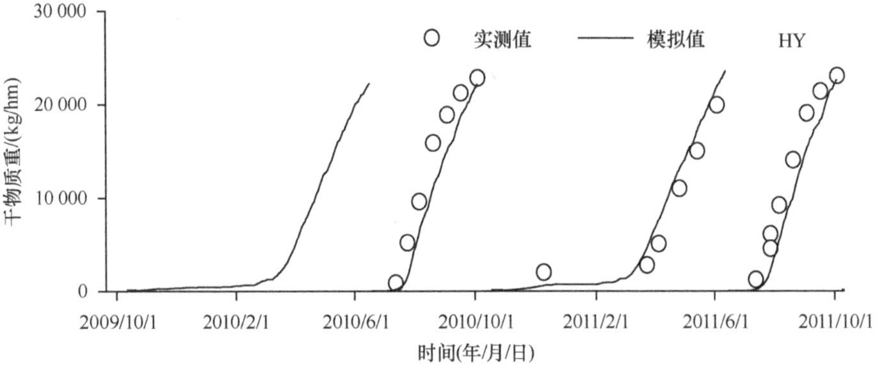

图 8-4 HY 模式下模拟和实测干物质重的对比

接近于 1，van Liew 和 Garbrecht（2003）指出 *NSE*>0.36 和 *IA*>0.7 时，模型的模拟效果可以接受，表明本研究各层土壤含水量的模拟值与实测值均吻合较好。

验证后得到的各层土壤硝态氮含量模拟值与实测值之间的关系见图 8-8～图 8-10。所有模式的表层土壤硝态氮含量波动较大，因为表层土壤硝态氮含量受到灌溉、施肥和外界气象因素的影响较大，施肥后表层土壤的硝态氮含量变化较大。整个土壤剖面硝态氮含量模拟值与实测值之间的 *RMSE* 值变化范围不大，为 3.63～7.95 mg N/kg（表 8-6），该结果是可以接受的（Hu et al.，2006；Fang et al.，2008；Wang et al.，2008）。各层土壤硝态氮含量的 *IA* 值均大于 0.76；*NSE* 值除了 0～20 cm 土层为–0.05 外，其余土层均大于 0.36，表明土壤各层硝态氮含量的模拟值与实测值也均吻合较好。图 8-11 和图 8-12 为验证后得到的 LAI 和干物质重模拟值与实测值之间的关系（由于 2009～2010 年冬小麦季缺少干物质数据，因此无法与模拟值进行比较），从中可以看出，验证得到的 LAI 和干物质重的模拟值与实测值均吻合较好。

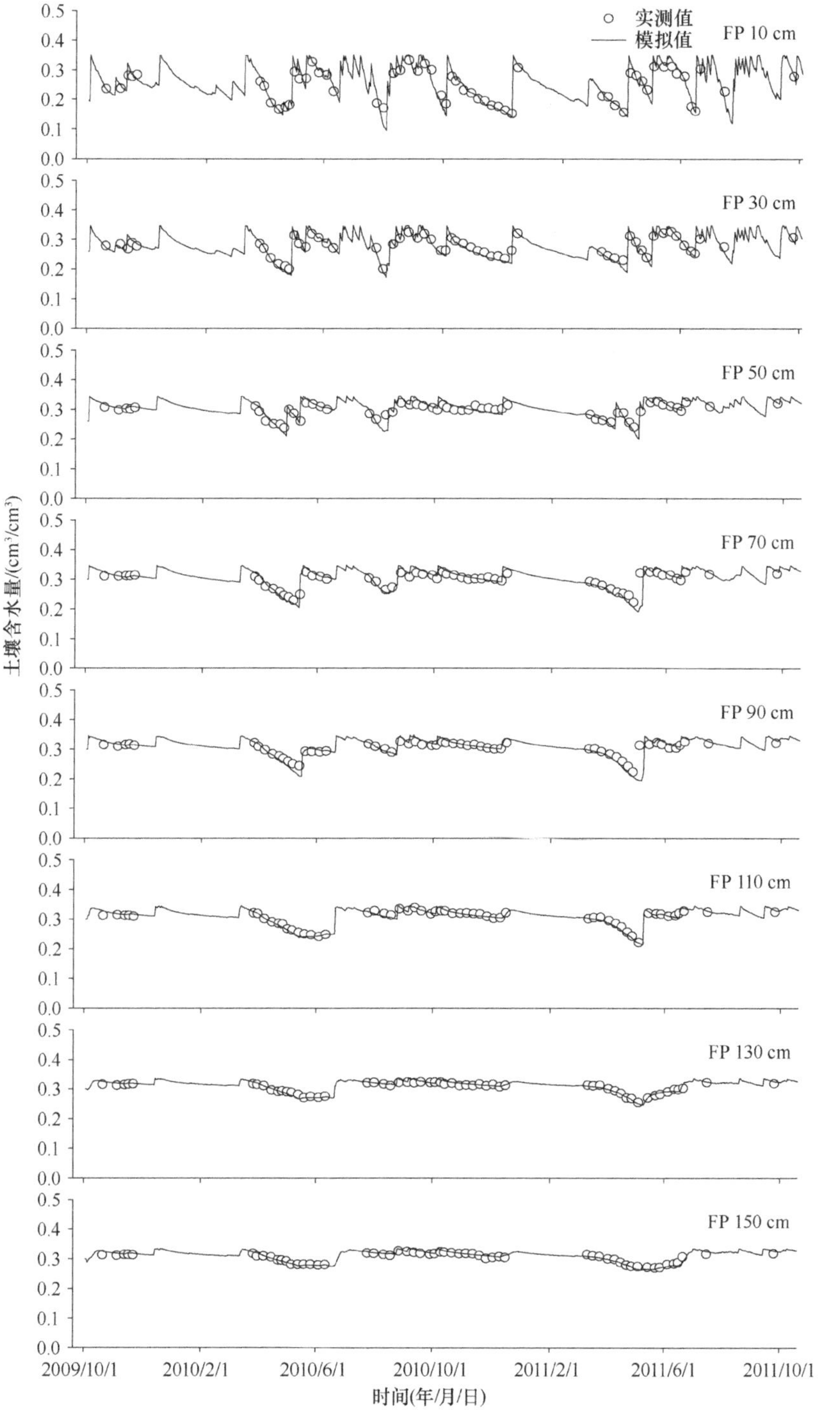

图 8-5　FP 模式下各土壤深度模拟和实测土壤体积含水量的对比

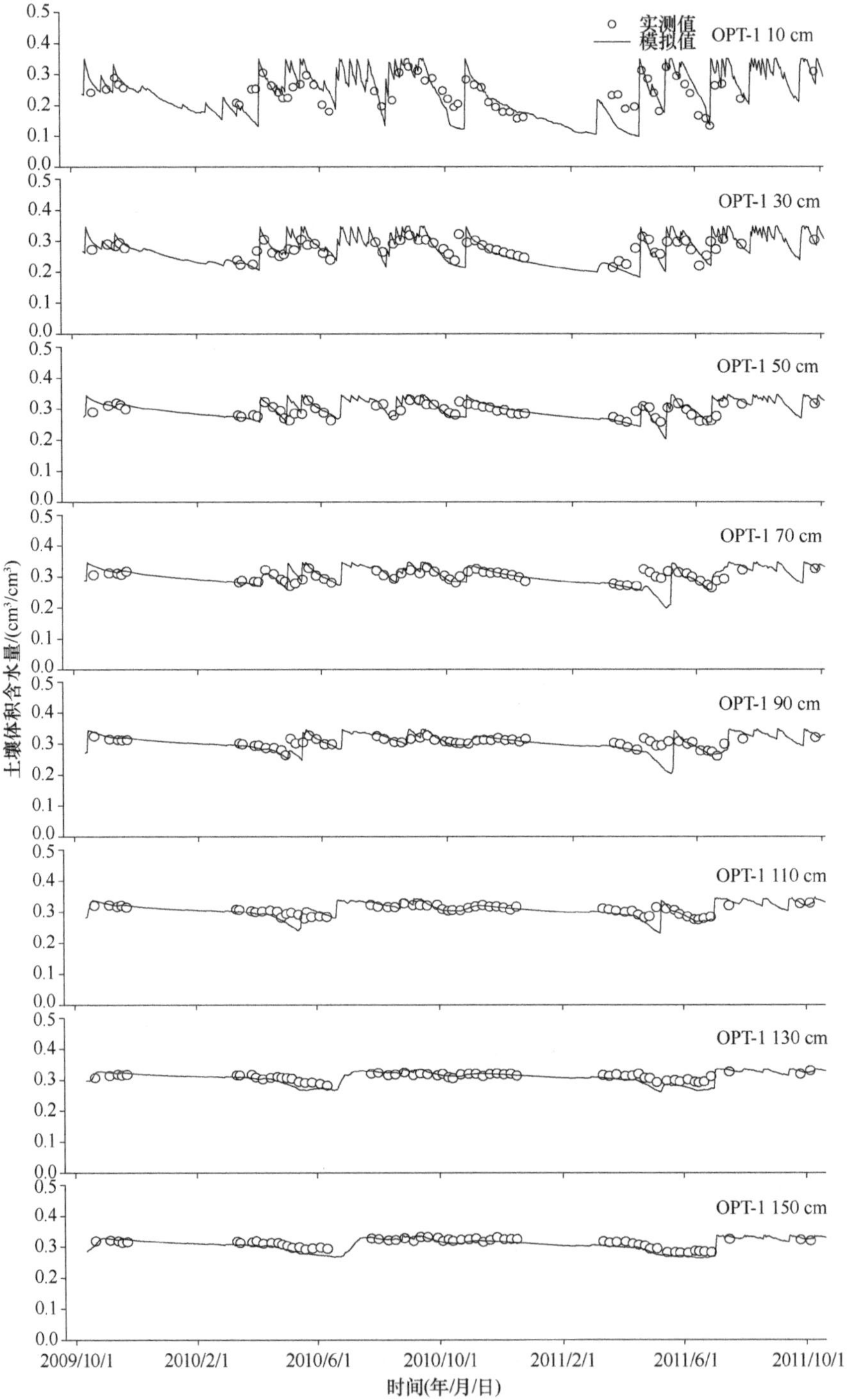

图 8-6 OPT-1 模式下各土壤深度模拟和实测土壤体积含水量的对比

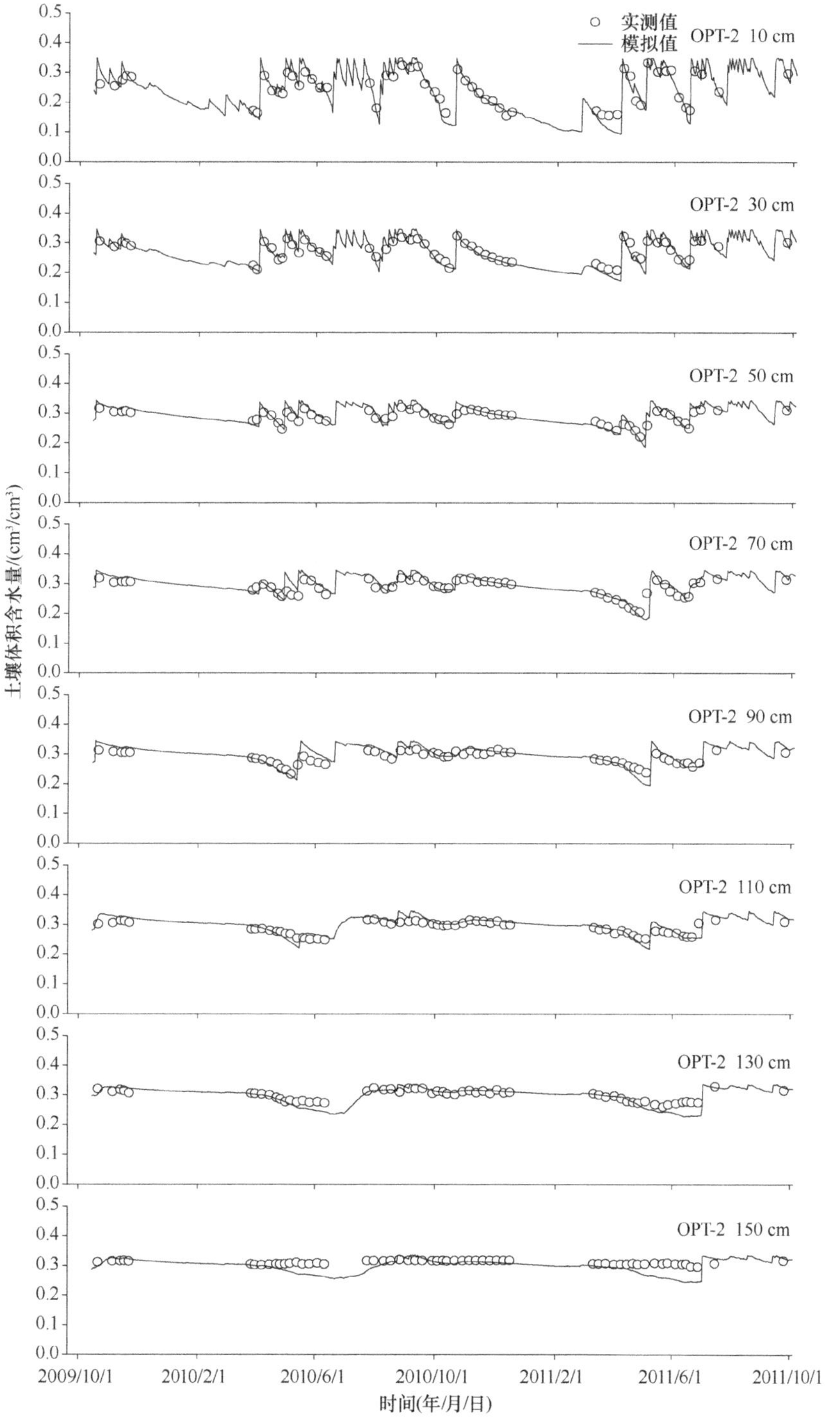

图 8-7　OPT-2 模式下各土壤深度模拟和实测土壤体积含水量的对比

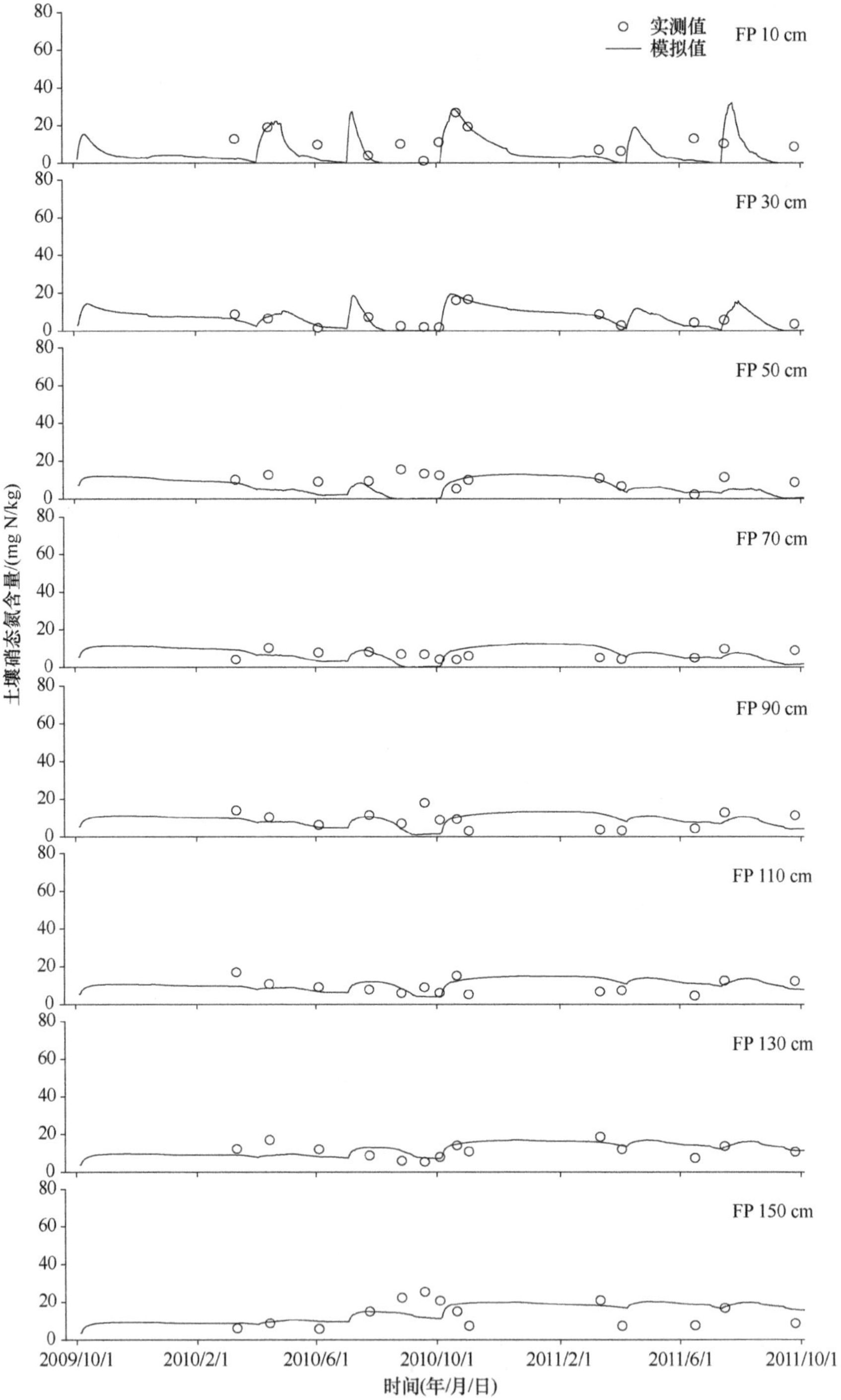

图 8-8 FP 模式下各土壤深度模拟和实测土壤硝态氮含量的对比

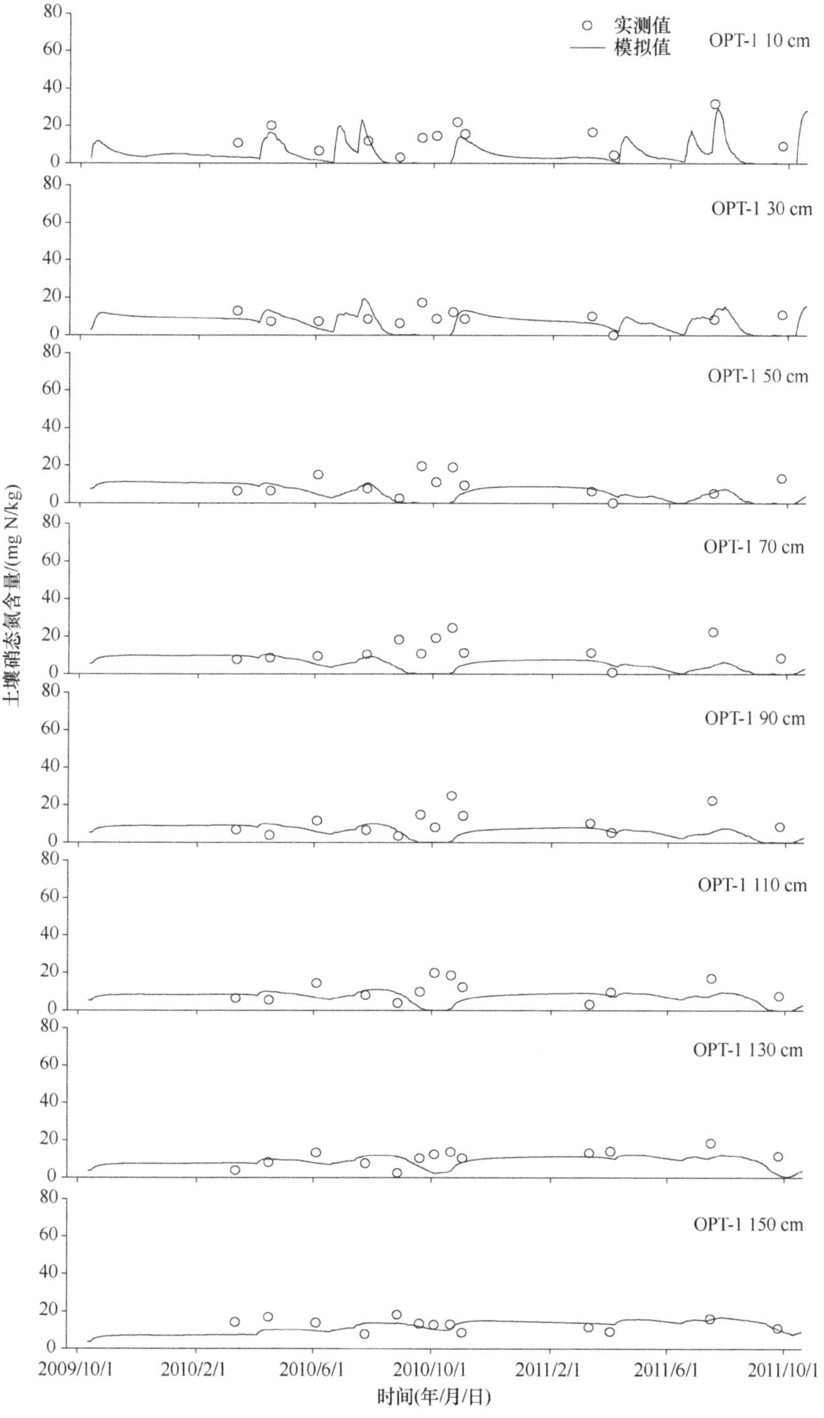

图 8-9　OPT-1 模式下各土壤深度模拟和实测土壤硝态氮含量的对比

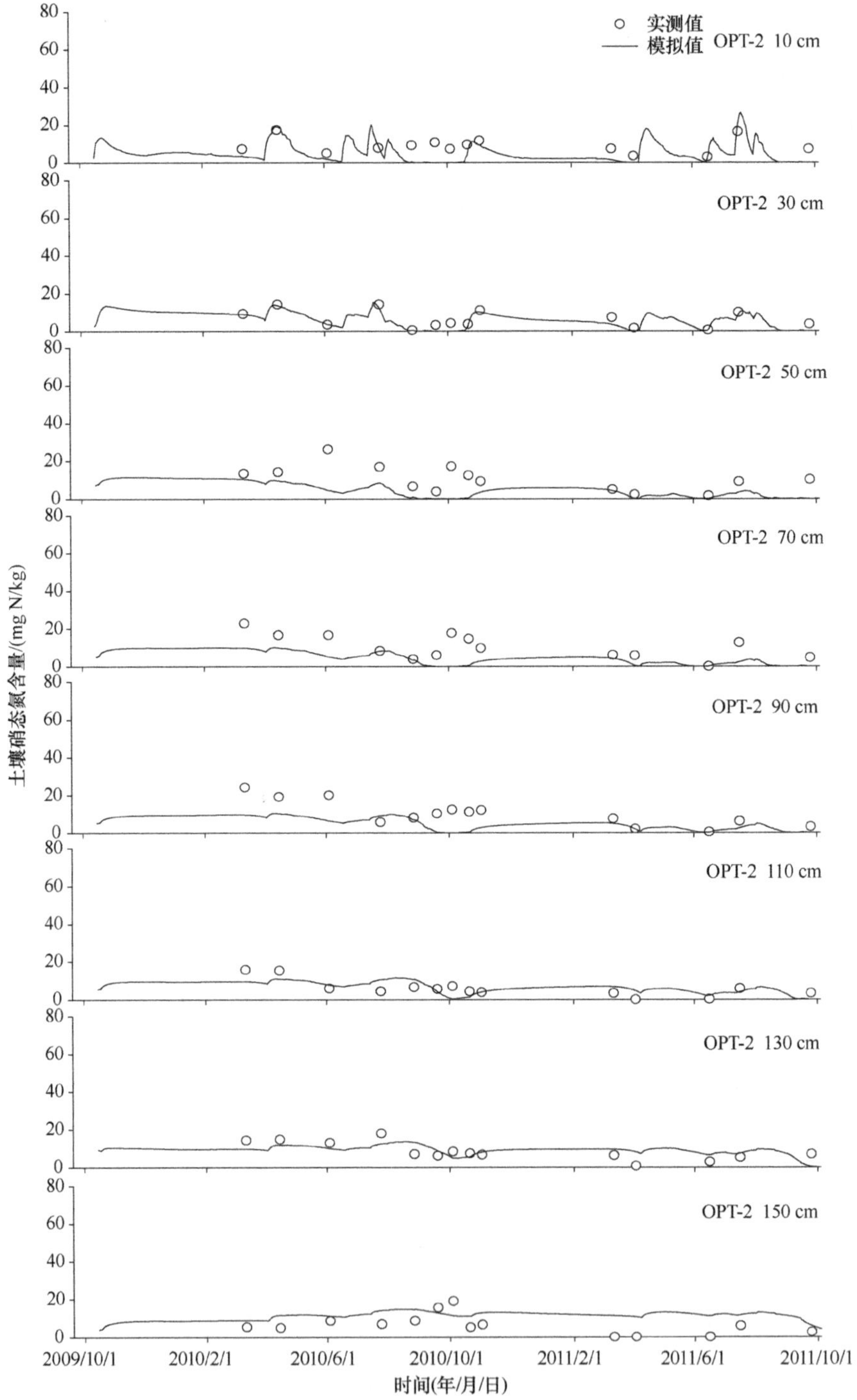

图 8-10 OPT-2 模式下各土壤深度模拟和实测土壤硝态氮含量的对比

表 8-6　验证模式各层土壤体积含水量和硝态氮含量的模拟效果评价

观测项目	土层/cm	*RMSE*	*NSE*	*IA*
土壤体积含水量/(cm^3/cm^3)	0～20	0.03	0.76	0.95
	20～40	0.02	0.73	0.94
	40～60	0.02	0.50	0.91
	60～80	0.02	0.50	0.90
	80～100	0.02	0.43	0.90
	100～120	0.01	0.72	0.94
	120～140	0.02	0.60	0.92
	140～160	0.02	0.42	0.88
土壤硝态氮含量/(mg N/kg)	0～20	7.95	–0.05	0.77
	20～40	5.56	0.42	0.85
	40～60	4.70	0.40	0.84
	60～80	3.63	0.39	0.87
	80～100	4.55	0.37	0.85
	100～120	6.14	0.58	0.84
	120～140	5.07	0.63	0.87
	140～160	5.00	0.55	0.88

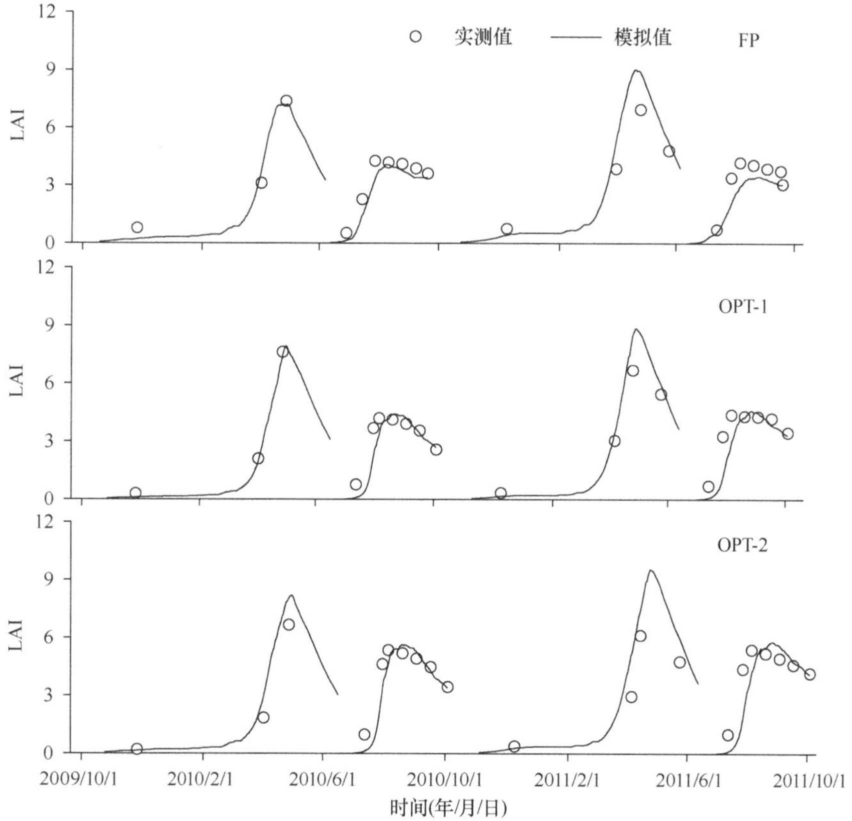

图 8-11　验证模式下模拟和实测叶面积指数的对比

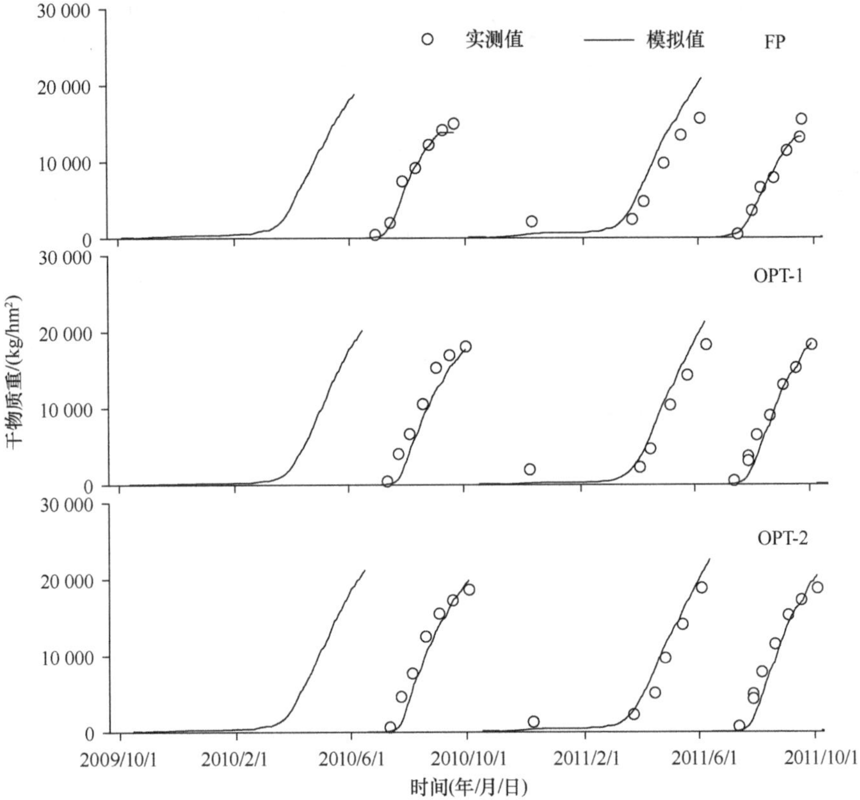

图 8-12　验证模式下模拟和实测干物质重的对比

模型模拟的土壤含水量、硝态氮含量、作物产量和 LAI 与实测值的线性回归关系见图 8-13。模拟的土壤含水量、硝态氮含量、作物产量和 LAI 与实测值的线性相关系数分别达到 0.9024、0.8401、0.8787 和 0.9137；回归方程的斜率分别为 1.0028、0.8663、0.9281 和 1.0230，接近于 1。这说明模型模拟的土壤含水量、硝态氮含量、作物产量和 LAI 与实测值之间有很好的一致性。

综上所述，可以认为 WHCNS 模型对作物产量、干物质重、LAI、土壤含水量和硝态氮含量的模拟效果较好。因此，该模型可以用来模拟分析该研究区不同生产管理模式下的土壤氮素去向及水氮利用效率。

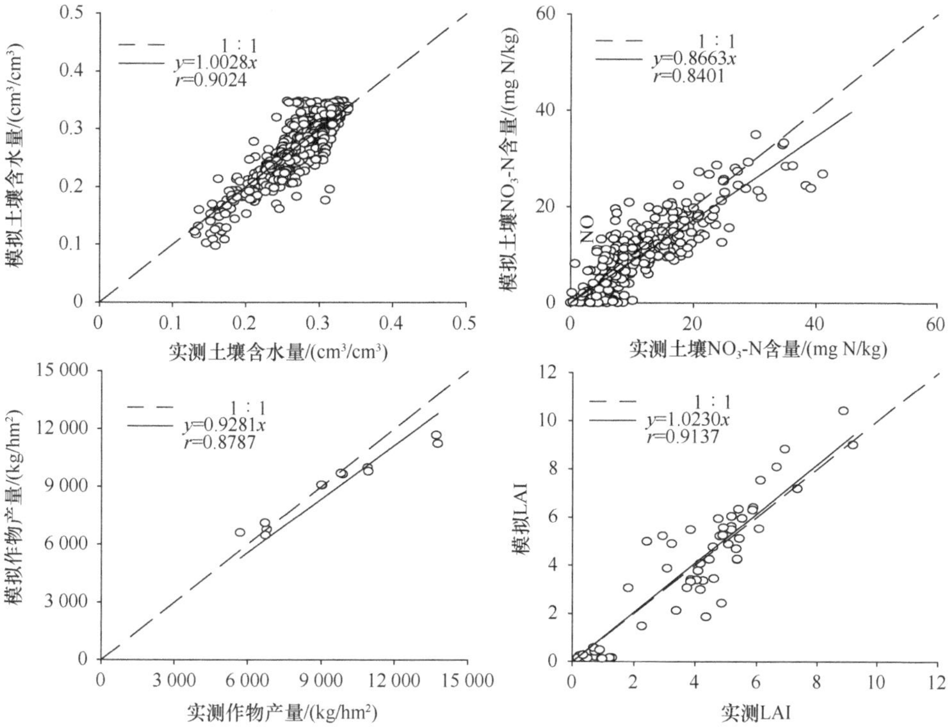

图 8-13　验证模式下土壤含水量、硝态氮含量、作物产量和叶面积指数模拟值与实测值的关系

8.5　模 型 应 用

8.5.1　不同水肥及栽培管理措施对作物产量的影响

4 个生长季不同生产管理措施的作物产量见表 8-7。冬小麦生长季 FP 模式的作物产量为 4 种模式中最低，两年分别为 6795 kg/hm^2 和 6720 kg/hm^2；HY 模式的作物产量为 4 种模式中最高，两年分别达到 9881 kg/hm^2 和 9800 kg/hm^2。作物产量除受遗传因子影响外，还受生态环境和栽培措施影响（Jin et al.，2012；Meng et al.，2012；Dai et al.，2013）。在本研究中，OPT-1 模式作物产量的增加主要是栽培管理措施优化的结果。在 FP 模式的基础上，OPT-1 模式调整了播种时间、播种量、播种方式、灌溉量、施肥量、施肥方式、耕作深度和秸秆还田模式等，导致其产量比 FP 模式明显增加。在气候逐渐变暖的情势下，尤其是从传统小麦播种期到越冬前阶段的气温上升，导致该阶段的积温明显提高，小麦出现冬前旺长的被动局面，造成越冬期出现大量死苗的现象（徐成寅，2011）。因此按照传统冬小麦的播期进行播种，已经不能保证小麦的正常生长发育。Sun 等（2007）研究表明，在华北平原冬小麦的播种日期推迟到 10 月 10 日左右可以达到高产高效。

王晓英和贺明荣（2013）的研究表明，在拔节期增加追肥比例可以延缓叶片的衰老，进一步提高作物产量。杨雪等（2013）研究表明与旋耕相比，深耕 30 cm 能够很好地改善土壤水热条件，增加作物群体 LAI、干物质积累量和灌浆速率，进而增加作物产量。作物秸秆还田不仅可以增加土壤含水量，起到蓄水保墒的作用，还可以调节温度、降低土壤容重、增加土壤有机质含量，促进作物产量增加。另外，作物秸秆还田能够增加土壤储水量、土壤有机质含量并且调节土壤温度，进而增加作物产量（Chen et al.，2007；Zhang et al.，2009）。本研究证实了前人的研究结果，由于 FP 模式播种时间过早，追施氮肥比例过小，前茬作物的秸秆不还田及小麦播种前采用旋耕方式，FP 模式作物产量明显低于其余 3 种模式。在我们的研究中，除了栽培措施外，氮肥是影响作物产量的另一个重要因素。在冬小麦生长季，HY 模式为了确保小麦增产潜力的实现，在 OPT-1 模式的基础上增施氮肥，导致 4 种模式中 HY 模式的产量最高，两年分别比 OPT-1 模式增加了 19.9%和 18.67%。由于推迟播种会导致冬前积温降低（Cao and Moss，1994），因此需要通过增加播量来弥补由分蘖减少造成的亩[①]穗数降低（Shah et al.，1994）。OPT-2 模式在 HY 模式的基础上推迟了播种日期和优化了施肥量，为了保证产量，因此增加了播种密度，产量虽然较 HY 模式有所降低，但是与 FP 和 OPT-1 模式相比，2009～2010 年产量分别增加了 33.0%和 9.6%；2010～2011 年产量分别增加了 34.1%和 9.1%。

表 8-7　不同管理模式下冬小麦-夏玉米 0～1.6 m 土体水分平衡及水分利用效率

作物	模式	降雨/mm	灌溉/mm	蒸散/mm	渗漏/mm	径流/mm	平衡/mm	实测产量/(kg/hm^2)	模拟产量/(kg/hm^2)	水分利用效率/(kg/m^3)
2009～2010 年冬小麦	FP	148	375	379	121	0	23	6 795	6 770	1.79
	OPT-1	148	300	438	39	0	–29	8 241	8 224	1.88
	HY	148	300	479	39	0	–70	9 881	9 646	2.01
	OPT-2	148	300	456	41	0	–49	9 034	9 074	1.99
2010 年夏玉米	FP	479	75	348	112	36	58	5 700	6 604	1.90
	OPT-1	479	75	344	80	65	65	9 000	9 030	2.63
	HY	479	75	395	63	29	67	13 720	11 671	2.95
	OPT-2	479	75	367	44	53	90	10 900	9 986	2.72
2010～2011 年冬小麦	FP	172	300	388	65	0.2	19	6 720	7 106	1.83
	OPT-1	172	225	421	6	0.2	–30	8 260	8 179	1.94
	HY	172	225	450	5	0.2	–58	9 800	9 696	2.15
	OPT-2	172	225	439	6	0.2	–48	9 010	9 090	2.07
2011 年夏玉米	FP	570	75	322	133	127	63	6 739	6 469	2.01
	OPT-1	606	75	346	97	90	148	8 785	8 982	2.60
	HY	606	75	387	95	51	148	13 779	11 230	2.90
	OPT-2	606	75	363	83	74	161	10 929	9 793	2.70

注：水分利用效率=模拟产量/蒸散量；水分平衡=降雨量+灌溉量–蒸散量–渗漏量–径流量

① 1 亩≈666.67 m^2

夏玉米生长季FP模式的产量也是4种模式中最低的，两年分别为5700 kg/hm^{2}和 6739 kg/hm^2。FP 模式的夏玉米产量低主要与其播种方式和播种密度有关系。FP 模式夏玉米的播种方式为麦垄套种，此种种植方式容易发生玉米粗缩病，造成玉米严重减产甚至绝收。适当推迟播期并采用麦后免耕直播的种植方式，可以有效降低粗缩病的发病率。吕鹏等（2010a）在山东泰安的研究表明，在 5 月 25 日套种夏玉米，粗缩病造成玉米平均减产 66.8%；改用麦后直播，发病率下降了82.1%。同时生产中多数玉米品种生育期过长，该环境条件难以满足“小麦-玉米”一年两熟的光热需求。选用中早熟品种，推迟播期，结合适当的晚收，能充分利用 9 月底到 10 月初有利于玉米籽粒灌浆的光热资源，充分发挥品种的增产潜力。另外，改麦套夏玉米为直播，也有利于农业机械化的推广（Zhen et al.，2006）。本研究表明，FP 模式玉米生长严重受到粗缩病的影响，导致有效穗数低于 OPT-1模式（Jin et al.，2012）。通过改变农民习惯栽培模式的播种方式、播种时间、收获时间、氮肥用量及施用方式，OPT-1 模式未受粗缩病的影响，两季夏玉米产量分别比 FP 模式高 57.9%和 30.4%。但其种植密度仅为 6.0 万株/hm^2，尚不能发挥密植增产的效应，产量仍有很大的提升空间。种植密度是影响玉米产量的另一个因素，一般情况下，玉米叶面积指数随种植密度提高而增加，随之光合产物积累量增加，利于产量形成（Olsen and Weiner，2007）。另外，灌浆期是玉米籽粒形成的关键时期，也是植株对氮素吸收转运的重要时期。吕鹏等（2011a）研究表明，在超高产条件下随着施氮次数的增加产量显著增加，灌浆期施氮可以显著提高产量。本研究中 HY 模式正是采用高密度种植，并且施氮量增加且氮肥是多次施入，以确保玉米品种增产潜力的实现，产量和 LAI 高值持续期均明显高于其余 3 种模式。OPT-2 模式进一步优化种植密度和肥料用量，产量较 HY 模式虽然有所降低，但是与 FP 和 OPT-1 模式相比，延长了 LAI 高值持续期，因此两年平均产量分别比 FP 和 OPT-1 模式高 75.5%和 22.7%。

8.5.2　不同水肥及栽培管理模式下农田水分渗漏和硝酸盐淋失动态

图 8-14 为模型模拟得到的 4 种栽培管理模式下土体 1.6 m 处的水分渗漏和氮素淋失动态结果。可以看出，土壤水分渗漏和氮素淋失主要发生在夏玉米季，冬小麦季的渗漏和淋失量较小。这是由于华北平原 70%～80%的降雨量主要集中在夏季。从中还可以看出，各模式的水分渗漏和硝酸盐淋失动态基本一致，土壤水分渗漏和硝酸盐淋失主要发生在灌溉或者是较强降雨之后。在两个冬小麦生长季内，只有 FP 模式在越冬期进行了灌溉，此时作物需水量相对较少，因此 4 种模式中只有 FP 模式在越冬期灌溉后发生了水分渗漏。在第二个冬小麦生长季，由于开花期灌溉后紧接着两次强降雨，因此该时期发生一次较大的水分渗漏。2010年夏玉米季 4 种模式均发生了两次水分渗漏，主要是发生在强降雨时期。8 月 24

日的强降雨（59.5 mm）导致了严重的水分渗漏，4 种模式该次水分渗漏量分别占整个生育时期总渗漏量的 15.9%、36.7%、39.7%和 28.2%。9 月 6 日连续的强降雨引发了第二次土壤水分渗漏，该次连续降雨量（110.3 mm）大约是第一次的两倍，并且距离第一次强降雨的时间较短，因此导致第二次的水分渗漏量明显高于第一次。2011 年夏玉米季 4 种模式均发生了 3 次大的水分渗漏，水分渗漏均发生在强降雨或连续降雨之后。7 月 2 日的连续强降雨导致了第一次水分渗漏，渗漏量分别占整个生育时期总渗漏量的 17.2%、11.6%、7.0%和 12.5%。8 月 19 日的强降雨导致了第二次水分渗漏，渗漏量分别占整个生育时期总渗漏量的 40.7%、28.8%、28.2%和 32.7%。9 月 12～17 日的连续强降雨导致了第三次水分渗漏，由于此次的降雨量远远高于前两次，因此水分渗漏量也比较高。FP 模式夏玉米的收获时间

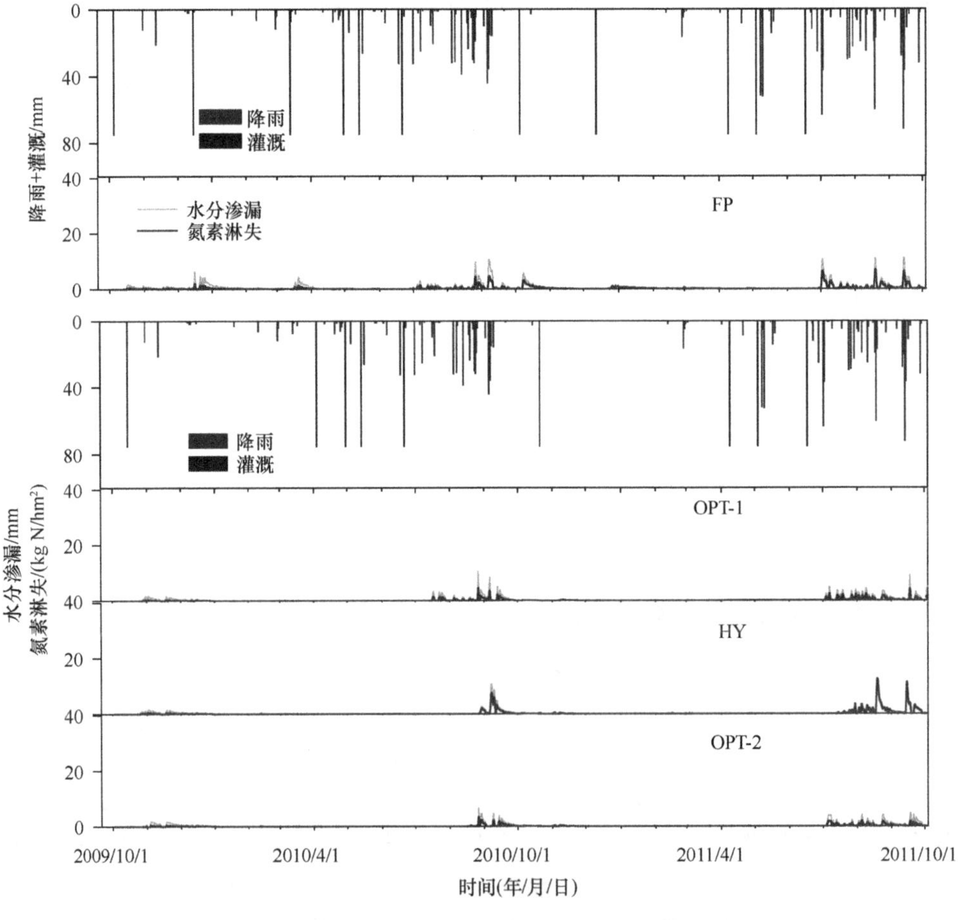

图 8-14　不同栽培管理模式下土壤 160 cm 处水分渗漏和硝酸盐淋失动态变化
（彩图请扫封底二维码）

为 9 月 19 日，因此此次的水分渗漏量比其余 3 种模式低。9 月 28 日的降雨引起了 OPT-1、HY 和 OPT-2 模式发生了一次较小的水分渗漏，水分渗漏量分别为 10.0 mm、24.3 mm 和 10.3 mm。

总体来看，由于 2010～2011 年冬小麦季降雨量（172 mm）高于 2009～2010 年（148 mm），并且在开花期伴有连续强降雨，因此第二年的水分渗漏量高于第一年。夏玉米季第二年的降雨量（570 或 606 mm）远高于第一年（479 mm），并且其连续强降雨次数也比第一年多，因此其水分渗漏量也高于第一年。

从图 8-14 可以看出，硝酸盐淋失和水分渗漏的动态过程基本一致。冬小麦-夏玉米生长期间，一般在施肥后立即进行灌溉，过量的水分向下渗漏时极易带走土壤中残留的无机氮，因此硝酸盐淋失主要发生在灌溉后（Wang et al.，2010）。本试验的研究结果也充分证明了这一点，每次灌溉或者较强降雨后均伴随水分渗漏发生，土壤硝酸盐淋失量就会增加。2009～2010 年冬小麦季 4 种模式中只有 FP 模式有硝酸盐淋失，淋失量为 15.2 kg N/hm^2。2010～2011 年冬小麦季 FP 模式的氮素淋失发生了 3 次，淋失量为 59.5 kg N/hm^2；其余 3 种模式的氮素淋失仅仅发生在开花期灌溉之后，其淋失量均小于 11.0 kg N/hm^2。2011 年夏玉米季 4 种模式的氮素淋失量分别为 104.4 kg N/hm^2、76.6 kg N/hm^2、113.0 kg N/hm^2 和 44.8 kg N/hm^2。氮素淋失除与水分渗漏相关以外，还与施肥量有关。两年冬小麦季 FP 模式的氮素淋失量均高于其余 3 种模式，这是由于其水分渗漏量高于其余 3 种模式。两年夏玉米季 4 种模式的氮素淋失量均表现为 HY 模式最高，其次为 FP 模式，这是由于 HY 模式的施肥量高于其余 3 种模式。

8.5.3　不同水肥及栽培管理模式下农田水分平衡及水分利用效率

表 8-7 给出了不同栽培管理模式下 4 个生长季 0～1.6 m 土体农田水分平衡及水分利用效率的结果。从中可知，冬小麦生育期的降雨较少（148 mm 和 172 mm），水分主要来源于灌溉（第一个生长季灌溉量为 300～375 mm；第二个生长季灌溉量为 225～300 mm），而夏玉米季刚好相反，主要来源于降雨（479 mm 和 570～606 mm）。对于水分输出项，蒸散是冬小麦季的主要输出项，而夏玉米季除了蒸散外，渗漏也占到输出项较大的比例。总体上看，两年冬小麦季均表现为第一年的蒸散量高于第二年，这可能是由于第一年的灌溉量比第二年多 75 mm。2010 年夏玉米生长季蒸散量变化范围为 344～395 mm；而 2011 年夏玉米生长季的变化范围为 322～387 mm。除了 OPT-1 模式，其余 3 种模式在 2010 年的蒸散量均高于 2011 年夏玉米生长季，这可能是由于 2010 年夏玉米生长季的平均温度比 2011 年夏玉米生长季高 1.24℃。

从土壤水分渗漏量来看，两年冬小麦季 FP 模式的渗漏量分别为 121 mm 和

65 mm，占其水分总输入量（降雨+灌溉）的 23.1%和 13.8%。其余 3 种模式在第一年冬小麦季的渗漏量大约为 40 mm，在第二年冬小麦季的渗漏量大约为 6 mm，均低于 FP 模式，这可能是由于两年冬小麦季 FP 模式的灌溉量均高于其余 3 种模式。由于华北平原 70%的降雨量主要集中在夏玉米季，因此水分渗漏一般发生在夏玉米生长季，两年夏玉米季水分渗漏量占其水分总输入量的 8%～20%，并且随着降雨量的增多，相应的水分渗漏量增大，2011 年夏玉米季的降雨量达到了 606 mm，其渗漏量为 83～133 mm，大于 2010 年夏玉米季的 44～112 mm。

两年冬小麦季 4 种模式的径流量均较小，几乎没有。相反，在夏玉米生长季 4 种模式的径流量较大，其范围为 29～127 mm，这可能是由夏玉米生长季出现强降雨和持续降雨导致的。除了 FP 模式外，两年冬小麦季的土体水分平衡均为负值，亏损为 29～70 mm，表明冬小麦季的水分输入不能满足作物生长的需求。相反，两年夏玉米季的土体水分平衡均为正值，最大盈余达到 161 mm，该结果说明夏玉米季水分输入增加了土壤剖面的含水量，因此可以考虑在夏玉米季减少灌溉量或者不灌溉。4 种模式中作物产量最高的为 HY 模式，其年平均产量达到了 23 590 kg/hm^2；作物产量最低的模式为 FP。总的来说，OPT-1、HY 和 OPT-2 模式的年平均产量分别比 FP 模式高 32.1%、81.8%和 53.6%。从表 8-7 可知，两年平均冬小麦和夏玉米季 HY 模式的水分利用效率最高，分别为 2.1 kg/m^3 和 3.0 kg/m^3，该结果要高于华北平原其他地区报道的结果（Zhang et al.，2011；He et al.，2013）。其中 FP 模式的水分利用效率最低，其范围为 1.8～2.0 kg/m^3；其余两种模式的水分利用效率相差不大。4 种模式在整个作物生长季的水分利用效率的大小顺序为 HY > OPT-2 > OPT-1 > FP。

Jin 等（1999）和 Zhang 等（2004）的研究表明，灌溉过量会导致作物的 WUE 降低，并且有效亏缺灌溉可以提高作物产量和 WUE。Chen 等（2007）研究表明，秸秆还田可以减少土壤蒸发进而增加 WUE。本研究中 FP 模式的灌溉量高于其余 3 种模式，其作物产量表现为 4 种模式中最小。另外，由于 FP 模式夏玉米季秸秆没有还田导致其蒸散量高于其余 3 种模式，因此其水分利用效率最低，冬小麦季和夏玉米季分别为 1.8 kg/m^3 和 2.0 kg/m^3。减少灌溉量的 OPT-1 模式的 WUE 在冬小麦季和夏玉米季分别比 FP 模式高 5.6%和 33.3%。然而，在相同的灌溉模式下，HY 模式在冬小麦季和夏玉米季的 WUE 分别比 OPT-2 模式高 4.7%和 11.1%。这与 Campbell 等（1992）和 Varvel（1994）的研究结果一致，他们的结果表明随着施氮量增加，WUE 也增加。

8.5.4 不同水肥及栽培管理模式下农田氮素损失及氮素利用效率

表 8-8 给出了不同栽培管理模式下农田 1.6 m 土体内氮素平衡状况。土壤中

氮素的主要来源是施肥和有机氮的净矿化。在两年冬小麦生长季，除了 FP 模式，其余 3 种模式的净矿化量为正值，为 77～102 kg N/hm^2，这是由于这 3 种模式在冬小麦播种前，前季夏玉米的秸秆全部还田，导致氮矿化量大于土壤氮固持量（Recous et al.，1999）。李贵桐等（2002）在河北曲周的研究表明前一季玉米秸秆还田后，冬小麦生育期的氮素矿化量达到 130.7 kg N/hm^2，该结果略高于我们的研究结果。在两年夏玉米生长季，4 种模式的净矿化量均为负值，其主要的原因是在夏玉米播种之前，前一季冬小麦的秸秆不还田，所以土壤在夏玉米生长季得到的有机碳量很少，土壤有机质不能得到更新，易利用有机碳量少，土壤微生物处于能源饥饿状态，活动微弱，进而导致土壤氮固持量大于氮矿化量（Recous et al.，1999）。

表 8-8　不同管理模式下冬小麦-夏玉米 0～1.6 m 土体氮素平衡及氮素利用效率

作物	模式	施肥/(kg N/hm^2)	净矿化/(kg N/hm^2)	氨挥发/(kg N/hm^2)	反硝化/(kg N/hm^2)	作物吸收/(kg N/hm^2)	氮素淋失/(kg N/hm^2)	平衡/(kg N/hm^2)	NUE/(kg/kg N)
2009～2010 年冬小麦	FP	315	–33	39.0（12.4%）	3.1	218	33.8	–11.9	23.0
	OPT-1	210	87	19.5（9.3%）	11.4	235	9.2	21.9	29.9
	HY	360	102	38.0（10.6%）	11.9	258	11.8	142.3	30.1
	OPT-2	240	87	21.6（9.0%）	11.2	246	11.5	36.7	31.3
2010 年夏玉米	FP	225	–9	26.2（11.7%）	1.3	181	48.1	–40.6	25.7
	OPT-1	161	–14	24.2（15.1%）	10.7	227	37.0	–151.9	30.2
	HY	450	–23	73.1（16.3%）	14.4	300	45.5	–6.0	27.0
	OPT-2	185	–15	24.0（13.0%）	11.8	259	22.7	–147.5	31.5
2010～2011 年冬小麦	FP	315	–9	43.1（13.7%）	1.1	243	39.8	–21.0	21.8
	OPT-1	210	77	30.9（14.7%）	10.7	246	3.6	–4.2	28.1
	HY	390	97	73.6（18.9%）	11.5	272	4.9	125.0	26.8
	OPT-2	240	77	22.5（9.4%）	10.5	259	3.3	21.7	30.8
2011 年夏玉米	FP	225	–10	51.2（22.8%）	1.4	163	76.4	–77.0	22.2
	OPT-1	161	–21	29.1（18.1%）	16.7	220	57.0	–182.8	27.8
	HY	450	–35	56.0（12.4%）	21.9	305	118.5	–86.4	22.4
	OPT-2	185	–21	24.0（13.0%）	17.2	231	42.0	–150.2	31.1

注：氮素利用效率(NUE)=模拟产量/(氨挥发量+反硝化量+作物吸收量+氮素淋失量)；氨挥发项括号中百分数表示的是氨挥发量占施肥量的比例，氨挥发因子=氨挥发量/施肥量；氮素平衡=施肥量+净矿化量–氨挥发量–反硝化量–作物吸收量–氮素淋失量

土壤氮素的主要输出项包括作物吸收、氮素淋失和气体损失。在本研究中氮素淋失是氮素损失的主要途径，并且与灌溉量和施肥量密切相关。在灌溉量较少的情况下（OPT-1、HY 和 OPT-2），冬小麦季硝酸盐淋失量相对较低，而夏玉米季的硝酸盐淋失量很高。Wang 和 Huang（2008）的研究表明，增加灌溉量能够导

致水分渗漏和氮素淋失的增加。在冬小麦季，硝酸盐淋失量与灌溉量呈正相关关系。以2009～2010年冬小麦生长季为例，FP模式和OPT-1模式相比较，灌溉量分别为375 mm和300 mm，相应的硝酸盐淋失量分别为33.8 kg N/hm^{2}和9.2 kg N/hm^2。氮素的淋失除了与灌溉量有关以外，还与施肥量有关。Wang等（2010）的研究表明，降低氮肥的投入能够明显地降低氮素淋失。有研究指出，农民习惯的水氮投入如果能减少30%～60%，氮素淋失损失最多能减少一半（Hu et al.，2006；Fang et al.，2008）。氮肥优化管理可以显著减少氮素淋失，特别是考虑作物需求的氮肥管理措施有助于提高氮素利用效率和减少氮素淋失（Zhu and Chen，2002；Yu et al.，2006）。氮素的淋失主要发生在夏玉米生长季，这主要是由于夏玉米生长季发生强降雨和土壤硝态氮累积量高（Hu et al.，2006；Fang et al.，2008；He et al.，2013）。例如，2011年夏玉米优化氮肥管理下（OPT-2）夏玉米季的硝酸盐淋失量仅为42.0 kg N/hm^2，远远低于高氮肥管理（HY）的118.5 kg N/hm^2，这与上述的研究结果是一致的。与FP模式相比，当OPT-1模式夏玉米季的氮肥投入量降低28.4%，其氮素淋失量降低了24.5%。与HY模式相比，OPT-2模式夏玉米季的氮肥投入量降低58.9%，其氮素淋失量降低了60.1%。以上的结果表明，在冬小麦生长季，灌溉量是影响硝酸盐淋失量的主要因素，而在夏玉米生长季施肥量是其主要影响因素。

气态氮释放是氮素损失的另一个重要途径，在本研究中气态氮的释放包括氨挥发和反硝化。本研究中，4种模式每个作物生长季的反硝化损失量为1.3～21.9 kg N/hm^2。在华北平原的一些研究结果表明，反硝化作用不是氮肥损失的主要途径（丁洪等，2001；裴宏伟等，2015），本研究与这些结果是一致的。本研究中4种模式冬小麦生长季的氨挥发损失量为19.5～73.6kg N/hm^2，占冬小麦生长季施肥量的9.0%～22.8%；4种模式夏玉米生长季的氨挥发损失量为24.0～73.1 kg N/hm^2，占夏玉米生长季施肥量的11.7%～22.8%。Cai等（2002）的研究表明，冬小麦季氨挥发损失量占施肥量的1%～20%，夏玉米季氨挥发损失量占施肥量的11%～48%，这个值比我们的研究结果高。两年轮作中冬小麦和夏玉米均为HY模式的气体损失量最大，主要原因有两个：一是HY模式的施肥量最大，两年的施肥量分别达到810 kg N/hm^{2}和840 kg N/hm^2。二是HY模式夏玉米季施肥次数较多并且均为表施，导致大量的氮素累积在土壤表层，在外界高温的作用下很容易挥发损失掉。OPT-1模式两年的施肥量比FP模式减少了31.3%，但其氨挥发量降低了36.5%。OPT-2模式的氨挥发损失量比HY模式降低了64.1%。两年轮作中4种模式的氮素总损失量表现为HY>FP>OPT-1>OPT-2。作物氮吸收量与作物产量呈正相关。在两个冬小麦生长季，作物氮吸收量为218～272 kg N/hm^2；在两个夏玉米生长季，作物氮吸收量为163～305 kg N/hm^2。

两年轮作中4种模式冬小麦季的氮素利用效率范围为21.8～31.3 kg/kg N；夏

玉米季的氮素利用效率范围为 22.2～31.5 kg/kg N。4 种模式氮素利用效率的大小趋势为 OPT-2＞OPT-1＞HY＞FP。从表 8-8 可以看出，氮素利用效率与作物产量呈正相关，与氮素总损失量呈负相关。前人的研究结果表明，作物秸秆还田能够提高 NUE（Kumar and Goh，1999）。Li 等（2007）通过设置不同氮肥施用水平，研究了如何通过最优化管理来提高氮肥利用效率，从而通过减少氮肥施用量来提高氮素利用效率和减少硝态氮淋失。另外，提高养分利用效率的本质是养分供应的时空有效性与作物需求同步（Tilman et al.，2002），通过改变施肥时间、数量及监测手段来同步养分供应时空有效性和作物需求可以达到氮肥高效利用的目的（Cassman et al.，2002；Chen et al.，2011）。近年来对作物高产的研究表明，在小麦和玉米生育期内采取分次施氮，并调整后期的施氮量，可以满足不同时期作物的需求，从而达到作物高产和资源高效利用的目的（吕鹏等，2011a，2011b；王欢元等，2011）。我们的研究也发现了相似的现象，FP 模式由于在作物生长前期一次性施入大量的氮肥和播种前上一季作物的秸秆全部移走，因此其作物产量和资源利用效率均较低；OPT-1 模式在 FP 模式的基础上优化了施肥量，在冬小麦生育期间增加了追肥的比例，在夏玉米生育期间增施了基肥，以保证作物正常出苗，因此 OPT-1 模式的 NUE 在冬小麦季和夏玉米季分别比 FP 模式提高了 29.5%和 21.1%。OPT-2 模式在 HY 模式的基础上优化了施肥量和施肥时期，施肥时期改为基肥、拔节和抽雄期，其两年冬小麦生长季和夏玉米生长季平均的 NUE 分别比 HY 模式高 9.1%和 26.7%。虽然 HY 模式的作物产量是 4 种模式中最高的，但其氮素总损失量和作物氮吸收量均高于 OPT-1 与 OPT-2 模式，故其氮素利用效率低于 OPT-1 和 OPT-2 模式。两年冬小麦季 OPT-2 模式的氮素利用效率分别比 HY 模式高 4.0%和 14.9%，两年夏玉米季 OPT-2 模式的氮素利用效率分别比 HY 模式高 16.7%和 38.8%，说明 OPT-2 模式不仅减少了氮素损失，而且还大大提高了氮素利用效率。

8.6　综合指数法评价不同水肥及栽培管理模式

作物产量和水氮平衡受到水肥管理与栽培管理措施的综合作用。为了得到 4 个综合管理措施中最佳的管理措施，需要将模拟结果进行量化。在本研究中利用综合指数法来获得最佳综合管理措施（Wei et al.，2009；Sun et al.，2013）。在评价综合农艺管理方案时，为了得到最高的作物产量、经济效益和环境效应，我们选取了农学效应、环境效应和产投比作为每个水肥管理方案的评价指标。根据 Hu 等（2010）的文献选择冬小麦-夏玉米产量、水分利用效率和氮素利用效率作为评价农学效应的指数，它们的权重系数分别设计为+0.6、+0.2 和+0.2，首先将这三个指标归一化为 0～1 的值，然后乘以相应的权重系数，加和得到农学效应值。气态氮释放量和硝酸盐淋失量作为评价环境效应的指标，它们的权重系数分别设为+0.5 和+0.5，将这两个评价指标归一化后，采用类似计算农学效应值的方法计算环境效应值。产投比（value to cost ratio，*VCR*）的计算方法如下：

$$VCR = \frac{Y \times YP}{(W \times WP + F \times FP)} \tag{8-1}$$

式中，W 为灌溉量，mm；WP 为水价，元/m^3；F 为氮肥投入量，kg；FP 为肥料价格，元/kg；Y 为作物产量，kg/hm^2；YP 为作物价格，元/kg。根据当地的实际情况，水、肥料、冬小麦和夏玉米的价格分别为 0.25 元/m^3、4.5 元/kg、2.4 元/kg 和 2.0 元/kg。

在计算综合指数时，把农学效应、环境效应和产投比的权重系数分别设为+0.7、–0.2 和+0.5（Sun et al.，2013）。按照各项加权后计算的综合指数最终结果见表 8-9。从中可以看出，无论冬小麦还是夏玉米 4 种管理模式中农学效应大小均表现为 HY≥OPT-2>OPT-1>FP；冬小麦季和夏玉米季的环境效应分别表现为 FP>HY>OPT-2>OPT-1 和 HY>FP>OPT-1>OPT-2；冬小麦和夏玉米的产投比分别表现为 OPT-2>OPT-1>HY>FP 和 OPT-1>OPT-2>FP>HY。可以看出，在两年轮作中每季作物中均是 OPT-2 模式的综合指数最大，其次为 OPT-1 模式。所以 4 种栽培管理模式中，OPT-2 为最佳的栽培管理模式。

表 8-9 不同栽培管理模式下评价指标结果统计

作物	模式	灌溉/mm	施肥/(kg N/hm^2)	氮素淋失/(kg N/hm^2)	气体损失/(kg N/hm^2)	产量/(kg/hm^2)	WUE/(kg/m^3)	NUE/(kg/kg)	农学效应	环境效应	产投比	综合指数
2009～2010 年冬小麦	FP	375	315	33.8	42.1	6 770	1.8	23.0	0.7	0.9	6.9	0.4
	OPT-1	300	210	9.2	30.9	8 224	1.9	29.9	0.9	0.4	11.6	0.7
	HY	300	360	11.8	49.9	9 646	2.0	30.1	1.0	0.7	9.8	0.7
	OPT-2	300	240	11.5	32.8	9 074	2.0	31.3	1.0	0.5	11.9	0.8
2010 年夏玉米	FP	75	225	48.1	27.5	6 604	1.9	25.7	0.6	0.7	11.0	0.4
	OPT-1	75	161	37.0	34.9	9 030	2.6	30.2	0.8	0.6	19.8	0.7
	HY	75	450	45.5	87.5	11 671	3.0	27.0	1.0	1.0	10.6	0.6
	OPT-2	75	185	22.7	35.8	9 986	2.7	31.5	0.9	0.4	19.6	0.8
2010～2011 年冬小麦	FP	300	315	39.8	44.2	7 106	1.8	21.8	0.7	0.8	7.9	0.4
	OPT-1	225	210	3.6	41.6	8 179	1.9	28.1	0.9	0.3	13.0	0.7
	HY	225	390	4.9	85.1	9 696	2.2	26.8	1.0	0.6	10.0	0.7
	OPT-2	225	240	3.3	33.0	9 090	2.1	30.8	1.0	0.2	13.3	0.8
2011 年夏玉米	FP	75	225	76.4	52.6	6 469	2.0	22.2	0.6	0.7	10.8	0.4
	OPT-1	75	161	57	45.8	8 982	2.6	27.8	0.8	0.5	19.7	0.7
	HY	75	450	118.5	77.9	11 230	2.9	22.4	0.9	1.0	10.2	0.6
	OPT-2	75	185	42.0	41.2	9 793	2.7	31.1	0.9	0.4	19.2	0.8

8.7 小　　结

本章应用山东泰安大汶口的田间试验数据对 WHCNS 模型进行了校验，验证结果表明模型模拟的土壤各层含水量、无机氮含量及作物干物质重、叶面积指数和产量都与实测值吻合较好。该模型可以用来模拟研究区农田的水氮运移和作物生长过程。

FP 模式由于水肥和栽培管理的不合理，其周年产量最低且氮素总损失量较高。与麦套夏玉米播种方式的 FP 模式相比，直播模式（OPT-1、HY 和 OPT-2）能够明显地增加作物产量。OPT-1、HY 和 OPT-2 模式的周年平均产量分别比 FP 模式高 32.1%、81.8%和 53.6%。4 种模式水分利用效率的大小顺序为 HY>OPT-2>OPT-1>FP。

优化管理模式（OPT-1 和 OPT-2）的氮素利用效率明显高于 FP 模式，而且其氮素损失要量明显低于 FP 模式。与 FP 模式相比，OPT 模式的氮素周年平均总损失量降低了 28.6%，NUE 增加了 25.7%。HY 模式为了确保增产潜力的实现，不计投入成本，虽然其周年平均产量是 4 种模式中最高的，但其周年氮素平均损失量也是最高的。OPT-2 模式在 HY 模式的基础上改善肥料管理和栽培措施，虽然周年平均产量比 HY 模式低 15.4%，但是总氮损失量降低了 53.8%，NUE 提高了 19.2%。4 种模式总氮素损失量的大小顺序为 HY>FP>OPT-1>OPT-2；NUE 的大小表现为 OPT-2>OPT-1>HY>FP。

4 种模式的综合指数大小表现为 OPT-2>OPT-1>HY>FP。OPT-2 模式在保证作物产量变化不大的情况下能够有效地减少土壤氮素损失量和提高氮素利用效率。因此，建议推广应用 OPT-2 综合管理模式到该地区的作物生产中，不仅能够减少环境污染，而且可以实现作物高产与水肥高效利用的目标。

虽然 OPT-2 模式是 4 种管理模式中的最佳栽培管理模式，但本研究只设计了 4 种综合生产模式，虽掌握了一定的水肥和栽培管理措施优化经验，但对于最佳水肥投入（灌溉量、施肥量）和栽培管理（不同播期、播种密度）相结合的措施还需要进一步深入研究。

参 考 文 献

丁洪, 蔡贵信, 王跃思, 等. 2001. 华北平原不同作物-潮土系统中 N_2O 排放量的测定. 农业环境保护, 20(1): 7-9.

李贵桐, 赵紫娟, 黄元仿, 等. 2002. 秸秆还田对土壤氮素转化的影响. 植物营养与肥料学报, 8(2): 162-167

梁浩, 胡克林, 李保国, 等. 2014. 土壤-作物-大气系统水热碳氮过程耦合模型构建. 农业工程学报, 30(24): 54-66.
吕鹏, 苏凯, 刘伟, 等. 2010. 粗缩病对夏玉米产量和植株性状的影响. 玉米科学, 18: 113-116.
吕鹏, 张吉旺, 刘伟, 等. 2011a. 施氮时期对超高产夏玉米产量及氮素吸收利用的影响. 植物营养与肥料学报, 17: 1099-1107.
吕鹏, 张吉旺, 刘伟, 等. 2011b. 施氮量对超高产夏玉米产量及氮素吸收利用的影响. 植物营养与肥料学报, 17: 852-860.
裴宏伟, 沈彦俊, 刘昌明. 2015. 华北平原典型农田氮素与水分循环. 应用生态学报, 26(1): 283-296.
王欢元, 胡克林, 李保国, 等. 2011. 不同管理模式下农田水氮利用效率极其环境效应. 中国农业科学, 44(13): 2701-2710.
王晓英, 贺明荣. 2013. 追氮时期和基追比例对强筋小麦产量和品质的调控效应. 麦类作物学报, 33: 1-5.
徐成寅. 2011. 播期和基本苗对泰农 18 生长及产量的影响. 泰安: 山东农业大学硕士学位论文.
杨雪, 逄焕成, 李轶冰, 等. 2013. 深旋松耕法对华北缺水区壤质黏潮土物理性状及作物生长的影响. 中国农业科学, 16: 3401-3412.
张秋丽, 朱云集, 郭天财, 等. 2012. 种植管理模式对冬小麦干物质和氮素积累转运及产量的影响. 麦类作物学报, 32(4): 696-700.
Cai G X, Chen D L, Ding H, et al. 2002. Nitrogen losses from fertilizers applied to maize, wheat and rice in the North China Plain. Nutrient Cycling in Agroecosystems, 63: 187-195.
Campbell C A, Zentner R P, McConkey B G, et al. 1992. Effect of nitrogen and snow management on efficiency of water use by spring wheat grown annually on zero-tillage. Canadian Journal of Soil Science, 72: 271-279.
Cao W X, Moss D N. 1994. Sensitivity of winter wheat phyllochron to environmental changes. Agronomy Journal, 86: 63-66.
Cassman K G, Dobermann A, Walters D T. 2002. Agroecosystems, nitrogen-use efficiency, and nitrogen management. AMBIO: A Journal of the Human Environment, 31: 132-140.
Chen S Y, Zhang X Y, Pei D. 2007. Effects of straw mulching on soil temperature, evaporation and yield of winter wheat: field experiments on the North China Plain. Annals of Applied Biology, 150: 261-268.
Chen X P, Cui Z L, Vitousek P M, et al. 2011. Integrated soil-crop system management for food security. Proceedings of the National Academy of Sciences, 108: 6399-6404.
Dai X L, Zhou X H, Jia D Y, et al. 2013. Managing the seeding rate to improve nitrogen-use efficiency of winter wheat. Field Crops Research, 154: 100-109.
Driessen P M, Konijn N T. 1992. Land-use System Analysis. Wageningen: Wageningen Agricultural University.
Fang Q X, Ma L W, Yu Q, et al. 2008. Modeling nitrogen and water management effects in a wheat-maize double-cropping system. Journal of Environmental Quality, 37: 2232-2242.
Guo J H, Liu X J, Zhang Y, et al. 2010. Significant acidification in major Chinese croplands. Science, 327: 1008-1010.
Hansen S, Jensen H E, Nielsen N E, et al. 1990. NPo-research, A10: DAISY: Soil Plant Atmosphere System Model. Copenhagen: The National Agency of Environmental Protection.
He Y, Hu K L, Wang H, et al. 2013. Modeling of water and nitrogen utilization of layered soil profiles under a wheat-maize cropping system. Mathematical and Computer Modelling, 58: 596-605.

Hu C S, Saseendran S, Green T, et al. 2006. Evaluating nitrogen and water management in a double-cropping system using RZWQM. Vadose Zone Journal, 5: 493-505.

Hu K L, Li Y, Chen W P, et al. 2010. Modeling nitrate leaching and optimizing water and nitrogen management under irrigated maize in desert oases in Northwestern China. Journal of Environmental Quality, 39: 667-677.

Jin L B, Cui H Y, Li B, et al. 2012. Effects of integrated agronomic management practices on yield and nitrogen efficiency of summer maize in North China. Field Crops Research, 13: 430-435.

Jin M G, Zhang R Q, Sun L F, et al. 1999. Temporal and spatial soil water management: a case study in the Heilonggang region, PR China. Agricultural Water Management, 42: 173-187.

Ju X T, Kou C L, Zhang F S, et al. 2006. Nitrogen balance and groundwater nitrate contamination: comparison among three intensive cropping systems on the North China Plain. Environmental Pollution, 143: 117-125.

Kumar K, Goh K M. 1999. Crop residues and management practices: effects on soil quality, soil nitrogen dynamics, crop yield, and nitrogen recovery. Advances in Agronomy, 68: 197-319.

Li Y, White R, Chen D L Z, et al. 2007. A spatially referenced water and nitrogen management model(WNMM)for(irrigated)intensive cropping systems in the North China Plain. Ecological Modelling, 203: 395-423.

Liu X J, Ju X T, Zhang Y, et al. 2006. Nitrogen deposition in agroecosystems in the Beijing area. Agriculture, Ecosystems & Environment, 113: 370-377.

Ma L W, Ahuja L R, Nolan B T, et al. 2012. Root Zone Water Quality Model(RZWQM2): model use, calibration, and validation. Transactions of the ASABE, 55: 1425-1446.

Meng Q F, Sun Q P, Chen X P, et al. 2012. Alternative cropping systems for sustainable water and nitrogen use in the North China Plain. Agriculture, Ecosystems & Environment, 146: 93-102.

Mueller T, Jensen L S, Magid J, et al. 1997. Temporal variation of C and N turnover in soil after oilseed rape straw incorporation in the field: simulations with the soil-plant-atmosphere model DAISY. Ecological Modelling, 99: 247-262.

Olsen J, Weiner J. 2007. The influence of *Triticum aestivum* density, sowing pattern and nitrogen fertilization on leaf area index and its spatial variation. Basic and Applied Ecology, 8: 252-257.

Recous S, Aita C, Mary B. 1999. *In situ* changes in gross N transformations in bare soil after addition of straw. Soil Biology and Biochemistry, 31: 119-133.

Shah S A, Harrison S A, Boquet D J, et al. 1994. Management effects on yield and yield components of late-planted wheat. Crop Science, 34: 1298-1303.

Sun H Y, Zhang X Y, Chen S Y, et al. 2007. Effects of harvest and sowing time on the performance of the rotation of winter wheat-summer maize in the North China Plain. Industrial Crops and Products, 25: 239-247.

Sun Y, Hu K L, Fan Z B, et al. 2013. Simulating the fate of nitrogen and optimizing water and nitrogen management of greenhouse tomato in North China using the EU-Rotate_N model. Agricultural Water Management, 128: 72-84.

Tilman D, Cassman K G, Matson P A, et al. 2002. Agricultural sustainability and intensive production practices. Nature, 418: 671-677.

van Liew M W, Garbrecht J. 2003. Hydrologic simulation of the Little Washita river experimental watershed using SWAT. Journal of the American Water Resources Association, 39: 413-426.

Varvel G E. 1994. Monoculture and rotation system effects on precipitation use efficiency of corn. Agronomy Journal, 86: 204-208.

Wang H Y, Ju X T, Wei Y P, et al. 2010. Simulation of bromide and nitrate leaching under heavy rainfall and high-intensity irrigation rates in North China Plain. Agricultural Water Management,

97: 1646-1654.
Wang X P, Huang G H. 2008. Evaluation on the irrigation and fertilization management practices under the application of treated sewage water in Beijing, China. Agricultural Water Management, 95: 1011-1027.
Wei Y P, Davidson B, Chen D L, et al. 2009. Balancing the economic, social and environmental dimensions of agro-ecosystems: an integrated modeling approach. Agriculture, Ecosystems & Environment, 131: 263-273.
Yu Q, Saseendran S A, Ma L W, et al. 2006. Modeling a wheat-maize double cropping system in China using two plant growth modules in RZWQM. Agricultural Systems, 89: 457-477.
Zhang S L, Lövdahl L, Grip H, et al. 2009. Effects of mulching and catch cropping on soil temperature, soil moisture and wheat yield on the Loess Plateau of China. Soil and Tillage Research, 102: 78-86.
Zhang X Y, Chen S Y, Sun H Y, et al. 2011. Changes in evapotranspiration over irrigated winter wheat and maize in North China Plain over three decades. Agricultural Water Management, 98: 1097-1104.
Zhang Y Q, Kendy E, Yu Q, et al. 2004. Effect of soil water deficit on evapotranspiration, crop yield, and water use efficiency in the North China Plain. Agricultural Water Management, 64: 107-122.
Zhen L, Zoebisch M A, Chen G B, et al. 2006. Sustainability of farmers' soil fertility management practices: a case study in the North China Plain. Journal of Environmental Management, 79: 409-419.
Zhu Z L, Chen D L. 2002. Nitrogen fertilizer use in China-contributions to food production, impacts on the environment and best management strategies. Nutrient Cycling in Agroecosystems, 63: 117-127.

第 9 章　华北平原不同种植模式下地下水位动态模拟及可持续评价

9.1　引　　言

地下水资源在维持农业生产和生态系统平衡方面起到了重要作用。由于全球粮食需求量的增加、土地退化及气候变化的影响，地下水在维持全球粮食安全方面的作用将越来越重要（Taylor et al.，2013）。当前，华北平原的小麦和玉米生产量分别占到了全国的 60%和 45%（国家统计局，2008）。由于该地区高度集约化农业的发展，高强度地抽提地下水用于农业生产，在过去的 30 年中，该区域地下水位不断下降，平均以每年 1 m 的速度下降，出现了大面积的地下水漏斗，严重威胁到了我国粮食安全（Zhao et al.，2013；Xiao et al.，2017）。因此，迫切需要通过改变当前的农业生产方式来维持该地区的粮食生产与地下水资源的可持续利用。

华北平原一直是中国的粮仓。从 20 世纪 70 年代开始，由于人口和粮食需求的激增，华北平原开始发展集约化的农业生产体系，种植制度从开始的一年一熟制（1H1Y）和两年三熟制（3H2Y）转变为一年两熟制（2H1Y）（Wu et al.，2002）。20 世纪 80 年代后，由于冬小麦-夏玉米一年两熟制周年产量最高（约 15 000 kg/hm^2），已经成为该地区最广泛的种植制度（Zhao et al.，2007；Li et al.，2015；Sun et al.，2015）。但是，2H1Y 需要消耗较多的灌溉水资源，华北平原许多地区缺少地表水，因此大量的地下水被抽提用于农业灌溉。更重要的是，这种植制度中冬小麦生长季与雨季错开，仅 20%～30%的年降雨量发生在冬小麦生长季（Liu et al.，2001；Wang et al.，2008；Sun et al.，2010；Qin et al.，2013）。为了获得较高的小麦产量，通常需要灌溉 3 或 4 次，总灌溉量超过 300 mm（王志敏等，2003；Zhang et al.，2003）。

在过去的 30 年中，华北平原地下水资源大量消耗，用于维系高度集约化的 2H1Y 种植模式（Kendy，2002；Huang et al.，2014）。结果导致华北平原地下水位大幅度下降，农民为了获取地下水往往不得不打上百米深的水井（Qiu，2010）。地下水过度开采导致该区域农业可持续生产受到威胁。同时引起了一系列的环境问题，如地面沉降、海水入侵等（王祎萍，2004）。华北平原的许多大城市（北京、天津、沧州等）都已经形成较大的地下水漏斗区（Huang et al.，2014）。有研究表明，2010 年北京地区的地下水漏斗区由 1986 年的 1155 km^2 已经增加到 4400 km^2（Zhou and Zhao，2013）。地下水过度开采也导致了大连、天津、烟台等地发生海水入侵（Huang et al.，2014）。到 2007 年为止，山东省累积的海水入侵面积已经达到了 3441.8 km^2，导致沿海地区土壤盐渍化十分严重（Zhou and Zhao，2013）。

为了缓解华北平原的水资源短缺问题，一些节水技术或措施（灌水方式、覆膜等）和新的节水作物品种被开发与用来提高水分利用效率，同时维持作物产量（Zhang et al.，2010；Sun et al.，2012；Liu et al.，2013）。这些措施虽然在一定程度上缓解了华北地区水资源短缺的问题，但是并没有从根本上解决问题。一年两熟模式下，夏玉米生长季与雨季重合，往往需要的灌溉量很少，甚至不需要灌溉，但冬小麦与雨季不重叠，至少需要 300 mm 的灌溉量才能保证冬小麦的产量（Kang et al.，2003；Qin et al.，2013）。因此，有必要改变当前传统的种植模式以保证华北地区地下水的可持续利用（Sun et al.，2011；Yang et al.，2015a；Xiao et al.，2017）。van Oort 等（2016）基于 APSIM 模型模拟探索了长时间尺度下维持地下水平衡的各种种植模式，结果表明，要维持地下水平衡，作物年产量可能要下降到现在的 44%，而覆膜种植方式可以缓解 21%～33%的产量下降。但是该研究中许多重要因素没有考虑，如冬小麦种植面积、休闲制度、外来水源的影响（南水北调）等，同时缺少了经济效益的分析。

因此，本研究的目的是：①评价和应用 WHCNS 模型模拟不同种植模式下的农田水分消耗和作物产量；②模拟不同种植模式下的地下水位变化，以及探索地下水可持续利用的种植模式；③分析和评价本研究得到的各种地下水可持续利用种植模式的经济效益。

9.2 数据来源

试验于 2004～2007 年在中国农业大学吴桥试验站（37°41′02″N，116°37′23″E）进行。试验站地处河北省沧州市吴桥县，属华北平原黑龙港流域中部。该地区海拔为 14.0～22.6 m，近 20 年年平均降雨量为 562 mm，70%～80%的降雨量主要集中在 6～9 月；年平均气温为 12.6℃，年平均积温（≥0℃）为 4863℃。试验地 0～30 cm 土层基础肥力为：有机质 8.4 g/kg，全氮 0.8 g/kg，速效钾（NH_4OAc 浸提）71.75 mg/kg，有效磷（Olsen-P）35 mg/kg。土壤颗粒组成、容重、田间持水量、萎蔫系数等物理性质如表 9-1 所示。该地区主要的种植模式为一年两熟制，由于缺少地表水，该地区农民灌溉主要使用地下水。

表 9-1　吴桥试验站土壤剖面的基本物理性质及水力学参数

土层/cm	容重/(g/cm^3)	机械组成/%			质地（美国制）	K_s	θ_r	θ_s	θ_{fc}	θ_{wp}
		砂粒	粉粒	黏粒						
0～30	1.54	9	82	9	粉壤土	13	0.054	0.36	0.25	0.084
30～50	1.54	14	76	10	粉壤土	19	0.054	0.33	0.23	0.096
50～75	1.50	5	81	14	粉壤土	20	0.066	0.32	0.21	0.083
75～100	1.44	2	86	12	粉壤土	17	0.067	0.32	0.26	0.154
100～150	1.38	1	76	23	粉黏壤土	3.5	0.079	0.48	0.31	0.228

注：K_s 为饱和导水率(cm/d)；θ_r 为残余含水量(cm^3/cm^3)；θ_s 为饱和含水量(cm^3/cm^3)；θ_{fc} 为田间持水量(cm^3/cm^3)；θ_{wp} 为萎蔫系数(cm^3/cm^3)

如图 9-1 所示，试验从 2004 年 10 月到 2007 年 10 月共进行了 3 年，设有 3 种种植模式：冬小麦-夏玉米一年两熟制（2H1Y）、冬小麦-夏玉米-春玉米两年三熟制（3H2Y）和春玉米一年一熟制（1H1Y）。其中 2H1Y 模式下设置有 3 种不同的水肥管理方案：农民习惯模式（2H1Y_FP）、优化灌溉模式（2H1Y_RI）和吴桥优化模式（2H1Y_WQ）。冬小麦播种时间为 4 月底，收获时间为 6 月中旬。夏玉米的播种和收获时间分别为 6 月中旬和 10 月初；而春玉米的生长季较长，播种和

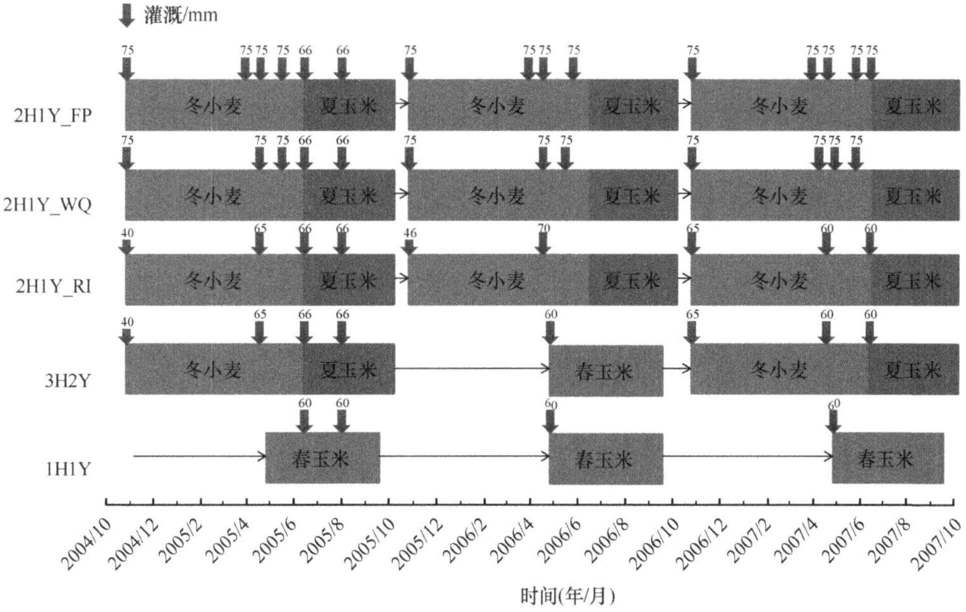

图 9-1　不同种植模式下的作物轮作方案和水分投入（彩图请扫封底二维码）

2H1Y_FP，农民习惯模式下冬小麦-夏玉米一年两熟制；2H1Y_WQ，吴桥优化模式下冬小麦-夏玉米一年两熟制；2H1Y_RI，优化灌溉模式下冬小麦-夏玉米一年两熟制；3H2Y，冬小麦-夏玉米-春玉米两年三熟；1H1Y，春玉米一年一熟制，下同

收获时间分别为 4 月底和 9 月初。2H1Y_FP 处理在冬小麦播前、返青期、拔节期和灌浆中期各灌溉 75 mm；2H1Y_WQ 与 2H1Y_FP 相比，仅减少了灌浆期的灌溉；2H1Y_RI 处理在冬小麦关键生育期以 TDR（MP-917）的土壤水分监测结果为标准，当主要根系土壤含水量低于作物有效土壤含水量的 40%时，灌溉至土壤有效含水量的 80%。夏玉米灌溉方式均采用农民习惯，详细的灌溉时间和灌溉量如图 9-1 所示。

小区面积为 10 m×5 m，采用随机区组设计，每个处理 4 次重复。每个小区采用 TDR 测定 0～120 cm 土体不同深度的土壤体积含水量（间隔 15 cm 一层），每隔 10 d 测定一次。在作物的关键生育期测定叶面积指数（LAI）和干物质重，收获时测产。气象数据来源于本地的气象站，包括每年的平均气温、最低和最高气温、相对湿度、平均风速（离地 2 m 处）、太阳辐射和降雨量。详细的测定方法见刘明（2018）的文献。每年的地下水位监测数据来源于吴桥县水利局。

9.3 地下水位模拟与情景设置

9.3.1 地下水位模拟

灌溉农田占吴桥全县耕地总面积的 70%左右，该县土壤类型、高程和地貌均差异很小。因此，假定该县的灌溉区为一个均一的整体。首先，使用 WHCNS 模型计算不同种植模式下的水分渗漏量，然后根据 Yang 等（2015a，2015b）提出的计算方法估算地下水位动态。本研究对该方法进行了一些改进，主要是添加了用于考虑外来水源影响的参数 β，具体计算方法如下：

$$d_t = d_{t-\Delta t} + f\frac{(1-\beta)\times I - DP}{\alpha} \tag{9-1}$$

式中，d_t 和 $d_{t-\Delta t}$ 分别为时间点 t 和 $t-\Delta t$ 时的地下水埋深，mm；I 为灌溉量，mm；f 为不同种植模式的播种面积占整个灌区面积的比例（0～1）；DP 为 WHCNS 模型计算的水分渗漏量，mm；α 为给水度，通过对比模拟和实测的地下水位数据，最终设置为 0.17；β 为灌溉水中非地下水来源（外源水）的水量比例（0～1）。

Yang 等（2015a）的研究发现该区域地下水回补有一年的滞后期，且这种滞后效应将会影响后续的两年。多余的灌溉水也按照此滞后规律回补地下水，因此第 y 年年均地下水回补量 $\overline{DP_y}$ 的计算公式如下：

$$\overline{DP_y} = \frac{\overline{DP_{y-1}} + \overline{DP_{y-2}}}{y} \tag{9-2}$$

式中，y 为年份；$\overline{DP_y}$ 为第 y 年年均地下水回补量，mm。

9.3.2 情景设置

为了进一步分析不同种植模式对地下水位的影响，并探索可能的调控策略，本研究采用校准和验证后的 WHCNS 模型分别模拟了 3 种情景下 1999～2008 年 10 年间地下水位的动态过程，以期寻找该地区地下水资源可持续利用的最佳策略，3 种情景模式分别如下。

1）情景 1：通过减少冬小麦的播种面积来抑制地下水位的进一步下降。减少 2H1Y 模式（2H1Y_FP、2H1Y_WQ 和 2H1Y_RI）冬小麦播种面积，其播种面积比例从 100%以 10%的间隔减少到 0。

2）情景 2：采用休闲制度来抑制地下水位的下降。基于 2H1Y 模式，设置为播种 1 年休闲 1 年（1P1F）、播种 2 年休闲 1 年（2P1F）、播种 3 年休闲 1 年（3P1F）和连续播种（CP）。

3）情景 3：引入外来水源（南水北调）对地下水位的影响。通过设置非地下水来源（外源水）的水量比例，反映外来水源对地下水位的影响，外来水源比例 β 设置为从 0 以 0.1 的间隔增加到 1.0。

9.4 模 型 校 验

9.4.1 模型参数

首先利用冬小麦和夏玉米的作物参数，采用 2H1Y_WQ 处理的实测土壤含水量、LAI、干物质重和产量数据来进行校准，而春玉米的作物参数采用 1H1Y 模式的作物指标数据进行校准，土壤水力学参数均采用实测值。然后采用其余 3 种模式（2H1Y_FP、2H1Y_FP 和 3H2Y）的实测数据对模型进行验证。

（1）水力学参数

土壤水分特征曲线与非饱和导水率分别采用 Brooks-Corey（Brooks and Corey，1964）和 Mualem（Mualem，1976）的方程描述。土壤饱和含水量（θ_s）、田间持水量（θ_{fc}）、萎蔫系数（θ_{wp}）和残余含水量（θ_r）的实测值见表 9-1。水分特征曲线参数采用 Rawls 等（1982）和 Ma 等（2009）的方法估算：

$$\lambda = \frac{\ln[(\theta_{fc} - \theta_r)/(\theta_{wp} - \theta_r)]}{\ln(15\,000/333)} \tag{9-3}$$

$$h_b = \exp[\frac{\ln(\theta_{fc} - \theta_r) - \ln(\theta_s - \theta_r) + \lambda \ln(333)}{\lambda}] \tag{9-4}$$

式中，λ 和 h_b 分别为 Brooks-Corey 方程中的形状参数和进气值。

（2）作物参数

初始的作物参数来源于 Driessen 和 Konijon（1992）与 Li 等（2015）的文献，其中光合产物的分配系数、最大同化率、最大和最小比叶面积、作物系数等参数通过“试错法”获得，即当模拟值与实测的干物质重和叶面积指数达到最佳吻合时的取值。校准后的作物参数如表 9-2 所示。

表 9-2　WHCNS 模型输入的作物参数

参数	描述	作物		
		冬小麦	夏玉米	春玉米
T_{base}	作物生长发育最低温度（℃）	0	8	8
T_{sum}	出苗到成熟积温（℃）	1900	1600	2200
K_e	消光系数（–）	0.6	0.6	0.6
K_{ini}	前期作物系数（–）	0.65	0.65	0.65
K_{mid}	中期作物系数（–）	1.25	1.35	1.35
K_{end}	后期作物系数（–）	0.6	0.8	0.8
SLA_{max}	最大比叶面积(m^2/kg)	24	30	26
SLA_{min}	最小比叶面积(m^2/kg)	14	14	12
$AMAX$	最大同化率[kg/(hm^2·h)]	45	60	50
R_{max}	根系最大深度(cm)	120	120	120

9.4.2　校验效果评价

图 9-2 给出了实测的和模拟的 2H1Y_FP 处理不同土层的土壤含水量的比较结果。由于篇幅限制，仅给出了一个模式的对比结果。图 9-3 和图 9-4 分别显示了 LAI 和干物质重的动态模拟效果。总体上，模拟值与实测值吻合较好，模拟的土壤含水量、LAI、干物质重和作物产量与实测值存在显著的线性相关性，相关系数 r 分别为 0.720、0.957、0.853 和 0.722（表 9-3）。评价土壤含水量模拟效果的统计指数 *RMSE*、*NSE* 和 *IA* 分别为 0.048 cm^3/cm^3、0.423 和 0.847（表 9-3）。van Liew 和 Garbrecht（2003）分析了多个土壤水过程模型，认为当 $NSE>0.36$ 和 $IA>0.7$ 时模型模拟效果较好。本研究对作物生长过程模拟，得到的 LAI、干物质重和作物产量的 *RMSE* 分别为 1.4、1764 kg/hm^2 和 954 kg/hm^2，*NSE* 都大于 0.4，*IA* 都大于 0.8。因此 WHCNS 模型能够较好地模拟不同种植模式的土壤含水量、LAI、干物质重和作物产量。

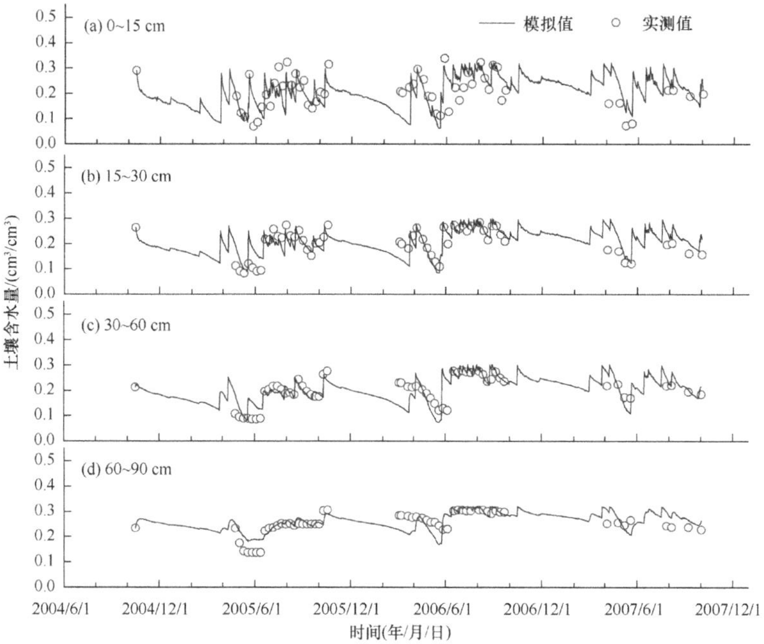

图 9-2　2H1Y_FP 处理下不同土层实测的体积含水量与模拟值的对比图

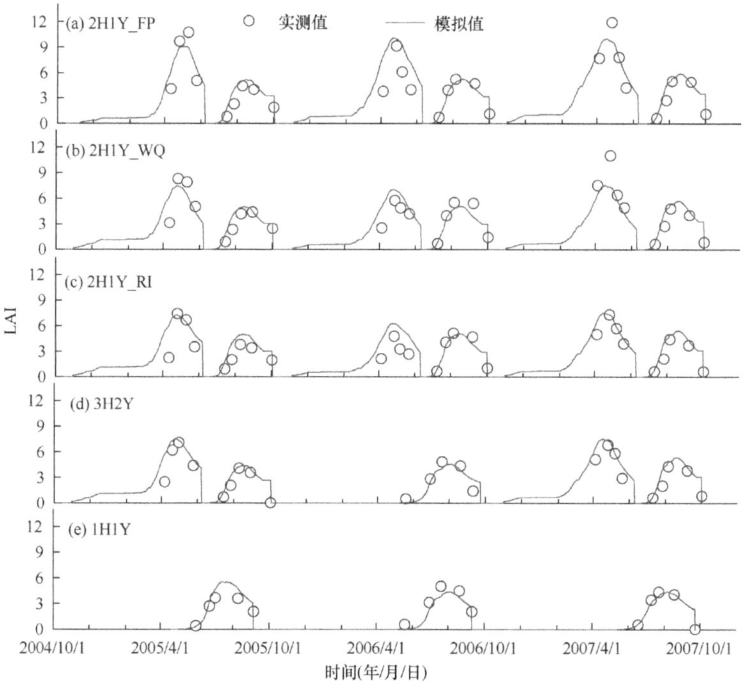

图 9-3　不同种植模式下 LAI 的实测值和模拟值的对比图

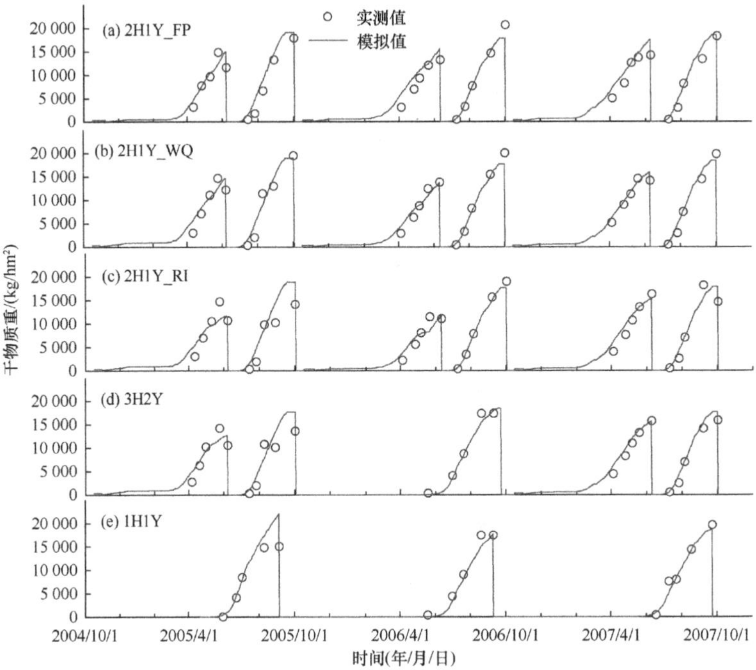

图 9-4　不同种植模式下干物质重的实测值与模拟值的对比图

表 9-3　土壤含水量、LAI、作物干物质量和作物产量模拟效果的评价指标

观测项目	样本	回归方程	*r*	*RMSE*	*NSE*	*IA*
土壤含水量/(cm^3/cm^3)	1100	y=0.733x+0.050	0.720	0.048	0.423	0.847
干物质重/(kg/hm^2)	129	y=0.906x+1510	0.957	1764	0.903	0.974
LAI	117	y=0.747x+1.647	0.853	1.4	0.649	0.898
产量/(kg/hm^2)	27	y=0.838x+854	0.722	954	0.433	0.844

9.5　模 型 应 用

9.5.1　地下水净消耗

表 9-4 给出了不同种植模式下 1.2 m 土体水分平衡和水分利用效率（WUE）。由于生育期内降雨不能满足 3 种种植模式下作物对水分的需求，因此需要抽提地下水用于灌溉。从表 9-4 可知，2H1Y_FP、2H1Y_WQ、2H1Y_RI、3H2Y 和 1H1Y 模式在不同年际间灌溉量差异较大，分别为 300～432 mm、225～357 mm、120～243 mm、120～197mm 和 0～120 mm。水分消耗主要由蒸散和渗漏两部分组成。3 种种植制度 2H1Y、3H2Y 和 1H1Y 的蒸散量分别为 643 mm、556 mm 和 482 mm，

其中 2H1Y 的最大。在 2H1Y 种植制度下，蒸散量和渗漏量均随着灌溉量的增加呈增加的趋势，不同制度水分投入量的大小顺序均为 2H1Y_FP > 2H1Y_WQ > 2H1Y_RI。

表 9-4　WHCNS 模拟的不同种植模式下 2005～2007 年的水分平衡和水分利用效率

模式	年份	降雨/mm	灌溉/mm	蒸散/mm	渗漏/mm	NWU/mm	产量/(kg/hm^2)	WUE/(kg/m^3)
2H1Y_FP	2005	309	432	723	39	393	15 418	2.13
	2006	647	300	675	187	113	14 219	2.11
	2007	391	300	657	77	223	15 901	2.42
	平均	449	344	685	101	243	15 179	2.22
2H1Y_WQ	2005	309	357	687	20	337	16 126	2.35
	2006	647	225	640	163	62	14 829	2.32
	2007	391	225	642	48	177	14 116	2.20
	平均	449	269	655	77	192	15 024	2.29
2H1Y_RI	2005	309	243	615	7	236	15 231	2.48
	2006	647	135	555	108	27	13 553	2.44
	2007	391	120	599	18	3	13 472	2.25
	平均	449	166	589	44	89	14 085	2.39
3H2Y	2005	309	197	590	7	190	14 905	2.53
	2006	647	125	483	145	–20	8 059	1.67
	2007	391	120	596	21	99	13 279	2.23
	平均	449	147	556	57	90	12 081	2.17
1H1Y	2005	309	120	503	7	113	7 225	1.44
	2006	647	60	499	111	–51	7 481	1.50
	2007	391	0	443	11	–11	9 040	2.04
	平均	449	60	482	43	17	7 915	1.64

注：NWU 为地下水净消耗量（灌溉量–渗漏量）；WUE 为水分利用效率（产量/蒸散量）

2H1Y 种植制度下，不同灌溉量下的作物产量差异不明显，年均产量为 14 763 kg/hm^2，显著高于 3H2Y（12 081 kg/hm^2）和 1H1Y（7915 kg/hm^2）种植制度（表 9-4）。高的作物产量导致 2H1Y（2.30 kg/m^3）的 WUE 明显高于 3H2Y（2.17 kg/m^3）和 1H1Y（1.64 kg/m^3）。而对于 2H1Y 模式，不同水分处理显著影响了蒸散量，从而导致了 WUE 的变化，2H1Y 种植制度下 WUE 的大小顺序为 2H1Y_RI >2H1Y_WQ >2H1Y_FP。由于灌溉水主要来源于地下水，因此灌溉量减去渗漏量可以代表不同种植制度的地下水净消耗量（NWU），正的 NWU 表示净的地下水消耗。2005～2007 年 5 种模式 2H1Y_FP、2H1Y_WQ、2H1Y_RI、3H2Y 和 1H1Y 的 NWU 范围分别为 113～393 mm、62～337 mm、3～236 mm、–20～

190 mm 和–51～113 mm（表 9-4）。在 2H1Y 种植制度下，即使是水分投入最少的 2H1Y_RI 模式，每年的 NWU 仍然均为正值，说明 2H1Y 种植制度对地下水资源的消耗较多。一些学者也得到了类似的研究结果（Sun et al.，2011；Yang et al.，2015a）。由于 2006 年降雨较多，3H2Y 种植制度的 NWU 值为负值，说明补偿了地下水位，但是从长时间尺度来看，3H2Y 模式也很难保障地下水的可持续利用。

9.5.2 地下水位模拟

比较模拟的和实测的地下水位是验证 NWU 计算结果准确性的重要依据（Yang et al.，2015a）。本研究中，采用校准和验证后的 WHCNS 模型计算了 1999～2008 年每年的渗漏量，进而采用式（9-1）计算了每年的 NWU。由于 1999～2008 年 10 年间该地区的作物品种和灌溉方式基本没有变化，主要是采用农民习惯进行管理，因此可以采用该时间段的地下水埋深数据来验证模型的模拟效果。图 9-5a 显示地下水位从 1995 年开始下降，也是从那时候开始华北平原广泛采用一年两熟的冬小麦-夏玉米轮作制度（Wu et al.，2002）。从图 9-5a 可以看出，2H1Y_FP 模式下的地下水位模拟值与实测值吻合较好，说明 WHCNS 模型模拟计算的 NWU 是合理的。因此，该模型可用于模拟不同种植模式下地下水位的动态变化。

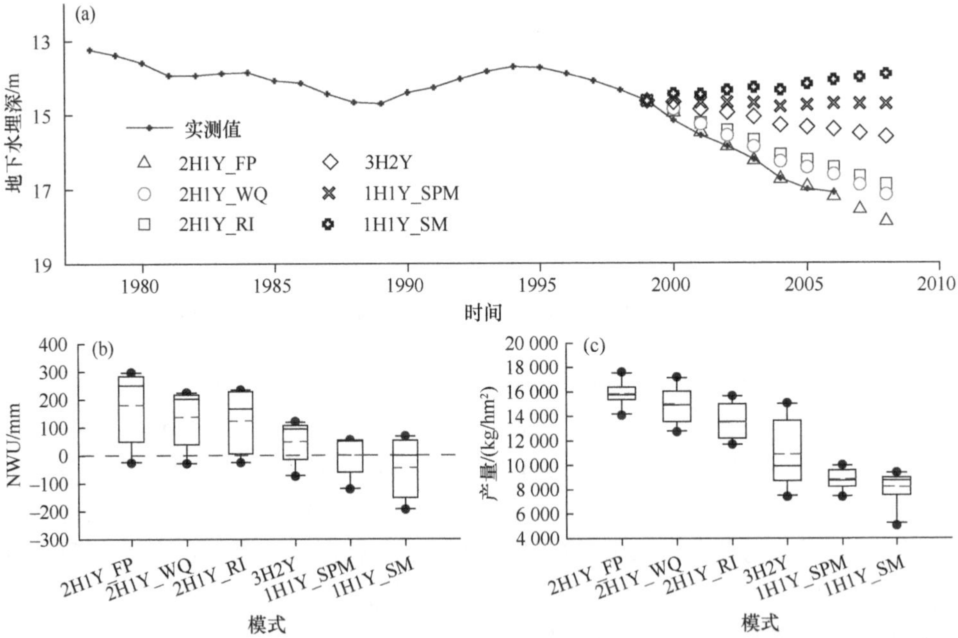

图 9-5　模拟的不同种植模式下的（a）地下水埋深、（b）年 NWU 和（c）年产量

SPM 和 SM 分别代表春玉米和夏玉米

图 9-5a 给出了模型模拟的不同种植模式下地下水位的动态变化。2H1Y_FP 模式的地下水位下降速度最快，年平均下降 0.33 m。5 种种植模式 2H1Y_WQ、2H1Y_RI、3H2Y、1H1Y_SPM 和 1H1Y_SM 的地下水位下降速率分别为 0.25 m/a、0.22 m/a、0.10 m/a、0.01 m/a 和–0.07 m/a。仅仅只有一年一熟种植春玉米的模式可以维持地下水的平衡。即使是优化的 2H1Y 种植制度（2H1Y_RI 和 2H1Y_WQ）地下水位仍然有较快的下降速率。另外，研究发现 1H1Y_SPM 模式的 NWU 高于 1H1Y_SM，主要原因是华北平原通常夏玉米在 6 月中旬播种，10 月初收获，而春玉米往往在 4 月底播种，10 月初收获（van Oort et al.，2016；Xiao et al.，2017），春玉米的生育期明显长于夏玉米，导致华北平原春玉米的干物质重、作物产量和作物生长时间均大于夏玉米，故春玉米的耗水量通常高于夏玉米。

图 9-5b 显示了不同年份不同种植模式下 NWU 的变化情况。不同种植模式下年 NWU 的范围为–44～180 mm。年 NWU 与年产量呈现较好的一致性，2H1Y_FP、2H1Y_WQ、2H1Y_RI、3H2Y、1H1Y_SPM 和 1H1Y_SM 模式的年产量分别为 15 853 kg/hm^2、14 953 kg/hm^2、13 548 kg/hm^2、10 905 kg/hm^2、8856 kg/hm^2 和 8178 kg/hm^2（图 9-5c）。当种植制度从 2H1Y 转变到 3H2Y、1H1Y_SPM 和 1H1Y_SM 时，作物周年产量分别下降了 26.2%、40.1%和 44.7%。

9.5.3　情景分析

图 9-6a 和图 9-6b 显示了情景 1 的模拟结果，此情景通过减少冬小麦的播种面积来抑制地下水位下降。在 2H1Y_RI 模式下随着冬小麦播种面积的减少，地下水位下降速度逐渐放缓（图 9-6a）。当冬小麦播种面积减小约 76%时，地下水将长时间维持平衡状态。2H1Y 种植制度下，当冬小麦播种面积均减小 76%时，不同的水分管理方案对地下水位的影响明显不同，其中水分投入最少的 2H1Y_RI 模式能够有效地维持地下水位的稳定（图 9-6b）。说明合适的农田水分管理在一定程度上可以缓解地下水位的下降。虽然可通过减少 76%的冬小麦播种面积维持该地区地下水资源的可持续利用，但是会造成冬小麦总产量下降 76%（表 9-5）。

除降低冬小麦播种面积外，情景 2 尝试采用合适的休闲制度来减少地下水消耗。如图 9-6c 所示，2H1Y_RI 模式在不同休闲制度 CP、3P1F、2P1F 和 1P1F 下的地下水位年下降速率分别为 0.22 m、0.13 m、0.08 m 和 0.01 m。可见 1P1F 制度也是一个维持地下水位的不错方法，但是同样，采用这种休闲方式后 2H1Y_RI 模式周年产量将从 13 547 kg/hm^2 下降到 6834 kg/hm^2。此外，不同的水分管理方案对同一休闲模式效果的发挥起到了非常重要的作用，如图 9-6d 所示，虽然 1P1F 休闲制度下的 2H1Y_RI 模式基本可以维持地下水的平衡，但是 2H1Y_FP 和 2H1Y_WQ 模式下的地下水位仍然呈现有较大的下降趋势。

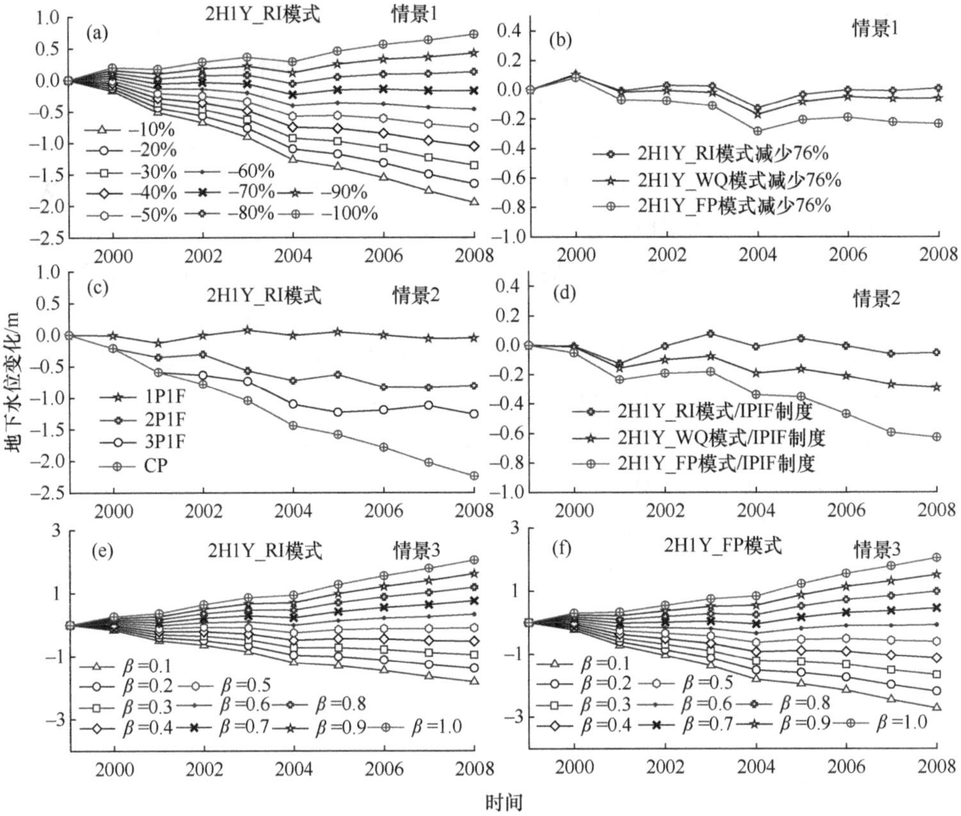

图 9-6 不同情景下地下水位变化量

表 9-5 不同地下水可持续利用种植模式的经济分析

种植模式	玉米收入[a]/[元/(hm·a)]	小麦收入[a]/[元/(hm·a)]	生产成本[b]/[元/(hm·a)]	水价/(元/m^3)	净收入[c]/[元/(hm·a)]
情景 1（2H1Y_RI）	13 903（8 178）	4 154（1 731）	3 761	0.8	13 780
情景 2（2H1Y_RI）	7 091（4 171）	6 391（2 663）	2 895	0.8	9 923
情景 3（2H1Y_RI，β=0.5）	13 903（8 178）	12 886（5 369）	5 790	4	17 478
				6	15 718
				8	13 958
				10	12 198
				12	10 438
				14	8 678
1H1Y_SPM	15 395（9 056）	0（0）	2 715	0.8	12 328
1H1Y_SM	14 236（8 374）	0（0）	2 715	0.8	11 040

注：a 表示括号内数值为年平均小麦与玉米产量（kg/hm^2）；b 表示年生产成本，包括农业生产需要的肥料投入、农药使用、农机具柴油和电量消耗成本等，具体可参考 Yang 等（2015a）的文献，其中由于春玉米资料缺乏，假定其生产成本与夏玉米相同；c 表示农民净收入为产量收益–生产支出–水费

情景 1 和情景 2 主要是通过改变当前的种植制度来维持地下水资源的可持续利用，但是均忽略了外来水源的影响。而情景 3 主要是分析外来水源（如南水北调）对当前种植模式（2H1Y）下地下水位变动的影响，通过设置外来水源量占灌溉总量的比例参数β来实现。如图 9-6e 和图 9-6f 所示，当β值增加到 0.5 时 2H1Y_RI 种植模式的地下水位可维持不变，而对于 2H1Y_FP 和 2H1Y_WQ 模式β值需要增加到 0.6 才可以维持地下水位不变。说明当前外来水源至少需要提供 50%的灌溉量才能保证当前一年两熟种植模式下地下水可持续性，同时维持较高的作物产量。

表 9-5 计算了上述几种可维持地下水平衡种植模式的经济效益，主要包括 3 种情景（情景 1、情景 2 和情景 3）下的 2H1Y_RI 模式，1H1Y_SPM 和 1H1Y_SM 两种实际模式，共 5 种模式。小麦和玉米的收益通过每年的单价乘以产量获得。其中，情景 1、情景 2、1H1Y_SPM 和 1H1Y_SM 4 种模式需要消耗电能来提取地下水，按照每立方米水约 0.8 元计算。参考 Yang 等（2015a）的算法，表 9-5 列出了各种模式生产过程中需要的劳力和田间管理费用，包括农业生产需要的肥料投入、农药使用、农机具柴油和电量消耗成本等。可以看出，高度集约化的 2H1Y_RI 模式生产过程产生了较高的支出。情景 1、情景 2、1H1Y_SPM 和 1H1Y_SM 4 种模式净收入分别为 13 780 元/(hm^2·a)、9923 元/(hm^2·a)、12 328 元/(hm^2·a)和 11 040 元/(hm^2·a)。在没有外来水源情况下，情景 1 具有最高的净收入。情景 3 的净收入与水价相关，最近的政府工作报告显示，南水北调非居民用水价格将增加到 9 元/m^3（沧州市发展和改革委员会，2017）。考虑到水价的年际间浮动，表 9-5 列出了不同水价下情景 3 的净收入。可见当水价从 4 元/m^3 增加到 14 元/m^3 时，该模式的净收入从 17 478 元/(hm^2·a)降低到 8678 元/(hm^2·a)。当水价为 8 元/m^3 时情景 3 与情景 1 的净收入相近，约为 13 958 元/(hm^2·a)。而情景 1、2H1Y_SPM 和 2H1Y_SM 的净收入均较低，分别为 13 780 元/(hm^2·a)、12 328 元/(hm^2·a)和 11 040 元/(hm^2·a)。可见，情景 3 只有当水价低于 8 元/m^3 时，才能产生高于情景 1 的经济收益。

9.6　不同种植模式维持地下水平衡的可行性

本研究尝试通过改变当前种植模式的方式来实现华北平原粮食安全和地下水可持续利用的双赢目标。结果显示，减小冬小麦播种面积、采用休闲制度和引用外源水均是抑制地下水位进一步下降的有效措施。但是这些措施都具有各自的优点和局限性。下面分别讨论这些措施抑制地下水位进一步下降的可行性，也包括为了抑制地下水位下降所带来的经济效益和产量损失。由于华北平原是我国重要的粮仓，本研究仅讨论主要的谷类粮食作物，而蔬菜和水果等经济作物不在本研究讨论范围内。

9.6.1 水分管理方案对水分利用效率和作物产量的影响

一些研究表明,优化水分投入是提高WUE和作物产量的最有效方式之一(Sun et al.,2011;Li et al.,2015)。本研究发现,水分管理方式影响蒸散量,当年灌溉量从432 mm减小到120 mm时,年蒸散量从723 mm降低到596 mm。在2H1Y种植制度下,2H1Y_RI的年蒸散量最低且作物产量相对较高(14 085 kg/hm^2),因此有最高的WUE,该研究结果与前人研究结果相似。例如,Li等(2015)发现在2H1Y制度下,优化的水分管理方式的WUE(2.2 kg/m^3)要明显高于农民习惯管理方式(1.8 kg/m^3)。受到水分管理方式、土壤和气候条件的影响,Sun等(2011)研究表明华北平原4种种植模式的WUE范围为1.3～1.9 kg/m^3。优化的水分管理方案可以在维持作物产量的同时减少蒸散量。Yang等(2015a)在华北平原栾城县的试验结果表明,2H1Y种植制度在330 mm/a的水分投入下年蒸散量的变化范围为641～808 mm。van Oort等(2016)也发现华北平原的灌溉量与蒸散量存在显著正相关关系,当年灌溉量从44 mm增加到345 mm时,年蒸散量从548 mm增加到了790 mm。上述结果显示,优化的水分管理可以增加水分利用效率,同时能在一定程度上维持作物产量。但是根据模拟结果显示,优化2H1Y种植模式的水分管理根本不能抑制地下水位下降的趋势。

9.6.2 不同种植模式下地下水位下降速度和作物产量

虽然一年两熟的冬小麦-夏玉米种植模式可以充分利用华北平原的光温资源,但是将近2/3的降雨量发生在玉米生长季,而冬小麦生育期与当地雨季不同步(Qin et al.,2013;Sun et al.,2015)。一些研究表明,夏玉米往往不需要灌溉,而冬小麦需要将近300 mm的灌溉量(Sun et al.,2011)。Sun等(2015)分析了华北平原不同降雨模式下的作物灌溉水需求量,结果显示,玉米生长季可以不进行灌溉,但是为了维持冬小麦产量,冬小麦季至少需要灌溉247 mm。本研究中,2H1Y制度下NWU显著高于3H2Y和1H1Y,冬小麦生育期较高的灌溉水需求量是导致该现象的主要原因。

NWU可以通过换算表达为地下水位的波动情况,可以在一定程度上指示不同种植模式对地下水位的影响(Yang et al.,2015a,2015b)。Yang等(2015b)利用该方法计算了不同种植模式下地下水位的下降速度,结果显示,当前2H1Y制度的地下水位下降速度最快,约1 m/a。一些研究也发现了同样的结果,Sun等(2016)认为只有1H1Y制度才有可能维持当前华北平原的地下水位。van Oort等

（2016）的研究结果显示，如果要在长时间尺度下保持华北平原地下水可持续利用，当前的作物产量至少将下降 44%。Xiao 等（2017）的研究也表明，1H1Y 模式可维持华北地区的地下水位，但是与 2H1Y 模式相比，作物产量下降将超过 50%。上述研究结果与本研究基本一致。

9.6.3　地下水可持续利用的种植模式

最近，van Oort 等（2016）采用 APSIM 模型对当前的 2H1Y 制度进行了优化，以维持长时间尺度地下水的平衡。研究显示，地下水可持续利用的种植模式的作物产量将低于 9300 kg/hm^2。该研究的优化措施主要是改变播种次数和灌溉方式。本研究的结果表明，相对更高的作物产量（9909 kg/hm^2）可以通过减少 76%的冬小麦种植面积和优化灌溉来实现（表 9-5）。可见减少冬小麦播种面积对抑制地下水位下降具有较好的效果。此外，减少冬小麦播种面积（情景 1）还有其他两个优势：①高、中和低产田分别占到了我国耕地面积的 21%、39%和 40%（冀咏赞等，2015）。如果优先考虑对中、低产田进行休闲（不种冬小麦），情景 1 的作物产量将会进一步提高（Zhao et al.，2013；Lei et al.，2016）。Zhao 等（2013）和 Lei 等（2016）建议将低产的农田转化为林地或者草地，这将带来更大的生态和经济价值。所以可以优先考虑在华北平原低产田上弃种冬小麦，这将充分发挥情景 1 的优势。②随着冬小麦播种面积的下降，将节约大量的生产成本，情景 1 可以将生产成本从 5790 元/hm^2 降到 3761 元/hm^2（表 9-5）。

在地下水可持续利用的 5 种植模式中，当水费低于 8 元/m^3 时，情景 3（2H1Y_RI）具有最高的经济效益（表 9-5）。当前南水北调第一阶段工程已经在 2014 年完工，每年总运输水量达到 7000 万～7500 万 m^3，其中包括 1200 万 m^3 运往北京，约 1000 万 m^3 运往天津，约 3000 万 m^3 运往河北（Yang et al.，2010；Cao et al.，2013）。华北平原的耕地面积约为 2.1×10^5 km^2，南水北调水源不可能满足该区域灌溉量需求。如果全部的南水北调水源用于农业生产，每年仅仅能提供 35 mm 的灌溉量。除此之外，当前南水北调水源主要为城市居民提供用水，如何平衡不同部门用水量也是将来南水北调水资源利用的关键问题（Zheng et al.，2010；Cao et al.，2013）。

本研究中，主要关注了种植模式的优化，一些农业节水措施并没有考虑。例如，Sun 等（2012）提出增加地表覆盖可以有效地增加 WUE，同时维持作物产量。Liu 等（2013）建议采用喷灌来替代华北地区冬小麦生产广泛采用的漫灌方式。除此之外，本研究采用的是简单的地下水位估算方法，这种方法忽略了地下水的侧向流动，未来将 WHCNS 模型与区域地下水模型（MIKE SHE、MODFLOW 等）结合可更加准确地预测不同种植模式下区域地下水位的变化情况，这些都需要进一步研究。

9.7 小　结

本研究中，主要探索了通过改变种植模式来维持地下水长时间尺度的可持续利用，同时保证一定的作物产量。研究发现，WHCNS 模型可以较好地模拟不同种植模式下土壤含水量、LAI 和作物产量，模型模拟效率 *NSE* 均大于 0.4，一致性指数 *IA* 均大于 0.8，且估算的地下水埋深与实测值吻合较好。因此，WHCNS 模型结合经验方法可以有效地模拟华北地区不同种植模式下的地下水位动态。

模型模拟结果显示，2H1Y 和 3H2Y 种植制度的 NWU 均为负值，说明这两种种植制度都会导致地下水位的持续下降。对于不同的水分管理方案，2H1Y_RI 有最高的 WUE，同时维持了相对高的作物产量，但 NWU 仍为负值。

针对上述地下水资源不可持续利用的问题，本研究设置了 3 种情景解决方案来抑制地下水位的持续下降：①减少 76%的冬小麦播种面积，该情景下周年作物产量将下降 27%：②采用休闲制度，也可以维持地下水位的长期稳定，但是将导致产量下降将近 50%（从 13 547 kg/hm^2 到 6834 kg/hm^2）；③引入外来水源（如南水北调），当外来水源可以提供总灌溉量的 50%时，可以维持地下水位的平衡，同时保证 2H1Y_RI 模式的作物产量。但是该策略只有当水价低于 8 元/m^3 时才会给农民带来相对较高的经济收入。综上，减少低产田冬小麦的播种面积可能是一种最有效的抑制地下水位持续降低的措施，同时可保证一定的作物产量和经济效益。

参 考 文 献

沧州市发展和改革委员会. 2017. http: //www.fgw.cangzhou.gov.cn/[2016-06-01].

国家统计局. 2008. 2008 年中国统计年鉴. 北京：中国统计出版社.

冀咏赞, 闫慧敏, 刘纪远, 等. 2015. 基于 MODIS 数据的中国耕地高中低产田空间分布格局. 地理学报, 70(5): 766-778.

梁浩, 胡克林, 李保国, 等. 2014. 土壤-作物-大气系统水热碳氮过程耦合模型构建. 农业工程学报, 30(24): 54-66.

刘明. 2008. 华北平原不同种植制度水氮高效利用及 DSSAT4.0 模型模拟与预测. 北京：中国农业大学博士学位论文.

王祎萍. 2004. 北京市超量开采地下水引起的地面沉降研究. 勘察科学技术, 5: 46-49.

王志敏, 王璞, 兰林旺, 等. 2003. 黄淮海地区优质小麦节水高产栽培研究. 中国农学通报, 19(4): 22.

Brooks R H, Corey A T. 1966. Properties of porous media affecting fluid flow. Journal of the Irrigation and Drainage Division, Proceedings of the American Society of Civil Engineers, 72(IR2): 61-68.

Cao G, Zheng C, Scanlon B R, et al. 2013. Use of flow modeling to assess sustainability of groundwater resources in the North China Plain. Water Resources Research, 49(1): 159-175.

Driessen P M, Konjin N T. 1992. Land Use System Analysis. Wageningen: Wageningen Agricultural University.

Huang F, Wang G H, Yang Y Y, et al. 2014. Overexploitation status of groundwater and induced geological hazards in China. Natural Hazards, 73(2): 727-741.

Kang S Z, Zhang L, Liang Y L, et al. 2003. Effects of limited irrigation on yield and water use efficiency of winter wheat on the loess plateau of China. Agricultural Systems, 78(3): 355-367.

Kendy E. 2002. Hydrologic impacts of water-management policies on the North China Plain: case of Luancheng County, Hebei Province, 1949-2000. Cornell University, Ithaca, New York: Ph.D. Diss. Department of Biological and Environmental Engineering.

Lei Y, Zhang H, Chen F, et al. 2016. How rural land use management facilitates drought risk adaptation in a changing climate-a case study in arid Northern China. Science of the Total Environment, 550: 192-199.

Li Z J, Hu K L, Li B G, et al. 2015. Evaluation of water and nitrogen use efficiencies in a double cropping system under different integrated management practices based on a model approach. Agricultural Water Management, 159: 19-34.

Liang H, Hu K L, Batchelor W D, et al. 2016a. An integrated soil-crop system model used for water and nitrogen management in North China. Scientific Reports, 6: 25755.

Liang H, Hu K L, Qin W, et al. 2017. Modelling the effect of mulching on soil heat transfer, water movement and crop growth for ground cover rice production system. Field Crops Research, 201: 97-107.

Liang H, Qi Z M, Hu K L, et al. 2016b. Can nitrate contaminated groundwater be remediated by optimizing flood irrigation rate with high nitrate water in a desert oasis using the WHCNS model? Journal of Environmental Management, 181: 16-25.

Liu C M, Yu J J, Kendy E. 2001. Groundwater exploitation and its impact on the environment in the North China Plain. Water International, 26: 265-272.

Liu H J, Kang Y, Yao S M, et al. 2013. Field evaluation on water productivity of winter wheat under sprinkler or surface irrigation in the North China Plain. Irrigation and Drainage, 129: 37-49.

Ma L, Hoogenboom G, Saseendran S A, et al. 2009. Estimates of soil hydraulic property and root growth factor on soil water balance and crop production. Agronomy Journal, 101: 572-583.

Mualem Y. 1976. A new model for predicting the hydraulic conductivity of unsaturated porous media. Water Resources Research, 12(3): 513-522.

Nash J E, Sutcliffe J V. 1970. River flow forecasting through conceptual models part Ⅰ—a discussion of principles. Journal of Hydrology, 10(3): 282-290.

Qin W, Chi B, Oenema O. 2013. Long-term monitoring of rainfed wheat yield and soil water at the loess plateau reveals low water use efficiency. PLoS One, 8(11): e78828.

Qin W, Hu C S, Oenema O. 2015. Soil mulching significantly enhances yields and water and nitrogen use efficiencies of maize and wheat: a meta-analysis. Scientific Reports, 5: 16210.

Qiu J. 2010. China faces up to groundwater crisis. Nature, 466(7304): 308.

Rawls W J, Brakensiek D L, Saxton K E. 1982. Estimation of soil water properties. Transaction of ASABE, 25: 1316-1320.

Styczen M, Storm B. 1993. Modelling of N-movements on catchment scale-a tool for analysis and decision making. Nutrient Cycling Agroecosystems, 36(1): 1-6.

Sun H Y, Shao L, Liu X, et al. 2012. Determination of water consumption and the water-saving potential of three mulching methods in a jujube orchard. European Journal Agronomy, 43: 87-95.

Sun H Y, Shen Y J, Yu Q, et al. 2010. Effect of precipitation change on water balance and WUE of the winter wheat-summer maize rotation in the North China Plain. Agricultural Water Management, 97: 1139-1145.

Sun H Y, Zhang X Y, Wang E L, et al. 2015. Quantifying the impacts of irrigation on groundwater reserve and crop production-a case study in the North China Plain. European Journal of Agronomy, 70: 48-56.

Sun Q P, Kröbel R, Müller T, et al. 2011. Optimization of yield and water-use of different cropping systems for sustainable groundwater use in North China Plain. Agricultural Water Management, 98(5): 808-814.

Taylor R G, Todd M C, Kongola L, et al. 2013. Evidence of the dependence of groundwater resources on extreme rainfall in East Africa. Natural Climate Change, 3(4): 374.

van Liew M W, Garbrecht J. 2003. Hydrologic simulation of the little washita river experimental watershed using SWAT. Journal-American Water Works Association, 39: 413-426.

van Oort P A J, Wang G, Vos J, et al. 2016. Towards groundwater neutral cropping systems in the alluvial fans of the North China Plain. Agricultural Water Management, 165: 131-140.

Wang E L, Yu Q, Wu D R, et al. 2008. Climate, agricultural production and hydrological balance in the North China Plain. International Journal of Climatology, 28: 1959-1970.

Willmott C J. 1982. Some comments on the evaluation of model performance. Bulletin of the American Meteorological Society, 63(11): 1309-1313.

Wu L F, Chen F, Ouyang Z. 2002. A review of evaluation and development in cropping systems. Tillage Cultivation, 3: 1-5.

Xiao D, Shen Y, Qi Y, et al. 2017. Impact of alternative cropping systems on groundwater use and grain yields in the North China Plain region. Agricultural Systems, 153: 109-117.

Xu X, Huang G H, Zhan H B, et al. 2012. Integration of SWAP and MODFLOW-2000 for modeling groundwater dynamics in shallow water table areas. Journal of Hydrology, 412: 170-181.

Yang X L, Chen Y, Pacenka S, et al. 2015a. Effect of diversified crop rotations on groundwater levels and crop water productivity in the North China Plain. Journal of Hydrology, 522: 428-438.

Yang X L, Chen Y, Pacenka S, et al. 2015b. Recharge and groundwater use in the north China plain for six irrigated crops for an eleven year period. PLoS One, 10(1): e0115269.

Yang Y, Yang Y, Moiwo J P, et al. 2010. Estimation of irrigation requirement for sustainable water resources reallocation in North China. Agricultural Water Management, 97(11): 1711-1721.

Zhang X, Chen S, Sun H, et al. 2010. Water use efficiency and associated traits in winter wheat cultivars in the north China plain. Agricultural Water Management, 97(8): 1117-1125.

Zhao F, Chen S, Han X, et al. 2013. Policy-guided nationwide ecological recovery: soil carbon sequestration changes associated with the grain-to-green program in China. Soil Science, 178(10): 550-555.

Zhao R F, Chen X P, Zhang F S, et al. 2007. Fertilization and nitrogen balance in a wheat-maize rotation system in Northern China Plain. Agronomy Journal, 98: 938-945.

Zheng C, Liu J, Cao G, et al. 2010. Can China cope with its water crisis? Perspectives from the North China Plain. Ground Water, 48(3): 350-354.

Zhou N Q, Zhao S. 2013. Urbanization process and induced environmental geological hazards in China. Natural Hazards, 67: 797-810.

第10章　覆膜旱作稻田土壤水分运动、热传导及作物生长模拟

10.1　引　　言

中国是世界上水稻生产大国之一，种植面积达到3000万hm^2，约占世界种植面积的18.7%，总产量约2.1亿t，占世界稻谷总量的28.6%，位居世界第一（FAO，2012）。在中国的粮食种植体系中，水稻占有极其重要的地位，其种植面积和总产量分别占三大主要粮食作物（水稻、小麦和玉米）总量的38%和45%（FAO，2012）。因此，确保水稻生产稳定对保障亚洲粮食安全具有重要意义。在中国，90%的水稻采用常规淹水种植方式，水稻灌溉量约占农业用水总量的65%（司徒淞等，2000），因此，淹水稻田生产体系的淡水资源浪费十分严重，有较大的节水潜力（Han et al.，2014；Tao et al.，2015）。

为了减少水稻种植过程的水分消耗并确保粮食产量，近年来一些节水稻作技术体系应运而生，如间歇灌溉技术（Belder et al.，2004）、浅湿灌溉技术（Tabbal et al.，2002）、水稻密植体系（Stoop et al.，2002）、旱稻（Bouman et al.，2007）和水稻覆膜栽培体系（Lin et al.，2002）等。其中，覆膜栽培作为有效的措施解决了由缺水和低温所导致的水稻种植难题，得到了国内外研究者的广泛关注（Lin et al.，2002；Li et al.，2007；Zhang et al.，2008；Tao et al.，2015）。这一新的栽培技术模式有助于拓展新的水稻种植区域，如易发生干旱或者早春低温的地区，有望在一定程度上缓解水稻生产压力（Lin et al.，2002）。Li等（2007）和Zhang等（2008）分别将这一技术运用到位于中国东南部的浙江省和江苏省，均发现覆膜旱作方式与传统淹水种植相比，在保持了作物产量的同时，提高了作物水分利用效率，Tao等（2015）在中国中部湖北省丘陵区的研究也得到了类似的结果。另外一些学者研究发现，水稻覆膜栽培技术可以降低温室气体排放，具有显著的节水、增温、防污和减排温室气体的效果（Xu et al.，2004；Gao et al.，2009）。

水稻覆膜栽培直接影响土壤温度和土面蒸发过程（Li et al.，2007；Wang et al.，2015），特别是提高了作物生长早期的土壤温度。土壤温度的改变会影响作物生长发育进程及干物质的积累过程（Stone et al.，1999），从而影响作物产量。而土面蒸发导致的土壤水分损失常常被认为对作物生长是无效的，因此，水稻覆膜栽培还可以有效地节水和提高水分利用效率（Belder et al.，2007）。另外，土壤温度和

土壤含水量是许多土壤生物物理过程的重要影响因子（Hansen et al.，1990），而它们与作物生长之间又存在着非常复杂的交互作用。传统的田间试验在定量化覆膜对土壤温度传导、水分运移及作物生长的作用方面存在较大的局限性，通常具有处理多、费时费力、耗资大的特点，并且容易受到研究区气象、土壤和田间管理因素的影响，故很多研究采用基于土壤-作物系统过程模型的方法来解决该问题。

在水稻节水灌溉技术的研究中，现有的模型以研究灌溉方式为主。Belder 等（2007）使用 ORYZA2000 模型研究了水稻采用不同灌溉模式的节水效果，发现稻田地下水埋深、土壤类型及气候条件是决定最佳节水制度的重要因素。Feng 等（2007）使用 ORYZA2000 模型研究了水稻间歇灌溉技术，发现传统灌溉量减少40%～70%，作物也能够维持与传统处理相同的产量。Gaydon 等（2012）将 ORYZA2000 模型与 APSIM 模型结合，用于水稻淹水和旱作模拟，得到了较好的结果。Kadiyala 等（2015）使用 CERES-Rice 模型探索了半干旱地区水稻水氮优化管理方案，发现最优灌溉方案可以减少水分投入量 41%，其作物产量是淹水处理的 96%。Chun 等（2016）使用 GLAM-Rice 和 CERES-Rice 模型在东南亚地区研究了气候变化条件下的水稻产量变化及其适应性，发现可以通过改变施肥和水稻种植方式来应对未来气候变化导致的水稻减产问题。以上研究主要集中在水稻淹水种植模式，很少考虑覆膜栽培技术的影响，并且很少有模型能够模拟水稻覆膜栽培措施下的土壤水热运动及作物生长发育过程。

本研究的目的是：①改进现有 WHCNS 模型的土壤水热运移模块，使之适用于模拟水稻覆膜栽培条件下的土壤水分、温度及作物生长发育过程，并对该模型进行校验；②模拟分析覆膜栽培模式下不同水肥管理措施对作物产量和水分利用效率的影响。

10.2 田 间 试 验

10.2.1 试验地概况

田间试验在湖北省房县丘陵区（32°07′，110°43′，海拔 440 m）进行。当地水稻种植面临两个主要问题：季节性缺水和种植早期的低温（Tao et al.，2015）。覆膜技术作为一种高效的方法可用来解决该地区面临的这两个问题(Lin et al.,2002；Li et al.，2007)。研究区土壤为粉砂壤土：砂粒（0.05～2 mm）20.3%、粉粒（0.002～0.05 mm）60.0%和黏粒（<0.002 mm）19.8%。土壤表层 0～20 cm 有机质和全氮含量分别为 21.3 g/kg 和 1.31 g/kg。房县丘陵区属于北半球亚热带季风气候，年平均气温为 14.2℃，年平均降雨量为 830 mm。全年日照时数为（1850±150）h，无霜期持续时间为（225±15）d。

10.2.2　试验设计和田间管理

田间试验包括了两个水稻生育周期，分别在 2013 年和 2014 年的 4 月底到 9 月底进行。试验设计有 6 个处理（2 个水分处理和 3 个氮肥处理）。2 个水分处理：①W_{sat}，塑料薄膜覆盖，从移栽到水稻收获前两周土壤含水量均保持接近饱和状态；②$W_{80\%}$，塑料薄膜覆盖，根据每 2 d 监测的土壤含水量数据，采用水平衡方法计算灌溉量，使得全生育期保持土壤根层（0～50 cm）含水量在田间持水量的 80%～100%。3 个氮肥处理：①N1，空白处理，不施肥；②N2，150 kg N/hm^2 的尿素作为基肥施入；③N3，75 kg N/hm^2 的尿素和 75 kg N/hm^2 的鸡粪作为基肥施入。所有处理的磷肥和钾肥施用量相同，分别为 45 kg P_2O_5/hm^2 的 $Ca(H_2PO_4)_2$ 和 45 kg K_2O/hm^2 的 KCl。采用随机区组设计，所有处理设置有三个重复，每个小区宽 9 m，长 10 m，如图 10-1 所示。2013 年和 2014 年水稻幼苗均在 4 月 28 日移栽，收获分别在 9 月 10 日和 9 月 19 日。更加详细的试验设计和田间管理可见 Tao 等（2015）和 Jin 等（2016）的文献。

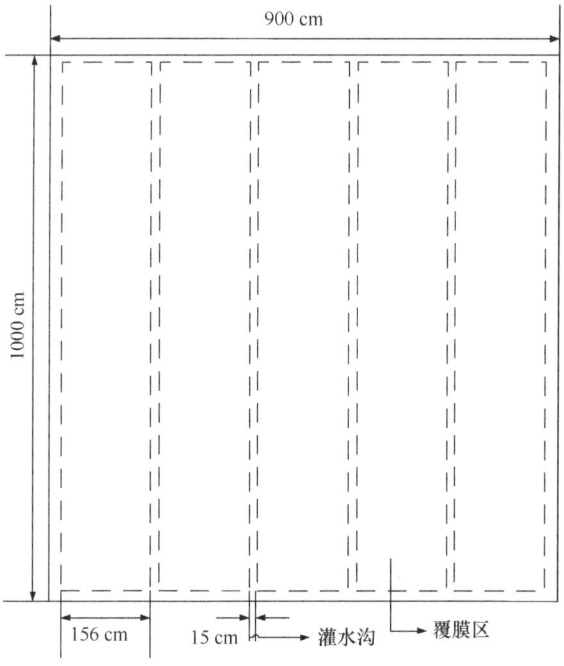

图 10-1　各个田块覆膜布置图

10.2.3　测定项目和方法

试验开展前在试验点开挖一个 0.8 m 的土壤剖面，分层取土样并分析其基本的物理化学属性，结果如表 10-1 所示。使用热敏传感器（EBI-20T）监测每小时土壤表层（5 cm）温度，每小时的土壤剖面温度（10 m 和 20 m）使用热电偶（CB0221）监测。土壤体积含水量使用土壤水分传感器（Diviner 2000）每 2 d 监测一次。

表 10-1 试验田土壤剖面物理和水力学参数

土层/m	容重/(g/cm^3)	机械组成/%			质地（美国制）	θ_r/(cm^3/cm^3)	θ_s/(cm^3/cm^3)	α/cm^{-1}	n	K_s/(cm/d)
		砂粒	粉粒	黏粒						
0～0.2	1.36	20.2	59.9	19.7	粉壤土	0.08	0.46	0.0053	1.66	6.92
0.2～0.4	1.53	16.7	65.4	17.8	粉壤土	0.08	0.46	0.0059	1.62	0.45
0.4～0.8	1.52	18.6	64.4	16.9	粉壤土	0.08	0.48	0.0058	1.62	0.44

注：θ_r 为残余含水量；θ_s 为饱和含水量；K_s 为饱和导水率；α 和 n 均为水分特征曲线参数

在作物的关键生育期（分蘖中期、最大分蘖期、圆锥花序初期、开花期和成熟期）测量作物干物质重和叶面积指数。作物指标测定每次取样 8 株（0.4 m^2），样品经过蒸馏水冲洗后在 70℃烘干到恒重。叶面积指数计算采用单位田块叶片的面积，每个叶片面积采用长×宽×0.75 计算。在作物成熟时，作物籽粒产量和秸秆重量通过收获每个小区中心 10 m^2 的厢面水稻来测定。详细的作物指标测量信息可参考 Tao 等（2015）的文献。

气象数据包括日降雨量、辐射、相对湿度、离地 2 m 处风速、日最低和最高温，通过安装在离试验田 30 m 处的小型气象站（WeatherHawk 500）测定。

10.3 覆膜条件下土壤热传导和水分运动过程模拟的改进

WHCNS 模型中作物的实际蒸腾量（T_a）由潜在蒸腾量和土壤含水量决定，T_a 与 T_p 比值可作为模型模拟作物生长发育的水分胁迫校准因子。薄膜会影响土壤水分运移过程，特别是土面蒸发，从而影响作物生长。土壤温度是很多土壤氮素转化过程的校准因子，如矿化、氨挥发、反硝化等。为了反映薄膜覆盖对作物生长发育的影响，需要精确地模拟覆膜条件下土壤温度和土壤水分变化。薄膜覆盖对土壤有增温效应（Li et al.，2007；Belder et al.，2007），在许多模型中将土壤温度作为许多土壤生物物理化学过程的校准因子（Hansen et al.，1990；Han et al.，2014）。WHCNS 模型中温度也是众多土壤物理化学过程的校准因子，这些过程均与作物生长存在较复杂的交互作用。模型需要反映覆膜情况下的作物生长发育过程，就需要正确地模拟覆膜条件下的土壤温度和土壤水分变化。

一维土壤热传导的模拟来源于 HYDRUS-1D 模型，采用对流传导方程描述（Šimůnek et al.，2008）：

$$C_{\mathrm{p}}(\theta)\frac{\partial T}{\partial t}=\frac{\partial}{\partial z}\left[\lambda(\theta)\frac{\partial T}{\partial z}-C_{\mathrm{w}}qT\right] \tag{10-1}$$

式中，T 为土壤温度，℃；$C_{\mathrm{p}}(\theta)$和 C_{w} 分别为多孔介质和液相的体积热容，J/(cm^3·℃)；$\lambda(\theta)$为土壤导热率，J/(cm·d·℃)；q 为土壤水流通量，cm/d。

在原始的 WHCNS 模型中，土壤表面温度估算使用平均大气温度和叶面积指数（Zheng et al.，1993）：

$$T_0=\begin{cases}T_0'+0.25(T_{\mathrm{day}}-T_0')\exp(-k_{\mathrm{e}}\times LAI) & (T_{\mathrm{day}}\geqslant T_0')\\ T_0'+0.25(T_{\mathrm{day}}-T_0') & (T_{\mathrm{day}}<T_0')\end{cases} \tag{10-2}$$

式中，T_0 和 T_0'分别为当天和前 1 天的土壤温度，℃；T_{day} 为当天平均气温，℃；k_{e} 为消光系数。

土壤底层的温度使用下面公式计算：

$$T_{Z_0}=T_{\mathrm{aa}}+\exp(-Z_0/D_{\mathrm{e}})T_{\mathrm{am}}\cos[2\pi(JD-JD_0)/365-Z_0/D_{\mathrm{e}}] \tag{10-3}$$

式中，T_{Z_0} 为土壤下边界 Z_0 温度，℃；T_{aa} 和 T_{am} 分别为年平均气温和振幅，℃；JD 为儒历日；JD_0 为太阳高度角最大时的儒历日（如南半球和北半球分别为 200 和 20）；D_{e} 为阻尼系数，采用如下方法计算：

$$D_{\mathrm{e}}=[365\times 864\lambda_{\mathrm{m}}/(\pi C_{\mathrm{m}})]^{0.5} \tag{10-4}$$

式中，C_{m} 为土壤剖面的平均体积热容，J/(cm^3·℃)；λ_{m} 为土壤剖面平均导热率，J/(cm·℃)。

为了计算土壤剖面不同层次土壤温度，以每天的土壤表层温度（T_{top}）和底层温度（T_{Z_0}）作为常温边界条件（dirichlet boundary condition）去求解土壤热传导的对流-弥散方程。

为了能够模拟薄膜覆盖情况下的土壤温度，基于 Han 等（2014）的方法修改了土壤热传导传递模块，该方法是一个简单的经验方法，但是参数较少，容易在田间条件下使用。当土壤表面被薄膜覆盖时，土壤与大气的热传输过程将会受到一定程度的阻碍。考虑薄膜对土壤表层温度的影响，薄膜覆盖下土壤的表层温度由大气和土壤之间温差、薄膜厚度和薄膜导热率决定：

$$\mathrm{d}H=(T_{\mathrm{day}}-T_0)/D_{\mathrm{film}}\cdot TC_{\mathrm{film}}\cdot \mathrm{d}t \tag{10-5}$$

$$T_{\mathrm{ftop}}=T_0+\frac{\mathrm{d}H}{SH_{\mathrm{soil}}\cdot \mathrm{d}z} \tag{10-6}$$

式中，dH 为空气通过薄膜传递给土壤的热通量，J/cm^2；T_{day} 为当天平均气温，℃；D_{film} 为实际的薄膜厚度（5E-4 cm）；TC_{film} 为薄膜导热率，参考 Han 等（2014）的文献设置为 0.0025 J/(s·cm·℃)；t 为时间，s；T_{ftop} 为薄膜覆盖下的土壤温度，℃；

SH_{soil}为土壤比热容，J/(cm^3·℃)；dz 设置为 1 cm。在计算了覆膜条件下土壤表层温度后，在修改的模型中求解土壤温度的对流-弥散方程时使用 T_{ftop} 替代了原有的 T_{top}。

在原有的 WHCNS 模型中使用作物系数（K_c）来计算实际作物的潜在蒸散量 ET_c(cm/d)，然后使用叶面积指数 LAI 将 ET_c 分为潜在作物蒸腾量 T_p(cm/d)和潜在土壤蒸发量 E_p(cm/d)（Jones and Kiniry，1987）。研究中引入一个地表覆盖率 C_{film}（0～1），代表了地表覆盖薄膜的面积占试验田总面积的比例系数。假设土壤表层是均质的，则覆膜情况下的 E_p 和 T_p 的计算如下：

$$ET_c = ET_0 \times K_c \tag{10-7}$$

$$E_p = \begin{cases} ET_c \times \exp(-0.4 \times LAI)/1.1 & LAI > 1.0 \\ ET_c \times (1 - 0.43 \times LAI) & 0 < LAI \leqslant 1.0 \end{cases} \tag{10-8}$$

$$T_p = ET_c - E_p \tag{10-9}$$

$$E_{film} = (1 - C_{film}) \times E_p \tag{10-10}$$

式中，ET_0 为参考作物蒸散量，cm/d；K_c 为作物系数，使用 Penman-Monteith 公式计算（Allen et al.，1998）；E_{film} 为薄膜覆盖下的潜在蒸发量，cm/d。根据图 10-1，可以计算得到薄膜覆盖率 C_{film} 为 0.9[156×5/(15×6+156×5)=0.90]。

根系吸水量计算如下：

$$T_a = \int_{L_R} S(h,z)\mathrm{d}z = T_p \int_{L_R} a_w(h,z)b(z)\mathrm{d}z \tag{10-11}$$

式中，T_a 为根系实际吸水量或作物蒸腾量，cm/d；$S(h, z)$为根系在土层深度 Z 处的吸水量，h 为土壤水势；L_R 为根系长度，cm；$a_w(h, z)$为水分胁迫函数（Feddes and Zaradny，1978）；$b(z)$为根系分布函数（Šimůnek et al.，2008）。

10.4 模 型 输 入

根据第 4 章对 WHCNS 模型 18 个参数敏感度分析的结果可知，作物参数敏感度要高于土壤水力学参数，而氮素转化参数敏感度普遍较低。因此，模型参数校准顺序为：作物参数、土壤水力学参数、氮素转化参数。使用 2013 年 W_{sat} 处理测量的土壤温度、土壤含水量、LAI、作物干物质重和产量数据来校准模型。然后，采用 2013 年 $W_{80\%}$处理和 2014 两个覆膜处理（W_{sat} 和 $W_{80\%}$）的实测数据来验证模型。

10.4.1 土壤参数

土壤水分特征曲线 $\theta(h)$和非饱和导水率 $k(h)$分别使用 van Genuchten（1987）

和 Mualem（1976）的模型描述，校准后的土壤水力学参数见表 10-1。由于土壤生物的活性随着土壤深度的下降急剧降低，本研究中 WHCNS 模型设置的微生物活性范围为 0～0.50 m 土层，在此范围内才考虑氮素转化过程（矿化、固持、硝化和反硝化等）。土壤氮素转化参数初始值来源于 DAISY 模型（Hansen et al., 1990），然后通过 PEST 软件优化得到最后结果。最终最大硝化速率 V_n^*设置为 10 g/(m^3·d)，硝化半饱和常数 K_n 设置为 50 g/m^3，K_d 经验常数代表土壤可反硝化的硝态氮量占总硝态氮量的比例，设为 0.1，反硝化经验常数 α_d^*设置为 0.1，氨挥发一阶动力学常数设置为 0.025 d^{-1}。因为模拟长期的土壤有机质动态不是本研究的重点，且两年内土壤有机质变化量较小，故有机质分解速率和微生物死亡速率参数均来源于 DAISY 模型默认参数，而初始的残茬碳氮比和各个有机质库的分配系数直接采用 Jensen 等（2005）的研究结果。

10.4.2　作物参数

表 10-2 列出了 WHCNS 模型模拟作物生长需要的作物参数，来源于 Driessen 和 Konijon（1992）的文献。其中，最大比叶面积、最小比叶面积和最大同化率（*AMAX*）通过校准来实现模拟和实测的 LAI 和干物质重的最好匹配。

表 10-2　WHCNS 模型作物参数

参数名	描述	取值
T_{base}	作物生长发育最低温度（℃）	10
T_{sum}	出苗到成熟积温（℃）	1750
K_e	消光系数（–）	0.6
K_{ini}	前期作物系数（–）	1.0
K_{mid}	中期作物系数（–）	1.45
K_{end}	后期作物系数（–）	1.0
SLA_{max}	最大比叶面积(m^2/kg)	24
SLA_{min}	最小比叶面积(m^2/kg)	12
$AMAX$	最大同化率[kg/(hm^2·h)]	50
R_{max}	根系最大深度（cm）	0.5

10.4.3　模型评价指数

研究采用 3 个统计量来评价模拟模型精度：均方根误差（*RMSE*）、相对均方根误差（*nRMSE*）、一致性指数（*IA*）。

10.5 参数敏感度分析

WHCNS 模型详细的参数敏感度分析可见第 4 章，本研究仅分析了模型改进后新引入的三个参数的敏感度：薄膜厚度（D_{film}）、薄膜导热率（TC_{film}）和地表薄膜覆盖率（C_{film}）。它们的初值分别为：5E-4 cm、0.0025 J/(s·cm·℃)和 0.8，敏感度分析通过分别使 D_{film}、TC_{film} 与 C_{film} 值增大或减小 10%和 20%，然后观察模型输入参数改变对模型输出结果的影响程度（土壤温度、土壤储水量、LAI、干物质重和产量）来完成敏感度分析。

敏感度分析结果见表 10-3，可见 TC_{film} 与土壤温度呈线性正相关关系，D_{film} 与土壤温度呈负相关关系，但 D_{film} 和 TC_{film} 参数的改变对土壤储水量、LAI、作物干物质重和产量的输出结果没有显著影响。参数 C_{film} 与土壤储水量、LAI、作物干物质重和产量的输出结果呈非线性正相关关系，但是土壤温度与 C_{film} 之间存在较弱的非线性负相关关系。当 C_{film} 参数增加 10%时，土壤温度、土壤储水量、LAI、作物干物质重和产量的变化分别为–0.17%、0.78%、6.58%、2.97%和 1.67%。覆膜减少了土壤蒸发量，因此增加了土壤储水量，导致作物叶面积指数增加（见 10.6.3 小节）。土壤温度随着叶面积指数的增加而下降，这导致土壤温度与 C_{film} 参数呈负相关关系（Flerchinger and Pierson，1991）。

表 10-3 改进后 WHCNS 模型敏感度分析结果

参数名称	变化	土壤温度	土壤储水量	LAI	干物质重	产量
TC_{film}	20%	3.94%	<0.01%	<0.01%	<0.01%	<0.01%
	10%	1.97%	<0.01%	<0.01%	<0.01%	<0.01%
	–10%	–1.97%	<0.01%	<0.01%	<0.01%	<0.01%
	–20%	–3.94%	<0.01%	<0.01%	<0.01%	<0.01%
D_{fim}	20%	–3.28%	<0.01%	<0.01%	<0.01%	<0.01%
	10%	–1.79%	<0.01%	<0.01%	<0.01%	<0.01%
	–10%	1.79%	<0.01%	<0.01%	<0.01%	<0.01%
	–20%	3.28%	<0.01%	<0.01%	<0.01%	<0.01%
C_{film}	20%	–0.97%	1.34%	13.95%	5.63%	2.61%
	10%	–0.17%	0.78%	6.58%	2.97%	1.67%
	–10%	0.00%	–0.21%	–0.44%	–0.13%	–0.22%
	–20%	–0.02%	–0.52%	–8.03%	–2.75%	–1.84%

10.6 模型校验

10.6.1 土壤温度

图 10-2 对比了原始的和改进后的温度模块对土壤温度预测的效果。一般来说温度模块考虑的因子越多，模拟的准确性越高，改进的模型提高了温度的模拟精度，特别是在作物生长前期（*LAI*<1 阶段），*RMSE* 降低了 73.5%，*IA* 值从 0.62 增加到 0.96；而在 *LAI*≥1 阶段，*RMSE* 提高了 9%，*IA* 值从 0.94 增加到 0.96（表 10-4）。总体来看，改进后的土壤热模块明显提高了土壤温度的模拟精度，对于 W_{sat} 处理，改进后的模型模拟的土壤温度的 *RMSE* 减小了 52.1%，*nRMSE* 从 9.71%降至 4.64%，*IA* 值从 0.80 提高到 0.95（表 10-4）；$W_{80\%}$处理的 *RMSE* 和 *nRMSE* 分别为 1.16℃和 4.70%，与原始模型相比分别减小了 52.1%和 52.0%（表 10-4）。结果表明，改进的模型温度模块能够用来模拟不同水分管理情况下薄膜的增温效应。

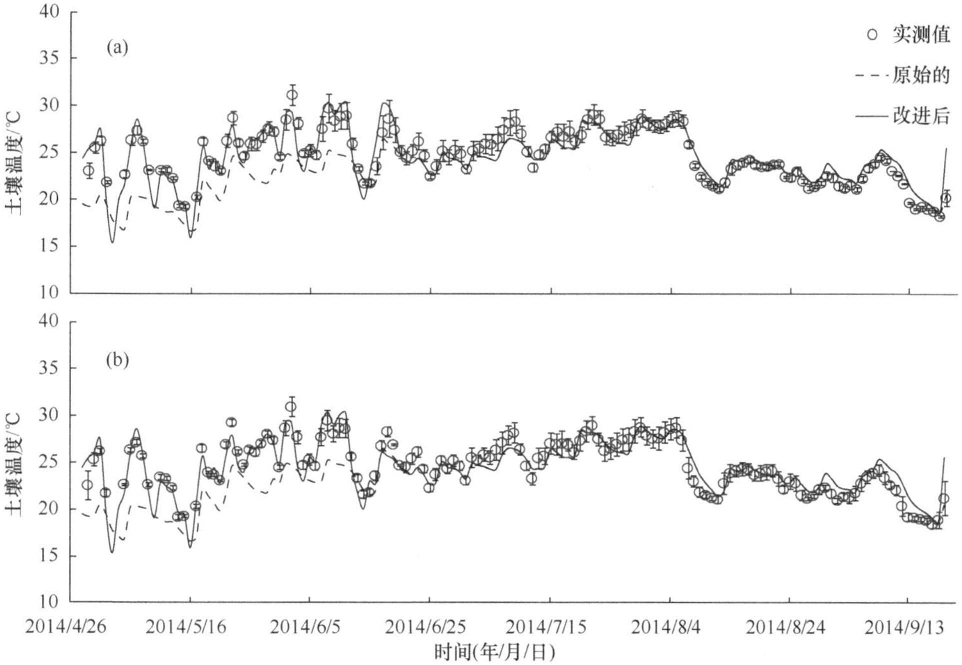

图 10-2 比较模型模拟与实测的 W_{sat}（a）和 $W_{80\%}$（b）处理土壤深度 5 cm 处温度

表 10-4　土深 5 cm 处土壤温度模拟精度评价

处理	指标	原始的			改进后		
		LAI<1	*LAI*≥1	整体	*LAI*<1	*LAI*≥1	整体
W_{sat}	*RMSE*/℃	4.22	1.15	2.40	1.12	1.04	1.15
	nRMSE/%	16.69	4.66	9.71	4.42	4.22	4.64
	IA	0.62	0.94	0.80	0.96	0.96	0.95
$W_{80\%}$	*RMSE*/℃	4.22	1.19	2.42	1.13	1.09	1.16
	nRMSE/%	16.70	4.86	9.80	4.49	4.46	4.70
	IA	0.62	0.94	0.79	0.96	0.95	0.95

许多研究表明，薄膜覆盖对土壤有增温效应（Li et al.，2007；Belder et al.，2007），由于原始的模型没有考虑薄膜覆盖对土壤温度的影响，因此模拟效果较差（图 10-2），特别是在水稻生长前期，这可能与水稻前期叶面积较小，蒸发起主导作用有关，薄膜覆盖后影响了地表热量的传输和交换，其增温效果比较明显（Wang et al.，2015；Tao et al.，2015）。当作物封垄后（*LAI*>1），蒸发可以忽略，作物冠层盖度对土壤温度的影响较大，薄膜覆盖的增温效果不明显，这是导致水稻中后期改进后的模型模拟得到的土壤温度与原模型差别不大的原因（表 10-4）。

10.6.2　土壤储水量

图 10-3 对比了原始模型和改进后的模型对土壤储水量的模拟结果。可以看出，改进的模型提高了土壤储水量的模拟精度，不同处理间模拟精度的提高程度不同，

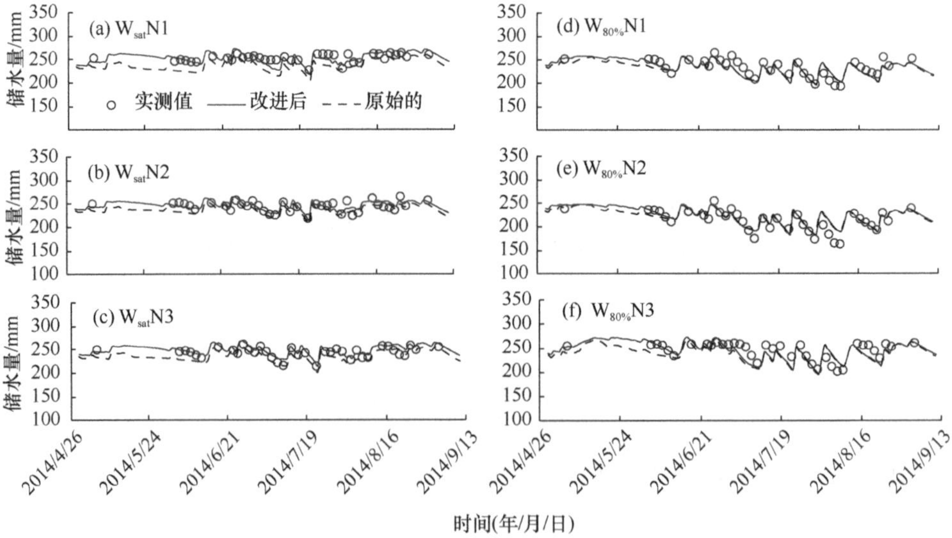

图 10-3　比较模型模拟与实测的 6 个处理土壤储水量

其中 W_{sat} 处理土壤储水量的模拟精度提高显著，W_{sat} 处理的 *RMSE* 和 *nRMSE* 分别减小了 31.7%和 31.7%（表 10-5）；而 $W_{80\%}$处理提高的程度较小，其 *RMSE* 减小了 9.0%，*nRMSE* 从 5.9%降至 5.3%（表 10-5）。另外，改进模型对作物前期储水量的模拟精度提高较多，在 *LAI*<1 阶段，*RMSE* 降低了 69.4%，*IA* 平均值从 0.46 增加到 0.75；而在 *LAI*≥1 阶段，*RMSE* 降低了 22.5%，*IA* 平均值从 0.81 增加到 0.88（表 10-4）。

表 10-5　土壤储水量模拟精度评价

处理	指数	原始的			改进后		
		LAI<1	*LAI*≥1	整体	*LAI*<1	*LAI*≥1	整体
W_{sat}	*RMSE*/mm	20.11	13.24	13.66	5.17	8.13	9.32
	nRMSE/%	8.06	5.33	5.51	2.07	3.27	3.76
	IA	0.26	0.73	0.70	0.55	0.86	0.83
$W_{80\%}$	*RMSE*/mm	14.65	14.60	13.83	5.19	13.67	12.59
	nRMSE/%	5.95	6.36	5.86	2.11	5.96	5.33
	IA	0.65	0.88	0.86	0.95	0.89	0.89

一些学者研究发现，土壤薄膜覆盖减小了土壤蒸发（Xie et al.，2005），由于改进模型在计算土面蒸发过程中引入了覆膜覆盖率参数 C_{film}，因此总体上改善了模型对土壤储水量的模拟效果。由于 W_{sat} 处理土壤储水量在作物生育期内维持在饱和状态，要比 $W_{80\%}$处理土壤蒸发量大，薄膜覆盖阻止了较多的地表水分蒸发，使得改进模型对 W_{sat} 土壤储水量的模拟精度提高较多。薄膜覆盖影响土壤蒸发，在作物封垄前蒸发占蒸散的绝大部分（Allen et al.，1998；Kang et al.，2003），所以改进后的模型对作物发育前期土壤储水量的模拟有较大的改善（表 10-5）；后期作物封垄后（*LAI*≥1），蒸腾起主导作用，蒸发可以忽略（Kang et al.，2003），导致后期两种模型模拟的土壤储水量差异较小。从土壤储水量模拟精度的对比结果可以看出，改进的模型较好地模拟了不同水分管理情况下土壤储水量的动态，适合模拟覆膜条件下的土壤水分运动过程。

10.6.3　作物生长

在土壤温度和土壤储水量模拟效果较好的情况下，图 10-4 和图 10-5 分别对比了原始模型与改进模型对水稻叶面积指数及干物质重动态的模拟效果。覆膜（W_{sat} 和 $W_{80\%}$）情况下改进模型模拟的 LAI 和作物干物质重的 *RMSE* 和 *nRMSE* 均比原始模型提高 50%以上，*IA* 值大于 0.9（表 10-6）。对作物产量的模拟精度也有较大的提高，*nRMSE* 从 12.8%降低到 7.9%（表 10-6），说明改进后的模型能够较好地模拟覆膜情况下的作物生长过程。

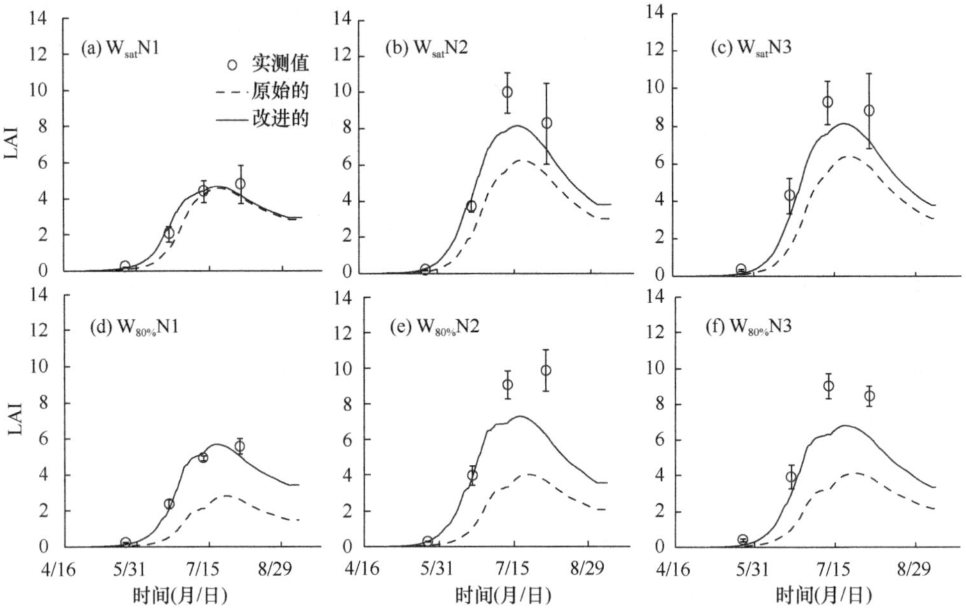

图 10-4 比较模型模拟与实测的 2013 年 6 个处理叶面积指数

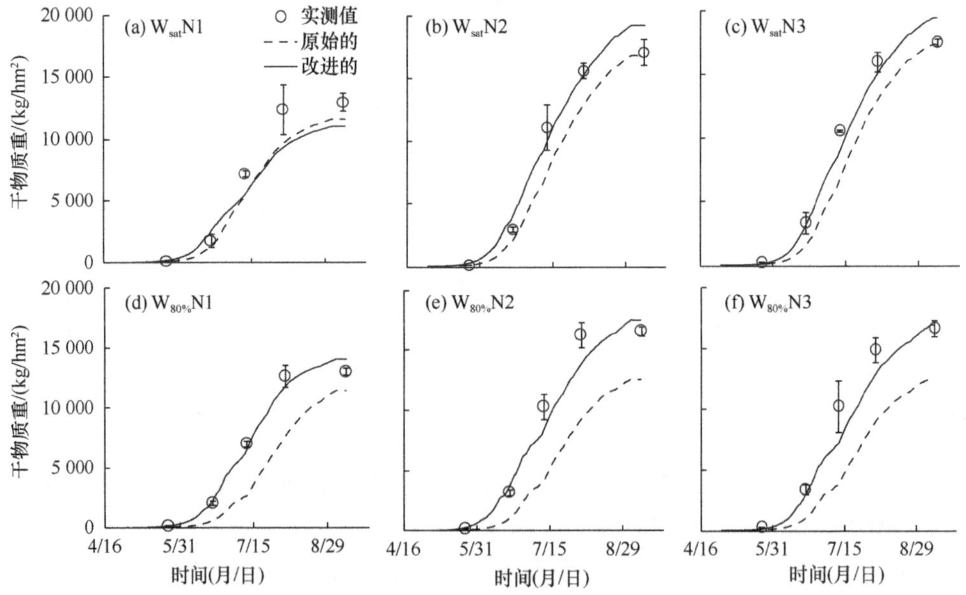

图 10-5 比较模型模拟与实测的 2013 年 6 个处理作物干物质重

表 10-6　作物 LAI、作物干物质和产量模拟精度评价

处理	指数	LAI/(m^2/m^2)		干物质重/(kg/hm^2)		产量/(kg/hm^2)	
		原始的	改进后	原始的	改进后	原始的	改进后
W_{sat}	*RMSE*	2.0	0.9	2091.7	1457.6	906.5	684.7
	nRMSE/%	44.7	19.9	24.2	16.9	10.6	8.0
	IA	0.88	0.98	0.97	0.99	0.84	0.86
$W_{80\%}$	*RMSE*	3.9	1.6	4185.0	1358.2	1273.0	656.9
	nRMSE/%	69.4	29.1	49.3	16.0	14.9	7.7
	IA	0.64	0.90	0.87	0.99	0.45	0.88

由于覆膜显著增加了土壤前期储水量，因此作物前期叶面积指数变化较大，而叶面积直接影响作物的光合同化能力和干物质的累积。比较不同处理的模拟结果，发现改进后的模型提高了作物指标模拟精度，但是在不同水分管理下提高的程度不同，其中对 $W_{80\%}$处理的模拟精度提高程度要高于 W_{sat} 处理，这是由于 W_{sat} 处理土壤储水量始终保持饱和，变化不大（图 10-3），覆膜对作物吸水的影响程度有限，而 $W_{80\%}$处理土壤储水量的变化相对剧烈（图 10-3），覆膜措施能够显著影响土壤储水量，从而影响水分胁迫。图 10-4a 和图 10-5a 表明改进的模型模拟的作物前期叶面积指数和干物质重较大，但是作物成熟时 W_{sat}N1 处理的干物质重会更低，这是由于 W_{sat}N1 处理在水稻生育期内土壤水分保持饱和，水分胁迫较小，由于不施肥，氮素是水稻生长的主要胁迫因子，前期作物生长较快，吸收了较多的土壤初始残留氮素，使得后期土壤氮素供应不足，最终导致了干物质重的下降，该结果与 Tao 等（2015）的结果是一致的。

10.7　模拟效果评价

一些学者建议当 *nRMSE* 值小于 15%时，认为模型模拟效果很好；处于 15%～30%时则认为模型模拟结果是可以接受的；当≥30%时则认为模拟效果较差（Yang et al.，2014；Li et al.，2015b）。表 10-7 分别给出了改进后的 WHCNS 模型模拟的土壤温度、土壤储水量、LAI、作物干物质重和产量校准与验证时的统计指数。对于模型校准，土壤温度、土壤储水量、LAI、作物干物质重和产量的 *nRMSE* 分别为 3.87%、2.95%、10.23%、9.08%和 8.70%，*IA* 值均大于 0.85，说明模拟效果很好。对于模型验证，2013 年和 2014 年所有处理土壤温度、土壤储水量、作物干物质重和产量模拟效果也很好，*nRMSE* 值范围为 3.33%～12.12%，*IA* 值范围为 0.74～0.99。而对于 2013 年 $W_{80\%}$处理和 2014 年 W_{sat} 处理，LAI 的 *nRMSE* 值范围在 15%～30%，模拟结果是可以接受的，而 2014 年 $W_{80\%}$处理的模拟效果较好，2013

年 $W_{80\%}$、2014 年 W_{sat} 和 $W_{80\%}$ 处理的 *nRMSE* 指数分别为 16.20%、26.82%和 6.09%，*IA* 值分别为 0.89、0.66 和 0.99。以上结果说明改进后的 WHCNS 模型适合模拟水稻覆膜旱作条件下的土壤热传输、水分运移和作物生长过程。

表 10-7 WHCNS 模型模拟的土壤温度、土壤储水量、LAI、干物质重和产量效果评价

项目	处理	2013 年		2014 年	
		W_{sat}（校准）	$W_{80\%}$（验证）	W_{sat}（验证）	$W_{80\%}$（验证）
土壤温度	*RMSE*/℃	0.92	1.15	1.07	1.17
	nRMSE/%	3.87	4.77	4.39	4.74
	IA	0.97	0.95	0.96	0.95
土壤储水量	*RMSE*/mm	7.43	8.16	10.73	14.55
	nRMSE/%	2.95	3.33	4.62	6.28
	IA	0.85	0.85	0.90	0.91
LAI	*RMSE*	0.56	1.19	2.07	0.39
	nRMSE/%	10.23	16.20	26.82	6.09
	IA	0.91	0.89	0.66	0.99
干物质重	*RMSE*/(kg/hm^2)	1321	1822	621	1113
	nRMSE/%	9.08	11.46	4.47	8.12
	IA	0.86	0.85	0.99	0.74
产量	*RMSE*/(kg/hm^2)	643	1011	598	753
	nRMSE/%	8.70	12.12	7.18	10.08
	IA	0.93	0.79	0.89	0.92

10.8 覆膜旱作稻田水分平衡和水分利用效率分析

从表 10-8 可以看出，农田水分来源主要有灌溉和降雨，其中 W_{sat} 和 $W_{80\%}$ 处理灌溉量分别占水分总来源量的 38.1%和 21.1%，2013 年和 2014 年作物生育期的降雨量分别为 638 mm 和 535 mm。农田水分的消耗项主要是蒸散、渗漏和径流。将改进模型模拟的 W_{sat} 和 $W_{80\%}$ 处理水分消耗量及水分利用效率与原始模型模拟结果进行对比，发现原始模型模拟得到的 W_{sat} 和 $W_{80\%}$ 处理的土面蒸发量两年平均值分别为 197.3 mm 和 192.7 mm，改进后的模型模拟得到的 W_{sat} 和 $W_{80\%}$ 处理土面蒸发量两年平均值分别为 118.8 mm 和 93.3 mm，比原始模型模拟得到的土面蒸发量分别降低了 39.8%和 51.6%，而蒸腾量分别提高 7.2%和 21.7%。Xie 等（2005）研究了塑料薄膜对春小麦地土壤蒸发的影响，发现薄膜覆盖可以减少 55%的土面蒸发量，与本研究结果类似。改进后模型模拟的作物蒸腾量增加，这可能与覆膜条件下作物叶面积指数较大，导致潜在蒸散量增大有关（图 10-4），旱作条件下的蒸散量提高较多，可能与作物在旱作条件下受到较严重的水分胁迫有关，故实际蒸腾量还有较大的提高空间。覆膜条件下水稻蒸腾量在 517～631 mm，与一些常规淹水和旱作水稻相比其蒸发量较小（Shah and Edling，2000；Baker et al.，2011；Linquist et al.，2015）。与原始模型相比，改进后的模型考虑了薄膜覆盖的影响，模拟得到的蒸发量降低，蒸腾量增大，而蒸散量减小，这与 Xie 等（2005）田间试验的研究结果是一致的。

表 10-8　WHCNS 模型模拟的土壤水分平衡和水分利用效率

处理	2013 年						2014 年						平均	
	P	I	E_a	T_a	D	R	P	I	E_a	T_a	D	R	产量	WUE
W_{sat}N1_M	638	352	160	471	128	173	535	360	112	474	115	131	7312	0.74
W_{sat}N1_O			243	454	128	130			199	403	114	119	5688	0.60
W_{sat}N2_M	638	336	122	547	143	166	535	360	90	477	150	130	8827	0.91
W_{sat}N2_O			192	511	137	148			152	458	150	120	8837	0.95
W_{sat}N3_M	638	390	138	519	145	186	535	360	91	488	144	117	8874	0.86
W_{sat}N3_O			223	527	147	154			175	423	141	110	8221	0.85
$W_{80\%}$N1_M	638	110	105	412	49	156	535	213	101	454	61	134	7423	0.99
$W_{80\%}$N1_O			229	301	48	143			160	430	54	127	6401	0.86
$W_{80\%}$N2_M	638	85	82	480	53	138	535	213	96	478	73	110	8790	1.22
$W_{80\%}$N2_O			207	341	48	135			164	427	66	101	8751	1.19
$W_{80\%}$N3_M	638	108	81	439	27	145	535	213	95	505	41	83	8791	1.18
$W_{80\%}$N3_O			231	321	30	109			165	455	38	70	8622	1.15

注：M 为改进后模型模拟结果；O 为原始模型模拟结果；E_a 为蒸发（mm）；T_a 为蒸腾（mm）；D 为渗漏（mm）；R 为径流（mm）；P 为降雨（mm）；I 为灌溉（mm）；WUE 为水分利用效率[产量/(P+I)，kg/m^3]

改进模型模拟的水分渗漏量与原始模型差别不大，主要原因是覆膜减少了蒸散量。而径流量要高于原始模型，其主要原因是覆膜减弱了水分的入渗能力。不同处理间的模拟结果显示，改进后的模型模拟的 W_{sat} 和 $W_{80\%}$ 处理水分渗漏量的两年平均值分别为 137.5 mm 和 50.7 mm，由于覆膜旱作水稻灌溉量较小，因此其水分渗漏量也较小。很多研究表明，灌溉量与渗漏量存在较强的正相关关系（Wang et al.，2010；Kadiyala et al.，2015；Li et al.，2015a）。而土壤径流量的模拟结果表现为 W_{sat}>$W_{80\%}$，径流量大小与土壤储水量有关（Bissonnais and Singer，1992），由于 W_{sat} 处理土壤水分保持饱和，容易产生径流，因此其径流量较大，模拟情况与实际相符。说明改进后的模型能够真实地反映覆膜条件下土壤水分蒸发、作物蒸腾、径流和渗漏的基本规律，适用于分析覆膜条件下的水稻生长过程和耗水规律。

Bouman 等（2005）在中国南方和东南亚地区研究了旱作水稻栽培措施，得到常规淹水水稻水分投入量在 1500 mm 左右，旱作水稻水分投入量为 790～1430 mm。本研究中覆膜旱作栽培措施水分投入量相对较低，在 723～1028 mm，其中 $W_{80\%}$处理灌溉量仅为 W_{sat} 处理的 28.1%，较大程度地减少了水分投入量，说明覆膜旱作栽培措施能够更大程度地降低水分投入量。本研究模拟得到的 W_{sat} 和 $W_{80\%}$处理的水分利用效率平均值分别为 0.84 kg/m^3 和 1.13 kg/m^3，说明土壤水分保持在田间持水量 80%时的水分管理方式能够有效提高水分利用效率。Li 等（2007）在浙江省的 5 个县分别研究了水稻覆膜旱作模式下的水分利用效率，水稻在覆膜旱作情况下水分利用效率范围为 0.78～1.04 kg/m^3，该结果与本研究基本一致。

本研究中不同水分管理方式下水稻的平均产量差异不大，W_{sat} 和 $W_{80\%}$分别为 8334 kg/hm^2 和 8335 kg/hm^2。而氮肥对水稻产量有较大影响，W_{sat} 和 $W_{80\%}$处理的作物产量在不同氮肥水平上表现出相似的规律，N1、N2 和 N3 处理的平均产量分别为 7367 kg/hm^2、8808 kg/hm^2 和 8832 kg/hm^2。Jing 等（2007）在中国东南部研究了水稻氮肥管理方案，发现水稻产量与施肥量及施肥次数都呈显著正相关，但当氮素投入量超过 200 kg/hm^2，施肥次数超过 6 次时，作物产量不再提高。Qiao 等（2012）在太湖地区研究了氮肥对水稻产量的影响，发现当单季水稻施肥量超过 135 kg N/hm^2 时作物产量不再增加，推荐施肥量为 135 kg N/hm^2。本研究中 N2 和 N3 处理的施肥量均为 150 kg N/hm^2，与上述研究结果基本一致。由于 N3 处理具有最高的作物产量，其水分损失也最小，因此根层土壤水分保持在田间持水量 80%时的水分管理、有机无机肥配合施用 150 kg N/hm^2 的措施不仅产量最高，而且能节水、提高水分利用效率，是一种值得推广的水稻种植模式。

一些研究表明，作物在覆膜条件下根系生长发育过程发生了改变（Maurya and Lal，1981；Kumar and Dey，2011；Ning et al.，2015）。另外，水稻覆膜旱作后改变了水热条件，也影响了土壤氮素转化过程和损失途径（Fan et al.，2005；Liu et al.，2005；Wang et al.，2015）。还有研究表明水稻覆膜旱作明显减少了温室气体的排放（Yao et al.，2014）。本研究目前并没有考虑这些过程，需要在这些方面进行进一步的深入研究。

10.9 小　　结

模型验证结果表明，与原始 WHCNS 模型相比，改进后的模型对土壤温度、土壤储水量、作物叶面积指数、干物质重和产量的模拟精度均有较大幅度的提高，它们的均方根误差 *RMSE* 分别减少了 52.1%、20.4%、57.0%、48.9%和 36.4%；*nRMSE* 值也明显低于原始模型，分别为 4.1%、5.4%、24.5%和 16.5%。说明改进后的模型适用于分析水稻覆膜栽培模式下的水热动态及作物生长过程。

水分平衡和农田水分利用效率的计算结果表明，$W_{80\%}$处理与 W_{sat} 处理的产量差别不大，但 $W_{80\%}$处理的水分投入量比 W_{sat} 处理减少了 71.9%，水分渗漏和径流量分别减少了 69.2%和 13.7%。W_{sat} 和 $W_{80\%}$处理平均的水分利用效率分别为 0.84 kg/m^3 和 1.13 kg/m^3。$W_{80\%}$水分管理方案下不同肥料处理的 WUE 大小顺序为 $W_{80\%}$N2> $W_{80\%}$N3>$W_{80\%}$N1。因此，根层土壤水分保持在田间持水量 80%时的水分管理与施用化肥 75 kg N/hm^2 并配施有机肥料 75 kg N/hm^2 的措施不仅产量最高，而且节水、提高了水分利用效率，是一种值得推广的水稻种植模式。

参 考 文 献

胡克林, 李保国, 陈研, 等. 2007. 作物生长与土壤水氮运移联合模拟的研究 I ——模型. 水利学报, 38(7): 779-785.

梁浩, 胡克林, 李保国. 2016. 基于 PEST 的土壤-作物系统模型参数优化及灵敏度分析. 农业工程学报, 32(3): 78-85.

梁浩, 胡克林, 李保国, 等. 2014. 土壤-作物-大气系统水热碳氮过程耦合模型构建. 农业工程学报, 30(24): 54-66.

司徒淞, 王和洲, 张薇. 2000. 中国水稻节水若干问题的探讨与建议. 灌溉排水学报, 19(1): 30-33.

Allen R G, Pereira L S, Raes D, et al. 1998. Crop evapotranspiration guidelines for computing crop water requirements. FAO Irrigation and Drainage Paper No. 56. Rome: FAO.

Baker J T, Allen L H, Boote K J, et al. 1990. Rice photosynthesis and evapotranspiration in subambient, ambient, and superambient carbon dioxide concentrations. Agronomy Journal, 82(4): 834-840.

Belder P, Bouman B A M, Spiertz J. 2007. Exploring options for water savings in lowland rice using a modelling approach. Agricultural Systems, 92(1): 91-114.

Belder P, Bouman B, Cabangon R, et al. 2004. Effect of water-saving irrigation on rice yield and water use in typical lowland conditions in Asia. Agricultural Water Management, 65: 193-210.

Bissonnais Y L, Singer M J. 1992. Crusting, runoff, and erosion response to soil water content and successive rainfalls. Soil Science Society of America Journal, 56(6): 1898-1903.

Bouman B A M, Peng S, Castaneda A R, et al. 2005. Yield and water use of irrigated tropical aerobic rice systems. Agricultural Water Management, 74(2): 87-105.

Bouman B, Feng L, Tuong T, et al. 2007. Exploring options to grow rice using less water in northern China using a modelling approach: Ⅱ. Quantifying yield, water balance components, and water productivity. Agricultural Water Management, 88: 23-33.

Chun J A, Li S, Wang Q, et al. 2016. Assessing rice productivity and adaptation strategies for Southeast Asia under climate change through multi-scale crop modeling. Agricultural Systems, 143: 14-21.

De Jonge K C, Ascough J C, Ahmadi M, et al. 2012. Global sensitivity and uncertainty analysis of a dynamic agroecosystem model under different irrigation treatments. Ecological Modelling, 231: 113-125.

Driessen P M, Konijn N T. 1992. Land Use System Analysis. Wageningen: Wageningen Agricultural

University.

Fan M, Jiang R, Liu X, et al. 2005. Interactions between non-flooded mulching cultivation and varying nitrogen inputs in rice-wheat rotations. Field Crops Research, 91(2): 307-318.

FAO. 2012. http: //faostat.fao.org/site/339/default.aspx [2016-06-01].

Feddes R A, Zaradny H. 1978. Model for simulating soil-water content considering evapotranspiration—comments. Journal of Hydrology, 37: 393-397.

Feng L, Bouman B A M, Tuong T P. 2007. Exploring options to grow rice using less water in northern China using a modelling approach: I. Field experiments and model evaluation. Agricultural Water Management, 88(1): 1-13.

Flerchinger G N, Pierson F B. 1991. Modeling plant canopy effects on variability of soil temperature and water. Agricultural and Forest Meteorology, 56(3): 227-246.

Gao Y, Li Y, Zhang J, et al. 2009. Effects of mulch, N fertilizer, and plant density on wheat yield, wheat nitrogen uptake, and residual soil nitrate in a dryland area of China. Nutrient Cycling Agroecosystems, 85(2): 109-121.

Gaydon D S, Probert M E, Buresh R J, et al. 2012. Rice in cropping systems—modelling transitions between flooded and non-flooded soil environments. European Journal Agronomy, 39: 9-24.

Han J, Jia Z, Wu W, et al. 2014. Modeling impacts of film mulching on rainfed crop yield in Northern China with DNDC. Field Crops Research, 155: 202-212.

Hansen S, Jensen H E, Nielsen N E, et al. 1990. NPo-research, A10: Daisy: Soil Plant Atmosphere System Model. Copenhagen: The National Agency of Environmental Protection.

Jensen L S, Salo T, Palmason F, et al. 2005. Influence of biochemical quality on C and N mineralisation from a broad variety of plant materials in soil. Plant and Soil, 273(1-2): 307-326.

Jin X, Zuo Q, Ma W. 2016. Water consumption and water-saving characteristics of a ground cover rice production system. Journal of Hydrology, 540: 220-331.

Jing Q, Bouman B A M, Hengsdijk H, et al. 2007. Exploring options to combine high yields with high nitrogen use efficiencies in irrigated rice in China. European Journal of Agronomy, 26(2): 166-177.

Jones C A, Kiniry J R. 1987. CERES-Maize: A Simulation Model of Maize Growth and Development. College Station: Texas A & M University Press.

Kadiyala M D M, Jones J W, Mylavarapu R S, et al. 2015. Identifying irrigation and nitrogen best management practices for aerobic rice-maize cropping system for semi-arid tropics using CERES-rice and maize models. Agricultural Water Management, 149: 23-32.

Kang S, Gu B, Du T, et al. 2003. Crop coefficient and ratio of transpiration to evapotranspiration of winter wheat and maize in a semi-humid region. Agricultural Water Management, 59(3): 239-254.

Kumar S, Dey P. 2011. Effects of different mulches and irrigation methods on root growth, nutrient uptake, water-use efficiency and yield of strawberry. Science of Hortic-Amsterdam. 127(3): 318-324.

Li Y S, Wu L H, Zhao L M, et al. 2007. Influence of continuous plastic film mulching on yield, water use efficiency and soil properties of rice fields under non-flooding condition. Soil & Tillage Research, 93(2): 370-378.

Li Z J, Hu K L, Li B G, et al. 2015a. Evaluation of water and nitrogen use efficiencies in a double cropping system under different integrated management practices based on a model approach. Agricultural Water Management, 159: 19-34.

Li Z T, Yang J Y, Drury C F, et al. 2015b. Evaluation of the DSSAT-CSM for simulating yield and soil organic C and N of a long-term maize and wheat rotation experiment in the Loess Plateau of

Northwestern China. Agricultural Systems, 135: 90-104.

Lin S, Dittert K, Tao H, et al. 2002. The ground-cover rice production system(GCRPS): a successful new approach to save water and increase nitrogen fertilizer efficiency? *In*: Bouman B A M, Hengsdijk H, Hardy B, et al. Water-Wise Rice Production: Proceedings of the International Workshop on Water-wise Rice Production, Los Baños, Philippines. Los Baños: IRRI: 187-196.

Linquist B, Snyder R, Anderson F, et al. 2015. Water balances and evapotranspiration in water-and dry-seeded rice systems. Irrigation Science, 33(5): 375-385.

Liu X, Ai Y, Zhang F, et al. 2005. Crop production, nitrogen recovery and water use efficiency in rice-wheat rotation as affected by non-flooded mulching cultivation(NFMC). Nutrient Cycling Agroecosystems, 71(3): 289-299.

Maurya P R, Lal R. 1981. Effects of different mulch materials on soil properties and on the root growth and yield of maize(*Zea mays*)and cowpea(*Vigna unguiculata*). Field Crops Research, 4: 33-45.

Mualem Y. 1976. A new model for predicting the hydraulic conductivity of unsaturated porous media. Water Resources Research, 12(3): 513-522.

Ning S, Shi J, Zuo Q, et al. 2015. Generalization of the root length density distribution of cotton under film mulched drip irrigation. Field Crops Research, 177: 125-136.

Qiao J, Yang L, Yan T, et al. 2012. Nitrogen fertilizer reduction in rice production for two consecutive years in the Taihu Lake area. Agriculture, Ecosystems & Environment, 146(1): 103-112.

Shah S B, Edling R J. 2000. Daily evapotranspiration prediction from Louisiana flooded rice field. Journal of Irrigation and Drainage Engineering-ASCE, 126(1): 8-13.

Šimůnek J, Šejna M, van Genuchten M T. 1998. The HYDRUS-1D Software Package for Simulating the One-dimensional Movement of Water, Heat, and Multiple Solutes in Variably Saturated Media. Version 2.0. US Salinity Laboratory, Agricultural Research Service. US Department of Agriculture, Colorado School of Mines Publishers, Riverside, CA.

Stone P J, Sorensen I B, Jamieson P D. 1999. Effect of soil temperature on phenology, canopy development, biomass and yield of maize in a cool-temperate climate. Field Crops Research, 63(2): 169-178.

Stoop W A, Uphoff N, Kassam A. 2002. A review of agricultural research issues raised by the system of rice intensification(SRI)from Madagascar: opportunities for improving farming systems for resource-poor farmers. Agricultural Systems, 71: 249-274.

Tabbal D, Bhuiyan S, Sibayan E. 2002. The dry-seeding technique for saving water in irrigated rice production systems. Direct Seeding in Asian Rice Systems: Strategic Research Issues and Opportunities. Bangkok: Proceedings of an International Workshop, on Direct Seeding in Asia, 281-297.

Tao Y, Qu H, Li Q. 2014. Potential to improve N uptake and grain yield in water saving ground cover rice production. Field Crops Research, 168: 101-108.

Tao Y, Zhang Y, Jin X, et al. 2015. More rice with less water-evaluation of yield and resource use efficiency in ground cover rice production system with transplanting. European Journal of Agronomy, 68: 13-21.

van Genuchten M T. 1987. A Numerical Model for Water and Solute Movement in and below the Root Zone. California: University of California Riverside, US Salinity Laboratory.

Vanuytrecht E, Raes D, Willems P. 2014. Global sensitivity analysis of yield output from the water productivity model. Environmental Model & Software, 51: 323-332.

Wang H Y, Ju X T, Wei Y P, et al. 2010. Simulation of bromide and nitrate leaching under heavy rainfall and high-intensity irrigation rates in North China Plain. Agricultural Water Management,

97: 1646-1654.

Wang X K, Li Z B, Xing Y Y. 2015. Effects of mulching and nitrogen on soil temperature, water content, nitrate-N content and maize yield in the Loess Plateau of China. Agricultural Water Management, 161: 53-64.

Willmott C J. 1982. Some comments on the evaluation of model performance. Bulletin of American Meteorology Society, 63: 1309-1313.

Xie Z K, Wang Y J, Li F M. 2005. Effect of plastic mulching on soil water use and spring wheat yield in arid region of northwest China. Agricultural Water Management, 75(1): 71-83.

Xu Y C, Shen Q R, Li M L, et al. 2004. Effect of soil water status and mulching on N_2O and CH_4 emission from lowland rice field in China. Biology and Fertility of Soils, 39(3): 215-217.

Yang J M, Yang J Y, Liu S, et al. 2014. An evaluation of the statistical methods for testing the performance of crop models with observed data. Agricultural Systems, 127: 81-89.

Yao Z, Du Y, Tao Y, et al. 2014. Water-saving ground cover rice production system reduces net greenhouse gas fluxes in an annual rice-based cropping system. Biogeosciences, 11: 6221-6236.

Zhang Z, Zhang S, Yang J, et al. 2008. Yield, grain quality and water use efficiency of rice under non-flooded mulching cultivation. Field Crops Research, 108(1): 71-81.

Zheng D, Hunt E R, Running S W. 1993. A daily soil temperature model based on air temperature and precipitation for continental applications. Climatic Research, 2: 183-191.

第 11 章　暗管排水农田水分运动、氮素流失及作物生长模拟

11.1 引　　言

全世界 17%的耕地建设有排水系统，这部分农田为维持全球作物产量起到了关键作用，特别是在水涝灾害频发和土壤盐碱化严重的地方（Valipour，2014）。排水系统分为两类：开放的沟渠系统和地下暗管系统，其中地下暗管被许多发达国家广泛用来控制水涝和盐碱化，同时维持作物产量（Skaggs，1978）。农业暗管排水系统虽然在减少水涝和控制盐碱化方面起到了一定作用，但是不合理的农业排水系统设计和农田管理能够导致一系列的环境问题，暗管加速了农田氮磷等营养元素的流失，同时改变了下游河道的水环境，导致了水体富营养化、盐渍化等问题（Smedema，2000；Rabalais et al.，2001）。

目前国外有关暗管排水导致的环境问题已经成为研究热点。以美国的艾奥瓦州为例，该州将近 9.3 Mhm^2 的土地用于农业生产，其中 40%的农田建设有暗管排水系统（Baker et al.，2004），相关研究发现，艾奥瓦州通过农业暗管系统每年向密西西比河流域排放 0.2 Gg 氮素（约 26 kg N/hm^2）（Schilling and Libra，2000）。很多研究者认为高浓度的无机氮通过暗管排水进入密西西比河是导致墨西哥湾地区水体富营养的主要原因（Rabalais et al.，2001；USEPA，2007）。Libra（1998）指出艾奥瓦州地区的排水系统对墨西哥湾水体硝酸盐的贡献率达到 25%。艾奥瓦州及密西西比河上游地区的集约化耕作方式，农田过量施用氮肥是导致水质恶化的根本原因（USEPA，2007）。因此，有必要通过优化该地区的氮肥用量来减少化肥施用对环境造成的危害。

农业系统模型在量化农田土壤、气象及管理措施对作物产量的影响，评价分析环境代价方面存在明显优势（Holzworth et al.，2015）。在过去几十年中，一些研究者开发了许多基于过程的系统模型，并将其用于模拟与土壤、作物、水文等相关的各个过程，每个模型都有各自的侧重点，并在相关领域发挥了重要作用。例如，DRAINMOD（Skaggs，1978）最初设计用于农田地下水位管理和暗管设计，后来被广泛运用于模拟暗管排水条件下的水文过程（Davis et al.，2000；Zhao et al.，2000；Singh et al.，2006；Luo et al.，2010；Negm et al.，2014）。Zhao 等（2000）在美国中西部使用 DRAINMOD-N 模型研究了氮肥用量和暗管间距对玉米产量与

硝酸盐流失的影响，发现暗管间距对氮素流失影响较小，而氮肥用量能够显著地影响氮素流失；并认为优化氮肥管理方案是提高农田氮素利用效率和减少硝酸盐淋失的关键。Singh 等（2006）成功将 DRAINMOD 模型应用于艾奥瓦州的暗管系统设计，当暗管埋深和间距分别为 1.05 m 和 25 m 时能够获得最佳产量，同时最大程度地减少暗管排水和氮素流失。Luo 等（2010）在美国北部玉米种植区使用 DRAINMOD-NII 模型分析了暗管间距对暗管排水、氮素流失和玉米产量的影响，研究表明通过优化暗管间距可以在保持玉米产量的同时减少 20%～30%的暗管排水量和氮素流失量。在暗管设计方面，ADAPT 模型是另外一个应用较多的模型，用于评价暗管设计对暗管排水和氮素流失的影响（Gowda et al.，2012）。Davis 等（2000）在美国的中西部使用 ADAPT 模型分析了暗管设计和氮肥施用对氮素流失的影响，结果和 Zhao 等（2000）的发现相似，增加暗管间距或者减小暗管埋深减少氮素流失的程度要小于减少氮肥投入。这些研究均表明，为了减少氮素流失，降低环境污染风险，优化氮肥施用量显得尤为重要。然而，DRAINMOD 和 ADAPT 模型主要用于优化暗管系统参数设计，在评价土壤碳氮循环、农田管理等对作物生长发育的影响方面明显存在不足。

目前很多土壤-作物系统模型可以用来评价土壤碳氮循环、农田管理等对作物生长发育的影响。例如，CENTURY（Metherell et al.，1993）、RothC（Coleman and Jenkinson，1996）和 DNDC（Li et al.，1992）主要以分析碳氮循环和温室气体排放为特点；RZWQM（Ahuja et al.，1999）、DSSAT（Jones et al.，2003）、APSIM（Keating et al.，2003）和 WOFOST（Penning et al.，1989）主要以分析农田管理措施对作物生长发育的影响为特色，但是这些模型均主要应用于非排水农田。WHCNS 模型是一个基于过程的土壤水氮管理模型，该模型可用于模拟不同农田管理措施下的土壤水分运动、碳氮动态及作物生长，最大特点是考虑了许多集约化的农田管理措施（播种密度、覆膜等）。但是 WHCNS 模型缺少水文模块，这使得它无法模拟暗管排水条件下的土壤水分运动、氮素流失和作物产量。因此，本研究打算在 WHCNS 模型中添加一个基于 DRAINMOD 模型的水文模块，从而提高该模型模拟暗管排水条件下农田水分运动、氮素流失及作物生长等过程的能力。

因此，本研究的目的是：①基于 DRAINMOD 模型原理方法，将暗管排水过程与 WHCNS 模型耦合，并测试新耦合模型模拟暗管排水、氮素流失、作物干物质重、作物产量和作物吸氮量的效果；②以减小硝酸盐流失风险和维持玉米产量为目标，优化艾奥瓦州暗管排水农田的氮肥施用量。

11.2 数据来源

田间试验于美国艾奥瓦州的农业排水水质研究与示范中心（ADWQ-RDS）进行，试验地靠近艾奥瓦州中北部的 Gilmore 市。主要土壤类型为 Nicollet、Webster、Canisteo 和 Okoboji（USDA，1985）。试验地土壤基本理化性质如表 11-1 所示。试验地主要为玉米-大豆轮作，设有两个处理，T1 为玉米在奇数年种植，大豆在偶数年种植；T2 为玉米在偶数年种植，大豆在奇数年种植，每个处理重复 4 次。共有 8 个小区，每个小区长 38 m，宽 15.2 m。每个小区埋设有独立的暗管排水管道，其中暗管间距 7.6 m，暗管埋深 1.06 m。8 个小区的暗管最后采用了一个统一的排水系统，详细的暗管设计和小区分布图参考 Lawlor 等（2008）的文献。该试验从 2004 年到 2009 年共进行了 5 年，8 个小区采用随机区组设计。

表 11-1　土壤剖面基本物理属性和水力学参数

土层/m	容重/(g/cm^3)	机械组成/%			θ_r/(cm^3/cm^3)	θ_s/(cm^3/cm^3)	α/cm^{-1}	n	K_s/(cm/h)	K_s^L/(cm/h)
		砂粒	粉粒	黏粒						
0～0.10	1.37	32	36	32	0.071	0.412	1.06×10^{-3}	1.439	4.8	9.7
0.10～0.20	1.38	32	36	32	0.072	0.426	1.11×10^{-3}	1.280	3.3	6.6
0.20～0.30	1.39	33	53	14	0.079	0.423	1.20×10^{-3}	1.294	5.1	12.5
0.30～0.40	1.39	40	30	30	0.072	0.424	2.70×10^{-3}	1.135	4.1	12.5
0.40～0.60	1.45	46	30	24	0.065	0.454	2.63×10^{-3}	1.141	4.1	12.5
0.60～0.90	1.46	44	34	22	0.034	0.45	1.79×10^{-3}	1.094	2.6	12.5
0.90～1.20	1.46	44	34	22	0.033	0.47	1.79×10^{-3}	1.094	2.6	12.5
1.20～3.00	1.50	44	34	22	0.033	0.45	1.79×10^{-3}	1.094	2.6	12.5

注：θ_r 为残余含水量；θ_s 为饱和含水量；α 为进气值的倒数，n 为孔隙分布指数；K_s 为饱和导水率；K_s^L 为侧向饱和导水率

从 2006 年 4 月开始，T1 和 T2 处理的所有小区均测定了土壤含水量、暗管排水量和暗管排水硝态氮含量。对每个小区土壤分层取样，层次为 0～0.15 m、0.15～0.30 m 和 0.30～0.60 m。土壤质量含水量通过烘干法测量，土壤体积含水量通过土壤质量含水量与土壤容重相乘计算得到。每隔三周测定小区玉米和大豆的地上部干物质重，作物新鲜样品在 60℃条件下烘干一周后称重，测定植物全氮含量，作物成熟时每个小区采集 2 行 12 株作物用于计算作物产量。详细的测定方法可见 Qi 等（2011）的文献。

为了验证 WHCNS 模型对暗管排水的长期模拟能力，同时采用了同一个试验站一个连续 16 年的暗管排水监测数据，该试验站从 1989 年到 2004 年对暗管流量进行了连续监测。详细的试验设计方案和测定方法见 Lawlor 等（2008）与 Qi 等

（2012）的文献。

11.3 暗管排水模块

暗管排水模块主要过程来源于 DRAINMOD 模型（Skaggs，1978）。当地表没有积水时，暗管排水量 q（mm/h）采用稳态的 Hooghoudt's 方程计算：

$$q = \frac{8K_s^L d_e m + 4K_s^L m^2}{CL^2} \tag{11-1}$$

式中，d_e 为等效深度，mm；K_s^L 为侧向饱和导水率，mm/h；m 为暗管间距中心的地下水位高度，mm；C 为经验常数，默认值为 1.0；L 为暗管间距，mm。根据文献 Moody（1967）估算如下：

$$d_e = \begin{cases} \dfrac{d}{1+\dfrac{d}{L}\left[\dfrac{8}{\pi}\ln\dfrac{d}{r}-2\left(\dfrac{2}{L}\right)^2+\dfrac{1.6d}{L}-3.55\right]} & 0<\dfrac{d}{L}<0.3 \\ \dfrac{\pi L}{8\left[\left(\ln\dfrac{L}{r}\right)-1.15\right]} & \dfrac{d}{L}\geqslant 0.3 \end{cases} \tag{11-2}$$

式中，d 为暗管到不透水层的距离，mm；r 为暗管内径，mm。

当地表有积水时，采用 Kirkham（1957）提出的公式：

$$q = \frac{4\pi K_s^L (t+b-r)}{gL} \tag{11-3}$$

式中，b 为暗管埋深，mm；t 为积水深度，mm；g 采用如下公式估算：

$$g = 2\ln\left[\frac{\tan\dfrac{\pi(2d-r)}{4h}}{\tan\dfrac{\pi r}{4h}}\right] + 2\sum_{m=1}^{\infty}\ln\left[\frac{\cosh\dfrac{\pi mL}{2h}+\cos\dfrac{\pi r}{2h}}{\cosh\dfrac{\pi mL}{2h}-\cos\dfrac{\pi r}{2h}}\times\frac{\cosh\dfrac{\pi mL}{2h}-\cos\dfrac{\pi(2d-r)}{2h}}{\cosh\dfrac{\pi mL}{2h}+\cos\dfrac{\pi(2d-r)}{2h}}\right] \tag{11-4}$$

式中，h 为地表到不透水层的距离，mm。

式（11-1）和式（11-2）计算的暗管排水量仅考虑了水分运动和暗管设计对排水量的影响，忽略了暗管设计的最大排水能力（q_c），当计算的排水量大于 q_c 时，q=q_c。

根据达西定律，暗管排水模块还可以计算土壤深层渗漏量（q_s，mm/h）：

$$q_s = k_r \frac{h_1 + d_r - h_r}{d_r} \tag{11-5}$$

式中，d_r 为不透水层厚度，mm；h_1 为不透水层距地下水位的高度，mm；h_r 为含水层压力水头，mm；k_r 为不透水层的导水率，mm/h。

式（11-1）和式（11-2）在计算暗管排水量时需要地下水位值，在每个离散时间内地下水位采用半经验的水平衡方法估算：

$$\alpha \times \Delta\omega = q_d - q_s - q \tag{11-6}$$

式中，α 为给水率（本研究取值 0.2）；q_d 为 WHCNS 模型计算的下边界处的水分流量，mm/h；$\Delta\omega$ 为地下水位改变量，mm/h。

q_d 计算基于达西定律作为非饱和土壤 Richards 方程下边界条件，铵态氮和硝态氮在土壤剖面中的运移过程采用对流-弥散方程计算，暗管排氮采用第二类边界条件（Cauchy type）计算得到。

11.4 模型输入

11.4.1 水力学参数

土壤容重、土壤颗粒组成和土壤饱和导水率（K_s）参数均采用实测值。土壤水分特征曲线和非饱和导水率分别使用 van Genuchten（1987）和 Mualem（1976）的模型来拟合，模型的初始参数来源于拟合结果（Qi et al.，2011），然后通过“试错法”进行调整，目的是让模拟和实测的土壤含水量达到一致。最后得到的模型参数见表 11-1。侧向饱和导水率（K_s^L）是 Hooghout's 和 Kirkham's 方程中计算暗管排水量的重要参数，采用类似的方法来获取。

11.4.2 碳氮转化参数

WHCNS 模型可以设置土壤的微生物活动层，在此活动层内才考虑土壤的氮素转化过程（矿化、固持、硝化和反硝化）。本研究中设置的微生物活动层为 0～0.50 m。初始的氮素转化参数来源于 DAISY 模型的默认值（Hansen et al.，1990），然后通过调节这些参数来实现模拟与实测的暗管中硝酸盐流失量的最好匹配。Thorp 等（2007）使用 RZWQM-DSSAT 模型模拟了艾奥瓦州玉米地施肥量对氮平衡的影响，研究发现当地以气体形式损失的氮量很小。本研究将 WHCNS 模型的反硝化经验参数（K_d，0.1 d^{-1}）和氨挥发一阶动力学常数（K_v，0.1 d^{-1}）设置为较低值，其他氮素转化参数，包括最大硝化速率（V_n^*）和硝化半饱和常数（K_n），分别设置为 20 g/m^3 和 50 g/m^3。由于研究的目的不是长期地模拟土壤有机质动态，有机质周转的参数，包括各个有机质库的分解速率和转化参数均来源于前人的研究结果（Hansen et al.，1990；Mueller et al.，1998）。

11.4.3 气象数据

气象数据包括日降雨量、太阳辐射、日最低和最高温、相对湿度和离地面 2 m 处的风速，来源于试验站内的气象站。这些数据用于模拟计算潜在蒸散和作物生长发育阶段，其中丢失的每日降雨量采用国家气象中心艾奥瓦州 Humboldt 市的气象站数据，该气象站位于试验站以东 20 km 处。

11.4.4 作物参数

EPIC 作物模型输入的初始参数参考 Cabelguenne 等（1999）的文献，其中 *BE*、LAI_{max} 和 *HI* 均采用“试错法”校准来实现作物地上部干物质重和作物产量与实测值的最好匹配，最终的参数结果见表 11-2。

表 11-2 EPIC 模块作物参数

参数	描述	作物	
		玉米	大豆
T_{base}	作物生长发育最低温度（℃）	8	8
T_{sum}	出苗到成熟积温（℃）	1450	1500
K_{ini}	前期作物系数（–）	0.6	0.26
K_{mid}	中期作物系数（–）	1.2	0.55
K_{end}	后期作物系数（–）	0.7	0.4
K_e	消光系数（0～1）	0.6	0.6
BE	光能-物质能转化系数（kg/MJ）	32	11
HUI_o	叶面积开始下降时的 *HUI*（–）	0.55	0.55
LAI_{max}	最大叶面积指数（–）	5	3
α_{h1}	经验参数（–）	15	15
α_{h2}	经验参数（–）	50	50
α_d	经验参数（–）	0.3	0.3
HI_m	收获指数（0～1）	0.45	0.5
R_{max}	根系最大深度（cm）	150	120

11.5 模型校验

11.5.1 土壤储水量

采用 2006 年和 2007 年田间数据来校准模型，采用 2008 年和 2009 年数据来验证模型。T1 和 T2 处理 0～0.60 m 土体土壤储水量模拟结果见图 11-1。模型校准 T1 和 T2 处理得到的 *RMSE*、*nRMSE* 和 *IA* 范围分别为 14.2～17.3 mm、7.6%～8.8%和 0.60～0.80（表 11-3），其验证结果分别为 11.6 mm≤*RMSE*≤18.3 mm，5.8%≤*nRMSE*≤9.0%和 0.56≤*IA*≤0.86（表 11-3），说明耦合的模型能够很好地模拟暗管排水条件下的土壤储水量动态。

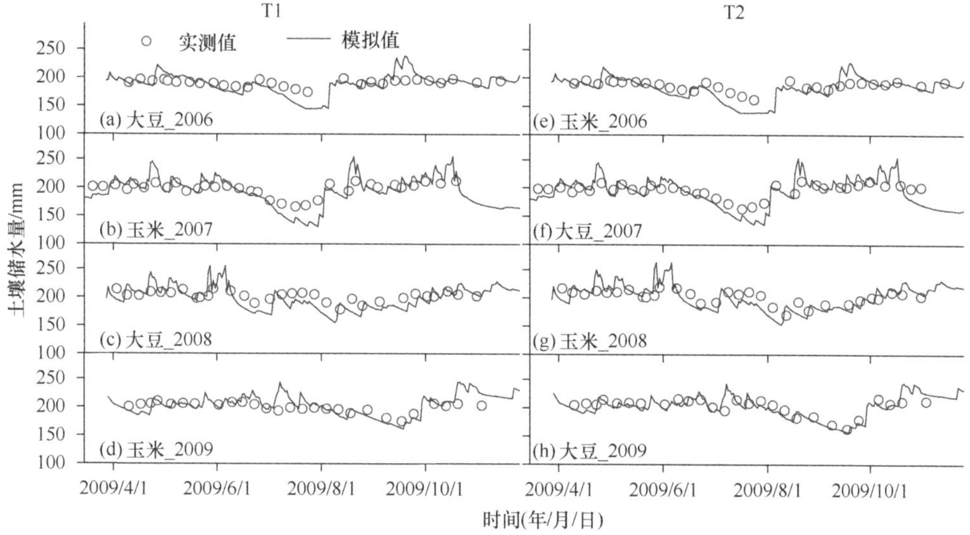

图 11-1　2006～2009 年 T1 和 T2 处理实测的土壤储水量与模拟值的对比

表 11-3　土壤剖面储水量和作物地上部干物质重的模拟效果评价

	校准与验证	年份	大豆			玉米		
			RMSE	*nRMSE*/%	*IA*	*RMSE*	*nRMSE*/%	*IA*
土壤储水量/mm	校准	2006	14.4	7.6	0.60	14.2	7.6	0.73
		2007	17.3	8.8	0.78	17.2	8.7	0.80
	验证	2008	18.3	9.0	0.56	18.0	8.9	0.69
		2009	11.6	5.8	0.86	14.3	7.2	0.68
地上部干物质重/(kg/hm)	校准	2006	289	6.5	0.99	3134	18.5	0.94
		2007	626	28.4	0.98	715	10.8	0.99
	验证	2008	593	18.4	0.97	2151	16.9	0.98
		2009	559	25.9	0.97	2089	25.4	0.97

11.5.2　作物生长

从图 11-2g 可知，除了 2008 年 WHCNS 模型低估了玉米干物质重之外，其余处理模拟效果均较好，模型校准和验证处理的偏差均在可接受的范围内，其中模型校准时期模拟的 *RMSE*、*nRMSE* 和 *IA* 范围分别为 289～3134 kg/hm^2、6.5%～28.4%和 0.94～0.99（表 11-3）；验证时期统计指标分别为 559 kg/hm^2≤*RMSE*≤2151 kg/hm^2、16.9%≤*nRMSE*≤25.9%和 *IA*>0.97（表 11-3）。2008 年玉米生育期较长导致收获日期推后，这可能是导致当季模拟值偏低的原因。作物产量的模拟效果如表 11-4 所示，统计指标 R^2、*RMSE*、*nRMSE* 和 *IA* 分别为 0.980、0.38 Mg/hm^2、6.89%和 0.99，模拟效果很好。在作物吸氮量方面模型模拟效果也较好，其统计指标 R^2、*RMSE*、*nRMSE* 和 *IA* 分别为 0.751、23.6 kg N/hm^2、12.5%和 0.87。

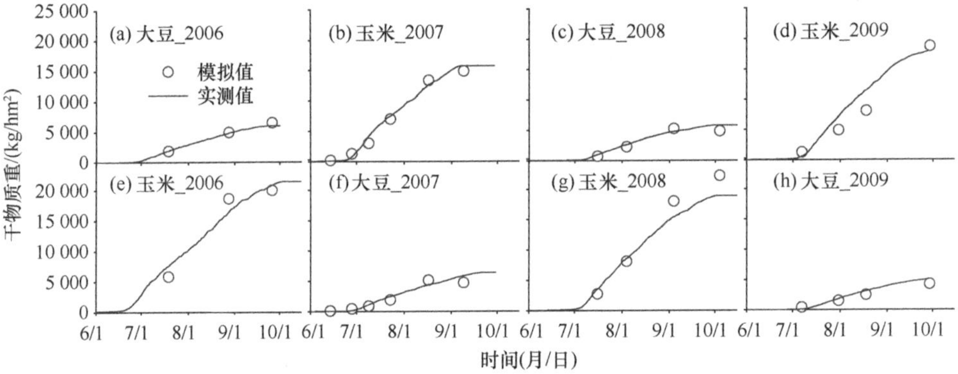

图 11-2　2006～2009 年 T1 和 T2 处理作物地上部干物质重实测值与模拟值的对比图

表 11-4　作物产量、作物吸氮量、暗管排水量及氮素流失量的长期（16 年）模拟效果评价

参数	线性回归 Sim = *m*Obs + *b*			模型模拟精度		
	m	*b*	R^2	*RMSE*	*nRMSE*/%	*IA*
产量/(Mg/hm^2)	1.0062	0.0662	0.980	0.38	6.89	0.99
作物吸氮量/(kg N/hm^2)	0.5509	75.249	0.751	23.6	12.5	0.87
日排水量/mm	0.7798	1.347	0.429	8.1	93.7	0.79
月排水量/mm	1.0316	–0.0101	0.836	31.7	37.9	0.95
年排水量/mm	1.0316	–0.0881	0.992	18.4	5.8	0.99
排水量长期模拟/(mm/a)	0.9090	–0.2023	0.918	59.0	23.4	0.97
月氮素流失量/(kg N/hm^2)	0.9607	0.0448	0.743	4.9	63.0	0.90
年氮素流失量/(kg N/hm^2)	1.1246	–3.7152	0.963	4.1	12.1	0.99

Qi 等（2011）采用与本研究相同的数据集，使用 RZWQM 模型模拟了玉米和大豆的作物生长过程，模拟的地上部干物质重的 *nRMSE* 值为 18%，作物产量的 *nRMSE* 值在 10%～21%，作物吸氮量的 *nRMSE* 值范围为 13%～21%。与 RZWQM 模型模拟结果相比，WHCNS 模型在作物产量和作物吸氮量方面的模拟精度得到

了明显提高。因此，新完善的 WHCNS 模型可以很好地模拟暗管排水条件下的作物生长过程（作物干物质重、产量和吸氮量）。

11.5.3　暗管排水

试验于 2006 年 4 月 12 日开始监测暗管的日排水量，但是由于最初试验仪器安装的问题，加上田间条件的复杂性，第一年即 2006 年数据质量较差，故本研究采用 2007～2009 年数据来评价耦合后的模型（图 11-3）。其中，2007 年的暗管排水量数据用于校准模型，2008 年和 2009 年的数据用于验证模型。除了 2009 年模拟值没能捕捉到 4 月 24 到 30 日期间一次较大的渗漏峰外，对其他时期的水分渗漏峰均捕捉到了。模型校准和验证阶段的 *IA*（R^2）指数分别为 0.82（0.515）和 0.71（0.339）。由于 2009 年年降雨量（684.4 mm）显著低于 2007 年（1049.8 mm）和 2008 年（926.3 mm），且 2009 年土壤较为干燥，模拟结果显示 2009 年 4 月 24 到 30 日内 40 mm 的降雨量补充了土壤储水量而没有通过暗管流失，而实测结果显示该时段有一个比较大的渗漏峰，这可能是由大孔隙优先流导致的。另一个原因可能是 DRAINMOD 模型主要适用于湿润气候条件，是否适用于干旱年份可能还需要进一步的研究。同时，模拟值与实测值的误差还有可能来源于 WHCNS 模型本身，如模型没有考虑微气候条件、土壤空间变异、优先流等。

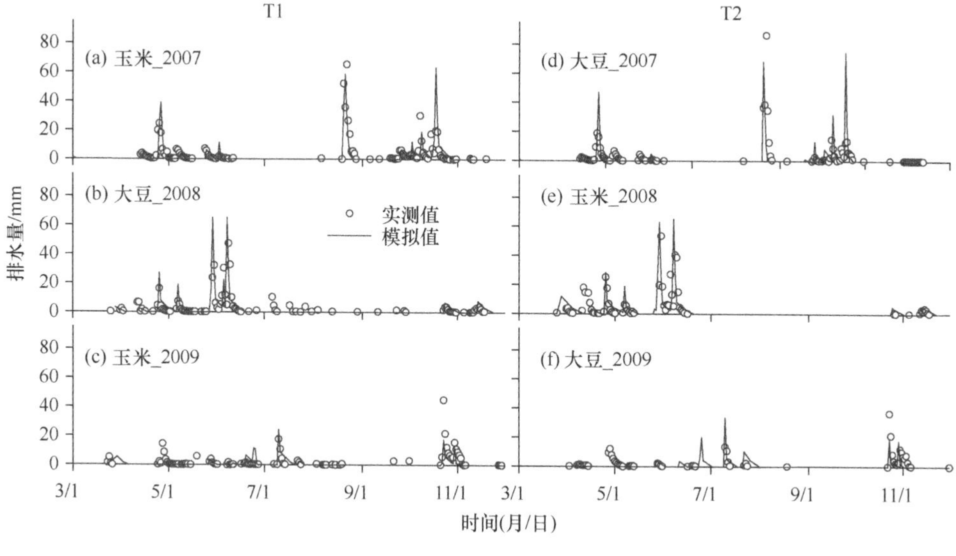

图 11-3　2006～2009 年 T1 和 T2 处理日暗管排水量实测值与模拟值的对比图

如表 11-4 所示，实测的月和年暗管排水量与模拟值呈现出有较好的相关性，决定系数 R^2 分别为 0.836 和 0.992。三个统计指数 *RMSE*、*nRMSE* 和 *IA* 均显示耦合的模型能够很好地模拟月和年暗管排水量，月尺度上分别为 31.7 mm、37.9%和 0.94，年尺度上分别为 18.4 mm、5.8%和 0.99。从整体上看，完善后的模型可以较好地模拟日暗管排水量，能够很好地模拟月和年暗管排水量，随着时间尺度的增大，模型模拟的效果越来越好，这为长期模拟暗管排水提供了保证。

11.5.4 氮素流失

从表 11-4 可知，模型模拟的月和年暗管氮素流失量与实测值有较好的相关性，R^2 分别为 0.743 和 0.963，*IA* 指数也较高，均大于 0.90，说明模型能够很好地模拟随暗管排水流失的氮素。整体上看，年尺度上的氮素流失量的模拟效果要好于月尺度，其中月尺度和年尺度模拟的 *nRMSE* 分别为 63.0%和 12.1%。由于土壤氮素转化是一个非常复杂的过程，许多研究结果表明模型在模拟氮素动态方面会产生较大的误差（Dadfar et al., 2007; Yang et al., 2007）。Yang 等（2007）使用 DRAINMOD 模型模拟了暗管氮素流失量，模拟的 *nRMSE* 在 6.91%～106.2%。因此，本研究中氮素流失模拟的 *nRMSE* 达到 63.0%是可以接受的。

11.5.5 暗管排水长期模拟

为了检验模型对暗管排水的长期模拟能力，将模拟结果与 1984～2009 年的长期监测结果进行了对比。从图 11-4 可以看出，模型模拟值较好地吻合了 16 年的暗管排水量监测数据，统计指数 R^2、*RMSE*、*nRMSE* 和 *IA* 分别为 0.918、59.0 mm、23.4%和 0.97（表 11-4）。在 1992 年和 1996 年 WHCNS 模型低估了暗管排水量，这是由降雨量月分配模式不同导致的。1990 年（88.2 cm）和 1992 年（82.6 cm）

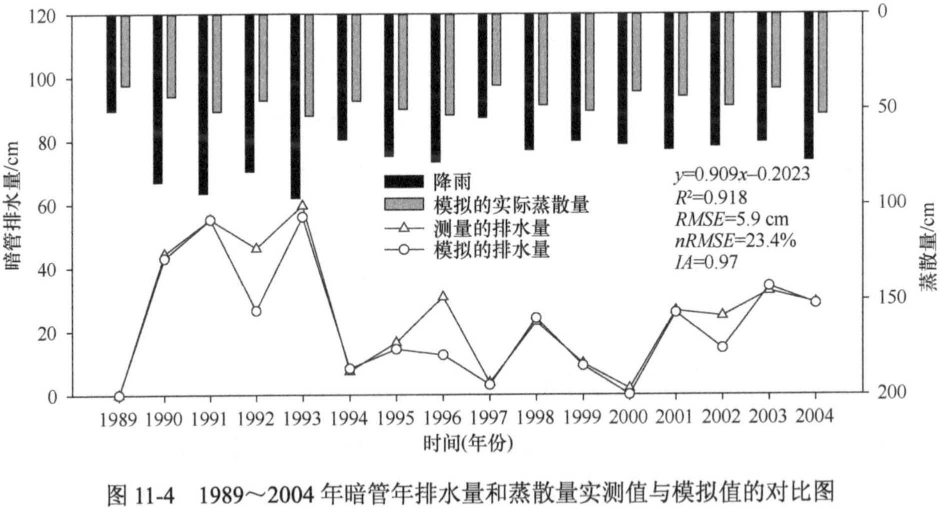

图 11-4　1989～2004 年暗管年排水量和蒸散量实测值与模拟值的对比图

年降雨总量相似，但 1992 年 54.5%的降雨量集中在作物生长季，而 1990 年该数据仅为 37.8%，相同的情况同样发生在 1996 年和 2002 年。因此，1992 年、1996 年和 2002 年，由于作物生育期根系吸收了大量水分，此阶段土壤相对干燥，更多的降雨补充了土壤储水量，这些年份模拟值偏低。

试验站位于雨养农业区，降雨是水分的主要来源，也是导致暗管排水的主要原因。如图 11-4 所示，模拟的暗管排水量与降雨量呈现了较好的一致性。每年实测的降雨量与模拟的暗管年排水量范围分别为 506～966 mm 和 0～560 mm，最小和最大的年降雨量分别出现在 1989 年和 1993 年，与之对应，模拟的最小和最大的暗管年排水量也分别发生在 1989 年（0 mm）和 1993 年（560 mm），说明模型能够反映不同降雨条件下的暗管排水量。

此外，图 11-4 显示模型模拟的实际蒸散量与降雨量也呈现了较好的一致性，即降雨量越大，模拟的实际蒸散量越大，模拟的实际蒸散量范围为 372～535 mm。Qi 等（2011）使用相同的数据集验证了 RZWQM2 模型长期模拟水文过程的能力，发现模型模拟的实际蒸散量范围在 426～558 mm。Ma 等（2007）也使用 RZWQM2 模型模拟了美国艾奥瓦州东北部 26 年大豆-玉米轮作体系的水分平衡，模拟的实际蒸散量平均值为 546 mm。本研究模拟的结果与上述结果比较接近，说明 WHCNS 模型模拟的结果在合理的范围内。综上所述，耦合的模型较精确地模拟了暗管排水条件下农田系统的水分平衡，并且可以分析暗管对农田系统水分平衡的长期影响。

11.6　暗管排水条件下农田氮肥优化管理

许多研究表明，暗管间距和埋深对暗管硝酸盐流失的影响较小，而施肥量的增加显著地提高了暗管排水导致的硝酸盐损失的量（Zhao et al. 2000；Davis et al.，2000）。为了探索玉米地氮肥施用量与暗管氮素流失量的关系，在考虑作物生长发育需求规律的基础上来优化氮肥施用量。本研究基于 2006～2009 年数据，使用校准好的 WHCNS 模型来优化暗管排水玉米地的氮肥施用量。在优化氮肥施用量时，氮肥的施用时间和次数均采用当地的农民习惯，而氮肥用量范围设置为 0～240 kg N/hm^2，以 20 kg N/hm^2 的间隔增加（13 个氮肥施用量），总计 52 个情景（13 个氮肥用量×4 年）。

图 11-5a 显示了模拟的 2006～2009 年施肥量与玉米产量的关系，当施肥量小于 100 kg N/hm^2 时，玉米的年平均产量随着施肥量的增加而显著增加；当施肥量高于 100 kg N/hm^2 时，作物产量不再增加，基本达到平台值。施肥量为 100 kg N/hm^2 和 240 kg N/hm^2 时的玉米年平均产量分别为 8252 kg/hm^2 和 8598 kg/hm^2，没有显著差异。玉米产量也受到天气条件的影响，4 年玉米产量从高到低的顺序为

2008 年、2006 年、2009 年和 2007 年。2007 年玉米生育期平均气温较高，玉米成熟较早，导致收获提前，产量相比其他年份较低，收获时间比其他年份提前了 20 d 左右。

如图 11-5b 和图 11-5c 所示，暗管氮素流失量和暗管排水氮浓度与施肥量有较好的正相关关系。当施肥量为 60 kg N/hm^2 时，4 年平均的暗管氮素流失量和暗管

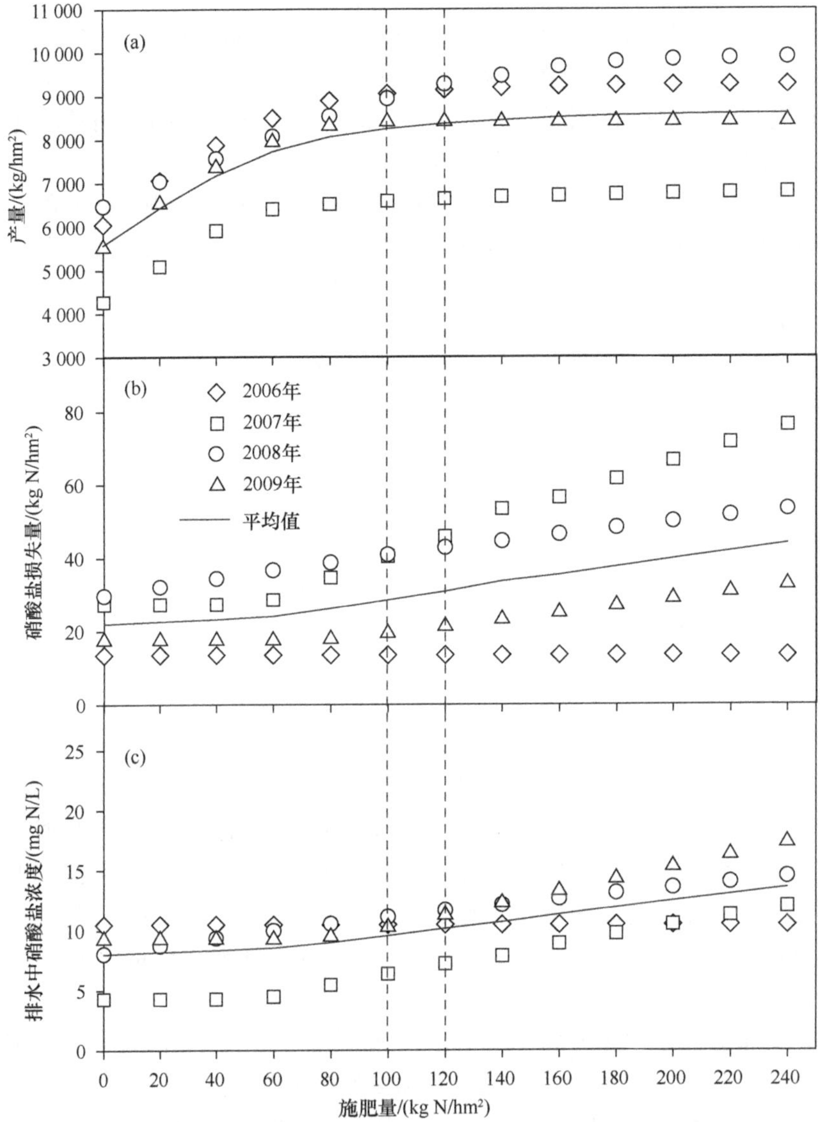

图 11-5　氮肥施用量与暗管氮素流失量和排水氮浓度的关系

虚线指 WHO 饮用水硝酸盐含量标准 10 mg N/L

排水氮浓度分别为 24.1 kg N/hm^2 和 8.6 mg N/L；施肥量高于 60 kg N/hm^2 时，暗管氮素流失量和排水氮浓度均显著增加，说明大量的氮肥淋失出了作物根系层并通过暗管排出。4 年氮素流失量的变异较大，从大到小的顺序为 2007 年、2008 年、2009 年和 2006 年。降雨量和作物根系吸氮量不同是导致氮素流失量发生年际变化较大的原因，2007 年降雨量最大，作物产量最低，根系吸氮较少，这导致当年的氮素流失量最高。当施肥量在 120 kg N/hm^2 时，平均的暗管排水硝酸盐浓度接近 WHO 规定的饮用水标准（10 mg N/L），含有高浓度硝酸盐的农田暗管排水直接排入密西西比河，将会导致下游河道水质恶化，污染了城市居民的饮用水水源，本研究推荐试验区玉米地氮肥施用量应该控制在 100～120 kg N/hm^2，这样不仅能够减小环境污染，而且保证了较高的作物产量。

Malone 等（2007）使用 RZWQM2 模型研究了艾奥瓦州东北部玉米田氮肥施用量与暗管排水氮素流失量的关系，发现 100 kg N/hm^2 是可在维持玉米产量的同时能减小暗管氮素流失量的最佳施肥量，当施肥量在 100～200 kg N/hm^2 时，暗管氮素流失量按照氮肥施用量的二次方函数增加，本研究的结果与此类似。艾奥瓦州农业多以雨养为主，最佳的氮肥投入量与其他集约化的农业区相比相对较低。例如，Zhang 等（2015）建议中国华北平原地区玉米的最佳氮肥施用量范围为 150～240 kg N/hm^2，在该范围可以将氮素淋失量降低到 18.4 kg N/hm^2，同时维持较高的作物产量 9.41 Mg/hm^2。Fang 等（2008）推荐中国华北平原小麦-玉米轮作区最佳氮肥施用量为 200 kg N/hm^2，可以降低 60%的氮素淋失量，同时维持作物产量。但是，在中国西北一些地区由于土壤硝酸盐累积较多，优化的氮肥施用量就较低。例如，Hu 等（2010）在内蒙古阿拉善地区的研究结果显示 75 kg N/hm^2 的氮肥施用量能够满足春玉米生长需求，Liang 等（2016）在相同的地区研究发现增加氮肥施用量对玉米产量没有显著影响，反而提高了氮素淋失量。上述研究说明，优化氮肥管理方案需要以土壤实地调查为基础，不同的气候、土壤和环境可能会对优化结果产生较大影响，特别是在未来采用 WHCNS 模型探索区域化水肥管理方案时要注意区域因素的影响。

本研究也存在一些不足之处：首先，许多研究表明增施氮肥会影响氨挥发和反硝化过程（Zhang et al.，2004），目前的研究由于缺少实测数据没能分析氮肥施用量与氮素气体损失的关系；其次，本研究在氮肥优化过程中固定了施肥次数和施肥时间，这也需要在未来的氮素管理方案中寻找更好的方法来解决。

11.7　小　　结

与 DRAINMOD 耦合后的 WHCNS 模型可以很好地模拟暗管排水条件下的土壤储水量、作物干物质重、作物产量、作物吸氮量、暗管排水和氮素流失。模拟的土壤储水量、作物干物质重、作物产量和作物吸氮量的平均 *nRMSE* 分别为 8.0%、18.9%、6.9%和 12.5%。模拟的暗管年和月排水量的 *nRMSE* 分别为 5.8% 和 37.9%，模拟的暗管年和月氮素流失量的 *nRMSE* 分别为 12.1%和 63.0%。16 年长期的暗管排水量模拟结果显示，绝大部分年份模拟的暗管年排水量与实测值吻合较好，统计指数 R^2、*RMSE*、*nRMSE* 和 *IA* 分别为 0.918、59.0 mm、23.4%和 0.97。因此，耦合后的 WHCNS 模型可以较好地模拟暗管排水条件下的水分平衡、氮素流失和作物生长过程。

基于情景分析结果，试验区最优的氮肥施用量范围为 100～120 kg N/hm^2，优化的施肥量可以将暗管排水硝态氮浓度降低到国家饮用水标准（10 mg N/L）以下，同时可维持较高的玉米产量（>8.2 Mg/hm^2）。因此，耦合的 WHCNS 模型可以用来评价暗管设计和农田管理对水分平衡、氮素流失和作物生长的短期与长期影响。

参 考 文 献

Baker J L, Melvini S W, Lemke D W, et al. 2004. Subsurface drainage in Iowa and the water quality benefits and problem. *In*: Cooke R. Drainage VIII. Proceedings of the Eighth International Symposium (Sacramento, CA, 21-24 March 2004). ASAE Publication 701P0304. St. Joseph, MI: ASAE: 39-50.

Bouwer H, van Schilfgaarde J. 1963. Simplified method of predicting fall of water table in drained land. Transactions of the ASABE, 6(4): 288-291.

Brown C D, van Beinum W. 2009. Pesticide transport via sub-surface drains in Europe. Environmental Pollution, 157(12): 3314-3324.

Cabelguenne M, Debaeke P, Bouniols A. 1999. EPIC phase, a version of the EPIC model simulating the effects of water and nitrogen stress on biomass and yield, taking account of developmental stages: validation on maize, sunflower, sorghum, soybean and winter wheat. Agricultural Systems, 60(3): 175-196.

Coleman K, Jenkinson D S. 1996. RothC-26.3-a model for the turnover of carbon in soil. *In*: Powlson D S, Smith P, Smith J U. Evaluation of Soil Organic Matter Models Using Existing, Long-term Datasets. Berlin Heidelberg: Springer: 237-246.

Dadfar H, Kay B D, Pararajasingham R, et al. 2007. Evaluation of LEACHMN for simulating seasonal changes in plant available nitrogen across a variable landscape. Canadian Journal of Soil Science, 87(4): 369-381.

Davis D M, Gowda P H, Mulla D J, et al. 2000. Modeling nitrate nitrogen leaching in response to nitrogen fertilizer rate and tile drain depth or spacing for southern Minnesota, USA. Journal of Environmental Quality, 29(5), 1568-1581.

Fang Q, Ma L, Yu Q, et al. 2008. Modeling nitrogen and water management effects in a wheat-maize double-cropping system. Journal of Environmental Quality, 37(6): 2232-2242.

Gowda P H, Mulla D J, Desmond E D, et al. 2012. ADAPT: model use, calibration, and validation. Transactions of the ASABE, 55(4): 1345-1352.

Hansen S, Jensen H E, Nielsen N E, et al. 1990. Npo-research, A10: DAISY: Soil Plant Atmosphere System Model. Copenhagen: The National Agency for Environmental Protection.

Holzworth D P, Snow V, Janssen S, et al. 2015. Agricultural production systems modelling and software: current status and future prospects. Environmental Modelling & Software, 72: 276-286.

Hu K L, Li Y, Chen W P, et al. 2010. Modelling nitrate leaching and optimizing water and nitrogen management under irrigated maize in desert oases in Northwestern China. Journal of Environmental Quality, 39(2): 667-677.

Jones J W, Hoogenboom G, Porter C H, et al. 2003. The DSSAT cropping system model. European Journal of Agronomy, 18(3): 235-265.

Keating B A, Carberry P S, Hammer G L, et al. 2003. An overview of APSIM, a model designed for farming systems simulation. European Journal of Agronomy, 18(3): 267-288.

Kirkham D. 1957. Theory of Land Drainage. *In*: Luthin J N. Drainage of Agricultural Lands. Madison, Wisconsin: American Society of Agronomy, 7: 139-181.

Lawlor P A, Helmers M J, Baker J L, et al. 2008. Nitrogen application rate effect on nitrate-nitrogen concentration and loss in subsurface drainage for a corn-soybean rotation. Transactions of the ASABE, 51: 83-94.

Liang H, Qi Z M, Hu K L. 2016. Can nitrate contaminated ground water be remediated by optimizing flood irrigation rate with high nitrate water in a desert oasis using the WHCNS model? Journal of Environmental Management, 181: 16-25.

Libra R D. 1998. Nitrate-nitrogen: Iowa's unintended export. *In*: Prior J C. Iowa Geology 1998. Iowa City, IA: Iowa Geological Survey Bureau: 3-7.

Liu H L, Yang J Y, Drury C A, et al. 2011. Using the DSSAT-CERES-Maize model to simulate crop yield and nitrogen cycling in fields under long-term continuous maize production. Nutrient Cycling Agroecosystems, 89(3): 313-328.

Luo W, Sands G R, Youssef M, et al. 2010. Modeling the impact of alternative drainage practices in the northern Corn-belt with DRAINMOD-NII. Agricultural Water Management, 97(3): 389-398.

Ma L, Malone R W, Heilman P, et al. 2007. RZWQM simulation of long-term crop production, water and nitrogen balances in Northeast Iowa. Geoderma, 140(3): 247-259.

Malone R W, Ma L, Heilman P, et al. 2007. Simulated N management effects on corn yield and tile-drainage nitrate loss. Geoderma, 140(3): 272-283.

McDowell R W, Sharpley A N. 2001. Approximating phosphorus release from soils to surface runoff and subsurface drainage. Journal of Environmental Quality, 30(2): 508-520.

Metherell A K, Harding L A, Cole C V, et al. 1993. CENTURY soil organic matter model environment: agroecosystem version 4.0. Great Plains System Research Unit Technical Report No. 4. Fort Collins, Colorado: USDA-ARS.

Monteith J L, Moss C J. 1977. Climate and the efficiency of crop production in Britain: discussion. Philosophical Transactions of the Royal Society, 281(980): 277-294.

Moody W T. 1967. Nonlinear differential equation of drain spacing. Journal of Irrigation and Drainage Engineering-ASCE, 92(IR2): 1-9.

Mualem Y. 1976. A new model for predicting the hydraulic conductivity of unsaturated porous media. Water Resources Research, 12(3): 513-522.

Muller T, Jensen L S, Nielsen N E, et al. 1998. Turnover of carbon and nitrogen in a sandy loam soil following incorporation of chopped maize plants, barley straw and blue grass in the field. Soil Biology and Biochemistry, 30(5): 561-571.

Negm L M, Youssef M A, Skaggs R W, et al. 2014. DRAINMOD-DSSAT model for simulating hydrology. Soil carbon and nitrogen dynamics, and crop growth for drained crop land. Agricultural Water Management, 137(5): 30-45.

Qi Z, Helmers M J, Malone R W, et al. 2011. Simulating long-term impacts of winter rye cover crop on hydrologic cycling and nitrogen dynamics for a corn-soybean crop system. Transactions of the ASABE, 54(5): 1575-1588.

Rabalais N N, Turner R E, Wiseman W J. 2001. Hypoxia in the Gulf of Mexico. Journal of Environmental Quality, 30(2): 320-329.

Schilling K E, Libra R D. 2000. The relationship of nitrate concentrations in streams to row crop land use in Iowa. Journal of Environmental Quality, 29: 1846-1851.

Singh R, Helmers M J, Qi Z. 2006. Calibration and validation of DRAINMOD to design subsurface drainage systems for Iowa's tile landscapes. Agricultural Water Management, 85(3): 221-232.

Skaggs R W. 1978. A water management model for shallow water table soils. North Carolina State University, Water Resources Research Institute.

Smedema L. 2000. Irrigation induced river salinization. Five major irrigated basins in the arid zone. International Water Management Institute, Colombo, Sri Lanka.

Thorp K R, Malone R W, Jaynes D B. 2007. Simulating long-term effects of nitrogen fertilizer application rates on corn yield and nitrogen dynamics. Transactions of the ASABE, 50(4): 1287-1303.

USDA. 1985. Soil Survey of Pocahontas County, Iowa. Washington D C: USDA Soil Conservation Service.

USEPA. 2007. Hypoxia in the Northern Gulf of Mexico: An Update by the EPA Science Advisory Board. EPA-SAB-08-003. Washington DC: USEPA Science Advisory Board.

Valipour M. 2014. Drainage, waterlogging, and salinity. Archives of Agronomy and Soil Science, 60(12): 1625-1640.

van Genuchten M T, 1987. A numerical Model for Water and Solute Movement in and below the Root Zone. California: University of California Riverside, US Salinity Laboratory.

Williams J R, Jones C A, Kiniry J R, et al. 1989. The EPIC crop growth model. Transactions of the ASABE, 32(2): 497-511.

Willmott C J. 1982. Some comments on the evaluation of model performance. Bulletin of the American Meteorological Society, 63(11): 1309-1313.

Yang C C, Prasher S O, Wang S, et al. 2007. Simulation of nitrate-N movement in southern Ontario, Canada with DRAINMOD-N. Agricultural Water Management, 87(3): 299-306.

Yang J M, Yang J Y, Liu S. 2014. An evaluation of the statistical methods for testing the performance of crop models with observed data. Agricultural System, 127: 81-89.

Zhang Y M, Chen D L, Zhang J B. 2004. Ammonia volatilization and denitrification losses from an irrigated maize-wheat rotation field in the North China Plain. Pedosphere, 14(4): 533-540.

Zhang Y, Wang H, Liu S. 2015. Identifying critical nitrogen application rate for maize yield and nitrate leaching in a Haplic Luvisol soil using the DNDC model. Science of the Total Environment, 514: 388-398.

Zhao S L, Gupta S C, Huggins D R. 2000. Predicting subsurface drainage, corn yield, and nitrate nitrogen losses with DRAINMOD-N. Journal of Environmental Quality, 29(3): 817-825.

第 12 章　WHCNS 用户手册

12.1　系统简介

土壤水热碳氮动态模拟软件（WHCNS）V1.0（soil water heat carbon and nitrogen simulator）是一款土壤-作物-大气系统模拟软件，在土壤水热溶质联合运移的动力学模型基础上，引入农田环境下作物生长发育过程，完善了土壤有机质周转、有机氮矿化和固持、尿素水解、氨挥发、氮素硝化和反硝化等过程。该模拟软件包括气象模块、土壤水热氮联合运移模块、作物生长模块、有机质模块、根系吸水吸氮模块、无机氮模块和田间管理 7 个模块。使用了 C++面向对象的编程技术将这些模块有机地结合起来，各模块可以作为一个整体运行，也可单独运行，WHCNS 模型可以用来定量化土壤-作物系统中大多数关键过程。

此外，该软件将作物生产潜力的模拟分为三个水平：第一生产水平是模拟无胁迫因子时作物的光温生产潜力，第二生产水平是模拟水分胁迫条件下的作物生产潜力，第三生产水平是模拟水分氮素胁迫条件下的作物生产潜力。

WHCNS 模型引用了 FAO 的气象模块和荷兰的 PS123 作物模型，借鉴了 DAISY、HYDRUS-1D、RZWQM 和 LEACHM 模型的相关水分溶质运移理论，并对其进行了修改与完善。该模型以天为步长，能够用于分析土壤水热动态、氮素去向、有机质周转、作物生长及温室气体排放。同时使用 PEST（parameter estimation）自动优化工具实现了参数自动优化，WHCNS 模型是系统化的模型，为定量化分析田间水肥管理措施对作物生产及环境的影响提供了有力的工具。

其主要技术特色如下。

1）采用 C++和 C#混合编程技术，界面开发使用 C#，内部计算使用 C++，实用性强，系统功能完善，界面良好，使用方便灵活。

2）系统地描述了土壤碳氮循环过程，可以用来定量化描述土壤-作物系统中大多数关键过程。

3）建立的作物模型参数库可动态管理，可随时追加、更新数据库。

4）使用面向对象的程序化设计，软件的各模块可以作为一个整体运行，也可单独运行，便于维护和二次开发。

本系统有丰富的功能，可用于土壤物理化学过程和作物生产领域的计算，也可用于环保领域进行温室气体排放的研究。其主要功能简单介绍如下。

1）土壤剖面水分、温度及无机氮动态过程模拟。

2）土壤-作物-大气系统氮素转化过程（有机氮矿化、固持、硝化、尿素水解）及去向（反硝化、氨挥发、硝酸盐淋失和作物吸收等）分析。

3）水氮胁迫下的作物干物质重、产量和叶面积指数等分析。

4）作物根系生长及吸水吸氮过程。

5）有机质转化动态模拟（有机肥或秸秆库、土壤有机质库、微生物库分解与转化）；温室气体排放过程（CO_2和N_2O）。

6）对 PEST 的输入文件进行了适当的简化，输入输出文件的格式简单易懂。

7）大大缩短了参数的自动优化过程，极大地方便了土壤-作物系统模拟软件的使用。

12.2 模型输入文件

12.2.1 土壤模块 soilmodel_in.xls

1. 土壤水

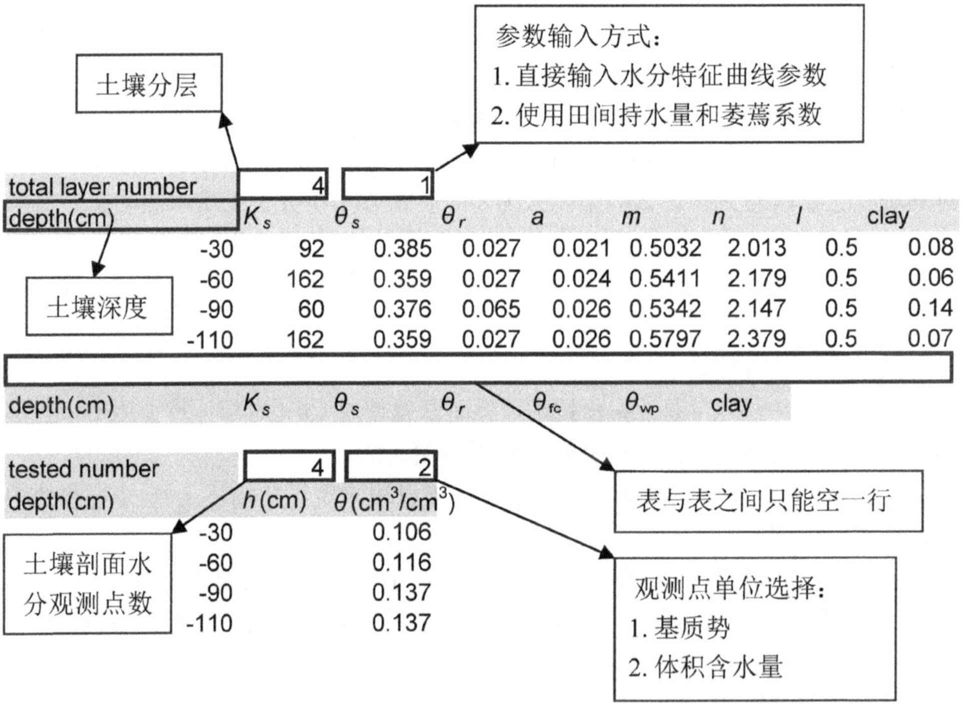

参数说明：

K_s，饱和导水率(cm/d)；

θ_s，饱和含水量（cm^3/cm^3）；

θ_r，残余含水量（cm^3/cm^3）；

a、m、n 和 l，van Genuchten 水分特征曲线参数；

clay，土壤黏粒含量；

θ_{fc}，田间持水量（cm^3/cm^3）；

θ_{wp}，萎蔫系数（cm^3/cm^3）；

h，土壤初始基质势（cm）；

θ，土壤初始含水量（cm^3/cm^3）。

2. 土壤溶质运移

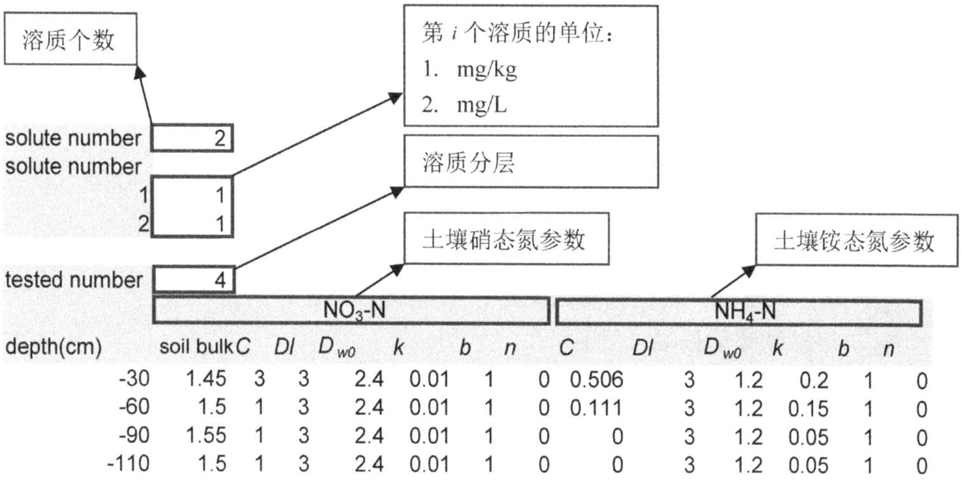

depth(cm)	soil bulk	C	Dl	D_{w0}	k	b	n	C	Dl	D_{w0}	k	b	n
-30	1.45	3	3	2.4	0.01	1	0	0.506	3	1.2	0.2	1	0
-60	1.5	1	3	2.4	0.01	1	0	0.111	3	1.2	0.15	1	0
-90	1.55	1	3	2.4	0.01	1	0	0	3	1.2	0.05	1	0
-110	1.5	1	3	2.4	0.01	1	0	0	3	1.2	0.05	1	0

参数说明：

soil bulk，容重（g/cm^3）；

C，溶质浓度（可以设置溶质的单位）；

Dl，弥散度（cm）；

D_{w0}，溶质在自由水中的扩散系数（cm^2/d）；

k、b 和 n，溶质与土壤等温吸附曲线参数（–），取值不同分别代表不同的吸附类型（Langmuir，Frendlich，线性），具体可参考 HYDRUS-1D 模型说明书。

3. 土壤热传导

土壤分层数

土壤热特性参数，由于上下边界采用经验公式估算，通常热特性参数不用改变就可以达到较高的模拟精度

total layer number	4									
depth(cm)	Solid	Organic	Disp.(	b 1[W/(cı	b 2[W/(c	b 3[W/(cı	C_n [J/(cm^3·	C_o [J/(cı	C_w [J/(cm3·
-30	0.57	0.66	5	2E+16	3E+16	1E+17	1.43E+14	2E+14	3.12E+14
-60	0.57	0.16	5	2E+16	3E+16	1E+17	1.43E+14	2E+14	3.12E+14
-90	0.57	0.08	5	2E+16	3E+16	1E+17	1.43E+14	2E+14	3.12E+14
-110	0.57	0	5	2E+16	3E+16	1E+17	1.43E+14	2E+14	3.12E+14

土壤初始温度

tested number	2
depth(cm)	thermal(℃)
-30	20
-110	15
T_{aa}	18
T_{am}	4
AJ	250

参数说明：

T_{aa}，年平均温度，根据模拟效果可以适当调节（℃）；

T_{am}，年温度波动振幅（℃）；

AJ，当地太阳高度角最大时的儒历日序，注意南北半球区分（–）。

4. 数值算法

溶质运移算法选择：
1. 广义迎风差分格式
2. 六点隐式差分格式

溶质边界条件选择：
1. 输入每天底层含水量
2. 自由排水边界

CDE_flag	1
BBoundary	2
h_{CritA}	-30000
h_qq	10
CN_2	80

参数说明：

h_{CritA}，地表最干燥时的基质势（cm）；

h_qq，所有节点迭代容差之和的平方（cm）

CN_2，SCS（soil conservation service）径流曲线系数。

12.2.2　气象模块 weather_in.xls

ELE	LATDEG	YEAR	MONTH	DAY	TMIN	TMAX	TMEAN	RH	Vw	RHmin	Sunsh	PREC(	IRRI	NO_3^-(m	NH_4^+(m
90	35.5	2009	9	1	21.4	31.1	25.4	77	2.4	35	6.5	0.0	0	0	0
90	35.5	2009	9	2	20.8	28.1	23.6	62	2.3	35	3.1	0.0	0	0	0
90	35.5	2009	9	3	19.7	30.1	24.2	63	2.1	35	5.4	0.0	0	0	0
90	35.5	2009	9	4	21.3	28.2	24	66	1.7	35	1.6	0.1	0	0	0
90	35.5	2009	9	5	19.2	27.8	23.1	70	1.7	35	5.1	0.0	0	0	0
90	35.5	2009	9	6	17.1	28.7	22.7	61	3.4	35	7.8	0.0	0	0	0
90	35.5	2009	9	7	17.2	24.4	19.3	84	1.3	35	0	4.9	0	0	0

参数说明：

ELE，海拔（m）；

LATDEG，纬度（°）；

YEAR，年（a）；

MONTH，月（m）；

DAY，日（d）；

T_{MIN}，日最低温（℃）；

T_{MAX}，日最高温（℃）；

T_{MEAN}，日平均温（℃）；

RH，日平均相对湿度（%）；

V_w，日平均风速（m/s）；

RH_{min}，日最小相对湿度，无观测值则设置为 35（%）；

Sunsh，日照时数（h）；

PREC，日降雨量（mm）；

IRRI，灌溉量（mm）；

NO_3^-，降雨或灌溉水中硝态氮浓度（mg N/L）；

NH_4^+，降雨或灌溉水中铵态氮的浓度（mg N/L）。

12.2.3 作物模块 cropbase_in.xls

（1）PS123 作物模型输入参数

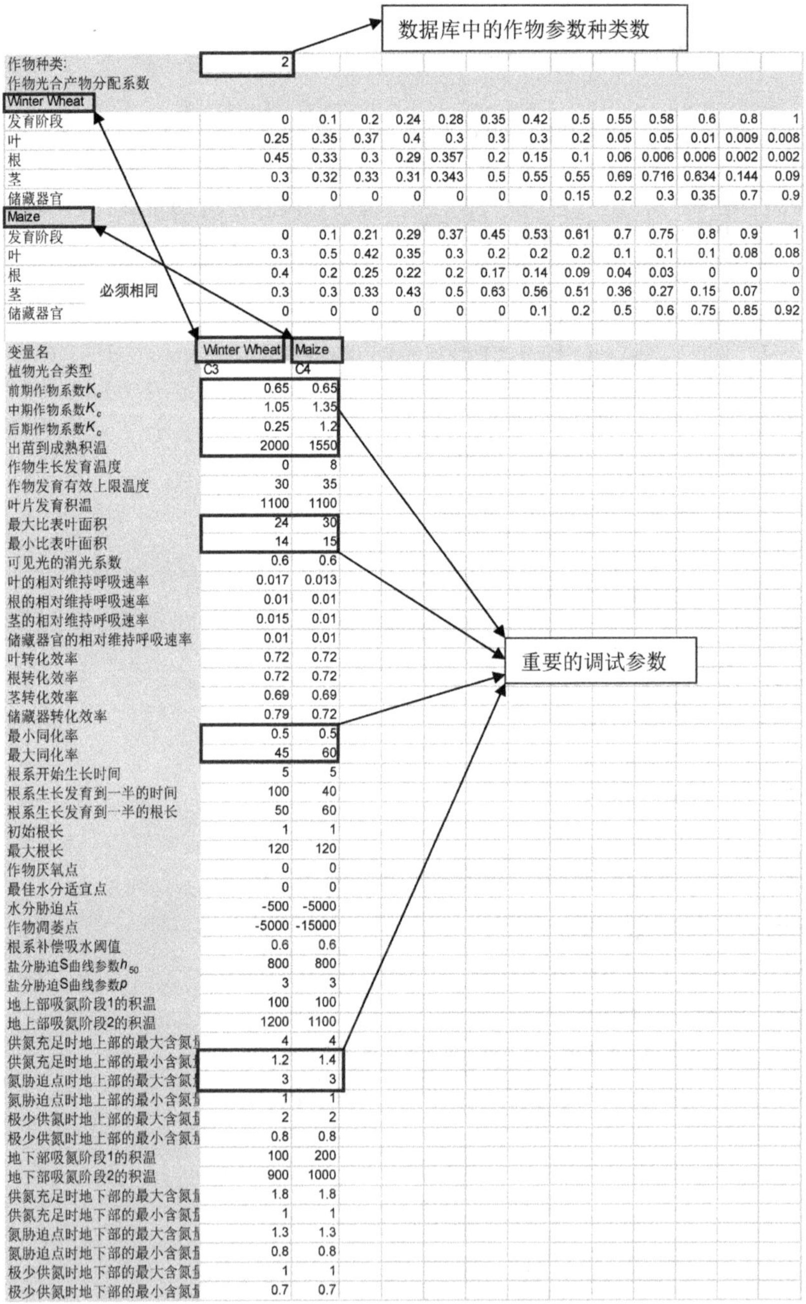

作物种类:	2												
作物光合产物分配系数													
Winter Wheat													
发育阶段	0	0.1	0.2	0.24	0.28	0.35	0.42	0.5	0.55	0.58	0.6	0.8	1
叶	0.25	0.35	0.37	0.4	0.3	0.3	0.3	0.2	0.05	0.05	0.01	0.009	0.008
根	0.45	0.33	0.3	0.29	0.357	0.2	0.15	0.1	0.06	0.006	0.006	0.002	0.002
茎	0.3	0.32	0.33	0.31	0.343	0.5	0.55	0.55	0.69	0.716	0.634	0.144	0.09
储藏器官	0	0	0	0	0	0	0	0.15	0.2	0.3	0.35	0.7	0.9
Maize													
发育阶段	0	0.1	0.21	0.29	0.37	0.45	0.53	0.61	0.7	0.75	0.8	0.9	1
叶	0.3	0.5	0.42	0.35	0.3	0.2	0.2	0.2	0.1	0.1	0.1	0.08	0.08
根	0.4	0.2	0.25	0.22	0.2	0.17	0.14	0.09	0.04	0.03	0	0	0
茎	0.3	0.3	0.33	0.43	0.5	0.63	0.56	0.51	0.36	0.27	0.15	0.07	0
储藏器官	0	0	0	0	0	0	0.1	0.2	0.5	0.6	0.75	0.85	0.92

变量名	Winter Wheat	Maize
植物光合类型	C3	C4
前期作物系数K_c	0.65	0.65
中期作物系数K_c	1.05	1.35
后期作物系数K_c	0.25	1.2
出苗到成熟积温	2000	1550
作物生长发育温度	0	8
作物发育有效上限温度	30	35
叶片发育积温	1100	1100
最大比表叶面积	24	30
最小比表叶面积	14	15
可见光的消光系数	0.6	0.6
叶的相对维持呼吸速率	0.017	0.013
根的相对维持呼吸速率	0.01	0.01
茎的相对维持呼吸速率	0.015	0.01
储藏器官的相对维持呼吸速率	0.01	0.01
叶转化效率	0.72	0.72
根转化效率	0.72	0.72
茎转化效率	0.69	0.69
储藏器转化效率	0.79	0.72
最小同化率	0.5	0.5
最大同化率	45	60
根系开始生长时间	5	5
根系生长发育到一半的时间	100	40
根系生长发育到一半的根长	50	60
初始根长	1	1
最大根长	120	120
作物厌氧点	0	0
最佳水分适宜点	0	0
水分胁迫点	-500	-5000
作物凋萎点	-5000	-15000
根系补偿吸水阈值	0.6	0.6
盐分胁迫S曲线参数h_{50}	800	800
盐分胁迫S曲线参数p	3	3
地上部吸氮阶段1的积温	100	100
地上部吸氮阶段2的积温	1200	1100
供氮充足时地上部的最大含氮	4	4
供氮充足时地上部的最小含氮	1.2	1.4
氮胁迫点时地上部的最大含氮	3	3
氮胁迫点时地上部的最小含氮	1	1
极少供氮时地上部的最大含氮	2	2
极少供氮时地上部的最小含氮	0.8	0.8
地下部吸氮阶段1的积温	100	200
地下部吸氮阶段2的积温	900	1000
供氮充足时地下部的最大含氮	1.8	1.8
供氮充足时地下部的最小含氮	1	1
氮胁迫点时地下部的最大含氮	1.3	1.3
氮胁迫点时地下部的最小含氮	0.8	0.8
极少供氮时地下部的最大含氮	1	1
极少供氮时地下部的最小含氮	0.7	0.7

（2）EPIC 作物模型输入参数

作物种类:	2	
变量名	Corn	Soybean
前期作物系数K_c	0.3	0.36
中期作物系数K_c	1.2	0.75
后期作物系数K_c	0.5	0.4
出苗到成熟积温	1450	1550
作物生长发育最低温度	8	8
作物发育有效上限温度	35	35
生物量-能量转换参数	32	11
最大叶面积指数	5	3
叶面积开始下降的*RDS*	0.55	0.55
叶面积下降速率	0.3	0.3
叶面积模拟经验参数1	15	15
叶面积模拟经验参数2	50	50
根系开始生长时间	1	1
根系生长发育到一半的时间	30	30
根系生长发育到一半的根长	100	100
初始根长	1	1
最大根长	150	150
作物厌氧点	0	0
最佳水分适宜点	0	0
水分胁迫点	−1000	−1000
作物凋萎点	−5000	−5000
根系补偿吸水阈值	0.85	0.85
盐分胁迫S曲线参数h_{50}	800	800
盐分胁迫S曲线参数p	3	3
作物最小含氮量	1.35	2
临界函数经验参数	3	4
喜硝态作物(0~1)	0	0

作物名称

重要的调试参数

（3）WHCNS_veg 作物模型输入参数

作物种类:	1
变量名	Tomato
前期作物系数K_c	0.5
中期作物系数K_c	0.8
后期作物系数K_c	0.7
出苗到成熟积温	1500
作物生长发育温度	7
作物发育有效上限温度	20
干物质积累经验参数（kg/hm^2）	1
鲜产量的干物质含量c_{DM}（%）	4
收获指数HI（%）	42
可出售的最小鲜重L_{low}（kg/plant）	0.05
产量分布的变异系数CV	0.3
根系开始生长时间	5
根系生长发育到一半的时间	15
根系生长发育到一半的根长	45
初始根长	5
最大根长	60
作物厌氧点	0
最佳水分适宜点	0
水分胁迫点	-500
作物凋萎点	-5000
根系补偿吸水阈值	0.6
盐分胁迫S曲线参数h_{50}	800
盐分胁迫S曲线参数p	3
作物最小含氮量	1.85
临界函数经验参数	10
喜硝态作物(0~1)	0

蔬菜名称（变量名）

控制作物需水量的参数（前期、中期、后期作物系数K_c）

控制作物生育期的调试参数（出苗到成熟积温、作物生长发育温度、作物发育有效上限温度）

控制根系生长的参数（根系开始生长时间至最大根长）

控制作物吸氮量的参数（作物最小含氮量、临界函数经验参数）

0 到 1 代表作物对硝态氮的偏好程度，0 表示偏好铵态氮，1 表示偏好硝态氮（喜硝态作物）

12.2.4　田间管理模块 manage_in.xls

（1）播种

播种次数

地表覆膜占总面积的比例

播种次数	4	灌溉方式	3	覆膜率	0					
作物名	播种年	播种月	播种日	播种量	播种深度	收获年	收获月	收获日	经验参数a	经验参数b
Winter Wheat	2009	10	10	200	3	2010	6	21	9	50
Maize	2010	6	23	25	3	2010	10	2	9	150
Winter Wheat	2010	10	11	200	3	2011	6	21	9.34	200
Maize	2011	6	23	25	3	2011	10	2	9	50

灌溉方式选择：1. Basin irrigation; 2. Sprinkler irrigation; 3. Border irrigation; 4. Furrow irrigation (every furrow), narrow bed; 5. Furrow irrigation (every furrow), wide bed; 6. Furrow irrigation (alternated furrows); 7. Drip irrigation

参数说明：

播种量，以 kg/hm^2 计；

播种深度，cm；

经验参数 *a* 和 *b*，作物从播种到出苗所需积温与播种深度呈线性关系，*a* 是斜率，*b* 是截距。

（2）化肥施用

化肥施用次数

施肥方法，0 代表表施，其余代表施肥深度

化肥施肥次数	6				
施肥种类	施肥年	施肥月	施肥日	施肥量（kg N/hm^2）	施肥深度（cm）
NH4-N	2009	10	10	112.5	10
NO3-N	2010	4	5	112.5	0
Urea-N	2010	7	16	90	0
NH4-N	2010	10	11	84	10
NH4-N	2011	3	29	126	0
NH4-N	2011	7	19	210	0

可选择三种肥料：NH_4-N、NO_3-N 和 Urea-N，它们在土壤中的运移和转化过程各不相同

（3）有机肥施用或秸秆还田

施用次数　　以碳计

有机肥施肥次数 3

施肥种类	施肥年	施肥月	施肥日	施肥量（kg C/hm^2）	施肥深度（cm）
residue	2010	6	23	3000	10
residue	2010	10	11	3000	10
residue	2011	6	23	3000	10

可选择两种肥料：residue 和 manure，它们的碳氮比各不相同

12.2.5　有机碳氮模块 organic_in.xls

有机质初始化

total layer number	5		
depth(cm)	organic(kg C/ha)	C/N	AOM(kg C/ha)
-10	10000	10.4	0
-20	5000	10.3	0
-30	1000	10.1	0
-40	1000	10.1	0
-50	1000	10.1	0

有机质库信息

organic pools	*k* *(1/d)	C/N	*UE*	*m* *(1/d)
AOM1	2.40E-02	20	0.13	0
AOM2	5.00E-02	10	0.69	0
SMB1	1.85E-04	6.7	0.6	1.80E-03
SMB2	1.00E-02	6.7	0.6	1.00E-02
SOM1	2.70E-06	10	0.4	0
SOM2	1.40E-04	12	0.5	0

碳氮转化参数

parameter testing	
AOM1:AOM2	24
SMB1:SMB2	1
SOM1:SOM2	3
AOM1 to SMB1	0.5
AOM1 to SMB2	0.5
SMB1 to SOM2	0.6
SMB2 to SOM2	0.6
SOM2 to SOM1	0.1
V_n [mg N/(L·d)]	80
k_n (mg N/L)	100
k_d	1
A_d (mg/mg)	0.1
K_v (1/d)	0.05

参数说明：

organic，初始有机质含量（以碳计，kg/hm^2）；

C/N，土壤有机碳与全氮比或不同库的碳氮比；

organic pools，有机质分库情况，本研究采用 DAISY 模型方法分为 6 个库；

AOM，添加有机质库（以碳计，包括作物残茬、秸秆和有机肥等）；

AOM1 和 AOM2，分别是添加有机质慢库和快库；

SMB1 和 SMB2，分别是微生物有机质慢库和快库；

SOM1 和 SOM2，分别是土壤有机质慢库和快库；

k^*，有机质库一阶动力学分解速率（d^{-1}）；

UE，有机质库利用效率（–）；

m^*，微生物库维持呼吸速率（d^{-1}）；

pool1：pool2，有机质库 pool1 与 pool2 库之间的初始比值（–）；

pool_a to pool_b，有机质库 pool_a 到有机质库 pool_b 的转化比例（–）；

V_n，硝化反应 Michaelis-Menten 动力学参数，潜在硝化速率[mg N/(L·d)]；

K_n，硝化反应 Michaelis-Menten 动力学参数，半饱和常数（mg N/L）；

K_d，反硝化的例系数（–）；

A_d^*，反硝化经验系数（–）；

K_v，氨挥发一阶动力学常数（d^{-1}）。

12.3 辅 助 工 具

12.3.1 情景分析 scenario.xls

情景分析软件包提供了一种简便的情景分析模式，用户可以根据需要设置不同的水氮情景和匹配模式，软件会自动运行计算输出各个情景的水氮平衡各项及作物产量情况。

（1）灌溉管理情景

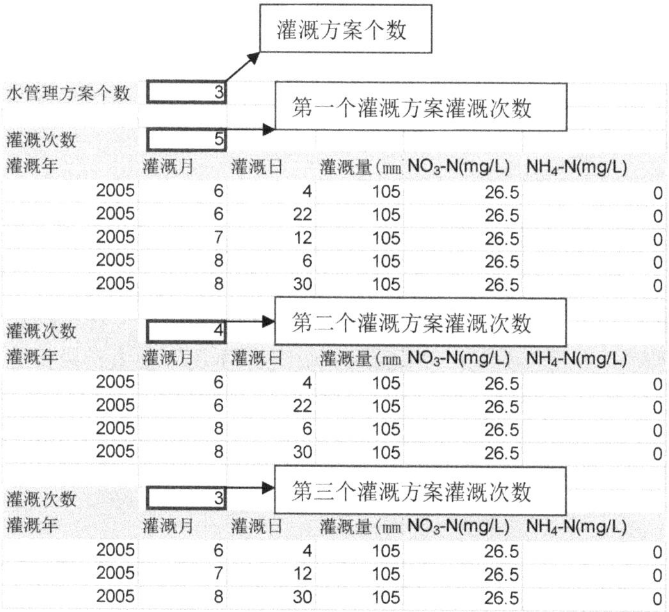

水管理方案个数	3				
灌溉次数	5				
灌溉年	灌溉月	灌溉日	灌溉量(mm	NO_3-N(mg/L)	NH_4-N(mg/L)
2005	6	4	105	26.5	0
2005	6	22	105	26.5	0
2005	7	12	105	26.5	0
2005	8	6	105	26.5	0
2005	8	30	105	26.5	0
灌溉次数	4				
灌溉年	灌溉月	灌溉日	灌溉量(mm	NO_3-N(mg/L)	NH_4-N(mg/L)
2005	6	4	105	26.5	0
2005	6	22	105	26.5	0
2005	8	6	105	26.5	0
2005	8	30	105	26.5	0
灌溉次数	3				
灌溉年	灌溉月	灌溉日	灌溉量(mm	NO_3-N(mg/L)	NH_4-N(mg/L)
2005	6	4	105	26.5	0
2005	7	12	105	26.5	0
2005	8	30	105	26.5	0

（2）施肥管理情景

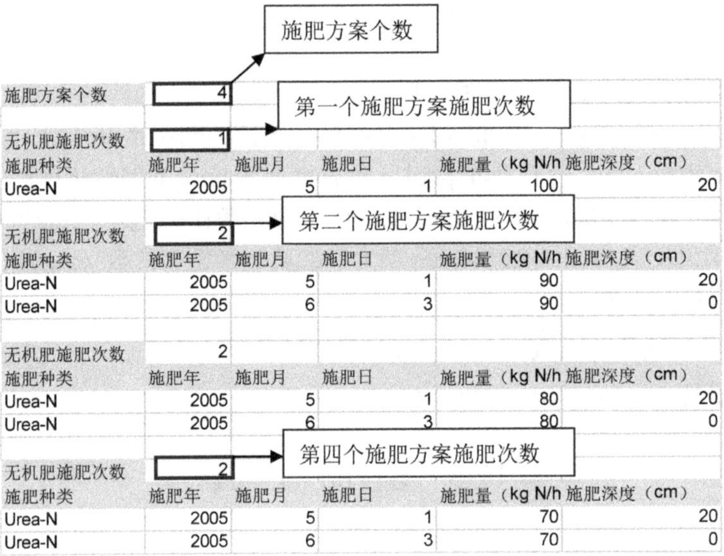

施肥方案个数	4				
无机肥施肥次数	1				
施肥种类	施肥年	施肥月	施肥日	施肥量（kg N/h	施肥深度（cm）
Urea-N	2005	5	1	100	20
无机肥施肥次数	2				
施肥种类	施肥年	施肥月	施肥日	施肥量（kg N/h	施肥深度（cm）
Urea-N	2005	5	1	90	20
Urea-N	2005	6	3	90	0
无机肥施肥次数	2				
施肥种类	施肥年	施肥月	施肥日	施肥量（kg N/h	施肥深度（cm）
Urea-N	2005	5	1	80	20
Urea-N	2005	6	3	80	0
无机肥施肥次数	2				
施肥种类	施肥年	施肥月	施肥日	施肥量（kg N/h	施肥深度（cm）
Urea-N	2005	5	1	70	20
Urea-N	2005	6	3	70	0

（3）情景匹配模式

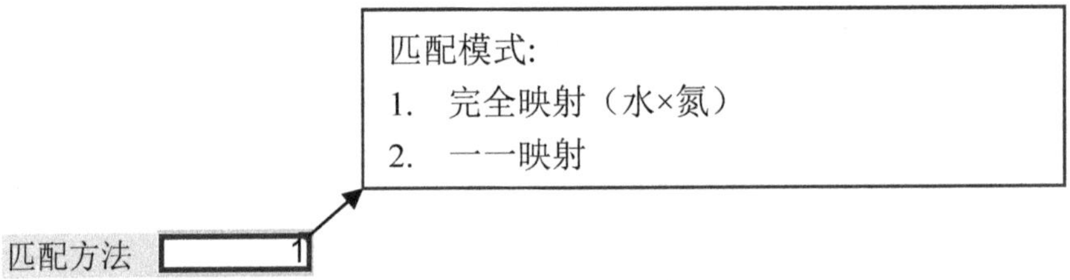

（4）运行方法

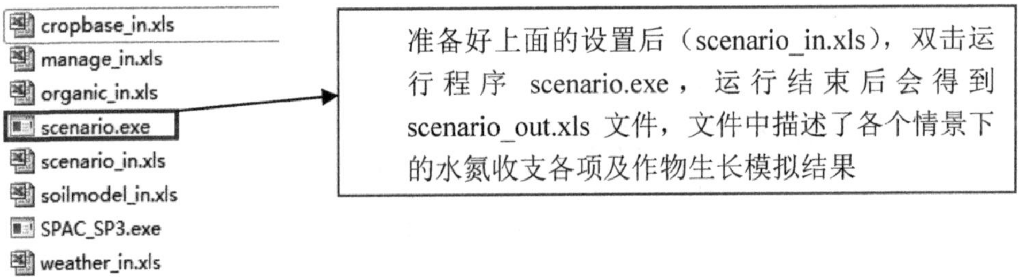

12.3.2　WHCNS_PEST 参数自动优化工具

（1）观察值设置 observer_val.xls

观测值（实测值）个数

观测值保留小数点位数

各个观测值的权重

观察值个数	408						
序列号	文件名	工作表名	第几行	第几列	实测值	小数点位数	权重
1	soilmodel_out.xls	soilwater_out	42	4	0.0992	5	10
2	soilmodel_out.xls	soilwater_out	42	6	0.1478	5	10
3	soilmodel_out.xls	soilwater_out	42	10	0.1622	5	10
4	soilmodel_out.xls	soilwater_out	42	15	0.1246	5	10
5	soilmodel_out.xls	soilwater_out	42	20	0.1422	5	10
6	soilmodel_out.xls	soilwater_out	42	26	0.1584	5	10
7	soilmodel_out.xls	soilwater_out	42	34	0.1322	5	10
8	soilmodel_out.xls	soilwater_out	42	41	0.1154	5	10
9	soilmodel_out.xls	soilwater_out	42	46	0.1372	5	10
10	soilmodel_out.xls	soilwater_out	42	51	0.1656	5	10
11	soilmodel_out.xls	soilwater_out	42	56	0.1664	5	10
12	soilmodel_out.xls	soilwater_out	42	61	0.161	5	10

观测值对应的输出文件名

观测值对应的工作表名

观测值在表中的位置

观测值

（2）优化参数设置 optimize_val.xls

优化参数个数

优化初始值

参数优化的上下限

优化参数个数	16							
序列号	文件名	工作表名	第几行	第几列	初始值	下限	上限	小数点位数
1	soilmodel	soilwater	5	5	0.2	0.15	0.27	3
2	soilmodel	soilwater	6	5	0.2	0.15	0.27	3
3	soilmodel	soilwater	7	5	0.2	0.15	0.27	3
4	soilmodel	soilwater	8	5	0.15	0.1	0.2	3
5	soilmodel	soilwater	9	5	0.15	0.1	0.2	3
6	soilmodel	soilwater	10	5	0.15	0.1	0.2	3
7	soilmodel	soilwater	11	5	0.15	0.1	0.2	3
8	soilmodel	soilwater	12	5	0.15	0.1	0.2	3
9	soilmodel	soilwater	5	6	0.1	0.08	0.12	3
10	soilmodel	soilwater	6	6	0.1	0.08	0.12	3
11	soilmodel	soilwater	7	6	0.1	0.08	0.12	3
12	soilmodel	soilwater	8	6	0.08	0.05	0.1	3
13	soilmodel	soilwater	9	6	0.08	0.05	0.1	3
14	soilmodel	soilwater	10	6	0.08	0.05	0.1	3
15	soilmodel	soilwater	11	6	0.08	0.05	0.1	3
16	soilmodel	soilwater	12	6	0.08	0.05	0.1	3

（3）运行方法

准备好上述两个 Excel 文件，双击“bridge_PEST”，出现下面界面，证明已经可以进行优化计算了。

12.4 模型输出结果

模型计算结束后，会生产 5 个*_out.xls 文件（soilmodel_out.xls、cropmodel_out.xls、waterbal_out.xls 、Nbal_out.xls、organic_out.xls）。

soilmodel_out.xls 文件中包括了土壤各层每天的含水量、温度、溶质情况。

cropmodel_out.xls 文件中包含了每天作物各个器官的干物质积累量、叶面积指数、含氮量、根系长度、相对发育阶段等信息。

waterbal_out.xls 文件中包括了系统中水分的收支项，包含蒸发、蒸腾、渗漏、降雨、径流、灌溉等信息。

Nbal_out.xls 文件中包含了系统中氮素的各个去向，包括作物吸收、土壤淋失、氨挥发、硝化、反硝化等信息。

organic_out.xls 文件中包括了每天各个有机质库的动态变化和二氧化碳的产生量。

用户可以打开这些 Excel 文件，很方便地做出自己需要的图表。

12.4.1 土壤水分溶质输出 soilmodel_out.xls

Soilmodel_out.xls 文件由 4 个工作表组成。

（1）soilwater_out

1 代表 manage_in.xls 文件里面的第一次播种后天数

土壤剖面观察点，即 15 cm、30 cm、60 cm、90 cm 和 120 cm 处的体积含水量，可在 soilmodel_in.xls 文件里面灵活设置

	A	B	C	D	E	F
1	water (cm^3/cm^3)	15	30	60	90	120
2	1	0.37246	0.37531	0.37589	0.373542	0.359548
3	2	0.363888	0.368814	0.369769	0.368217	0.35676
4	3	0.357901	0.363769	0.364809	0.363695	0.354102
5	4	0.352535	0.359156	0.360257	0.35952	0.351592
6	5	0.348092	0.355422	0.356611	0.356204	0.349598
7	6	0.343829	0.351787	0.35305	0.352949	0.347604
8	7	0.338691	0.347274	0.348597	0.348849	0.345034
9	8	0.333335	0.343026	0.344561	0.345241	0.342818
10	9	0.325649	0.337708	0.339657	0.34096	0.340222
11	10	0.316541	0.333834	0.336473	0.33866	0.338847
12	11	0.324758	0.336476	0.338427	0.339858	0.339577
13	12	0.32307	0.334134	0.335851	0.337242	0.33764

（2）soiltemperature_out

1 代表 manage_in.xls 文件里面的第一次播种后天数，同上

土壤剖面观察点，同上，可在 soilmodel_in.xls文件里面灵活设置

	A	B	C	D	E	F	G
1	soil tempe	20	40	60	80	100	120
2	1	24.87397	24.30328	23.73404	23.15894	22.57674	21.98666
3	2	28.492	27.27	26.05482	24.83127	23.59542	22.34356
4	3	27.9666	26.84144	25.72429	24.60166	23.46879	22.318
5	4	27.80015	26.70795	25.62461	24.53761	23.44134	22.32476
6	5	28.84798	27.56798	26.2998	25.02934	23.74911	22.44273
7	6	28.6447	27.40362	26.17534	24.94649	23.70885	22.44374
8	7	30.15969	28.64448	27.14657	25.6506	24.1452	22.60312
9	8	28.82108	27.54963	26.29522	25.04458	23.78696	22.49642
10	9	27.15634	26.18689	25.23416	24.28691	23.33566	22.35784
11	10	25.25869	24.63516	24.02691	23.42386	22.81867	22.19649
12	11	24.0131	23.62583	23.24493	22.86636	22.48631	22.09592
13	12	23.59619	23.28841	22.98545	22.68427	22.38208	22.07096

（3）soilsolute_out1

不同层次土壤硝态氮含量，单位为 mg N/kg，同上，输出深度可在 soilmodel in.xls 文件里面灵活设置

	A	B	C	D	E
1	C(mg/kg)	30	60	90	120
2	1	73.929	26.70971	30.56181	15.99247
3	2	102.367	32.85762	29.78934	17.62315
4	3	127.3294	39.16155	33.61782	23.36283
5	4	139.8946	42.17093	35.50159	26.597
6	5	142.2105	44.35585	37.13103	29.15796
7	6	139.1537	45.81837	38.2177	30.98042
8	7	133.8897	47.11566	39.13715	32.59354
9	8	129.9416	48.56959	40.24706	34.23914
10	9	124.264	49.61589	40.97375	35.37102
11	10	116.9463	51.04729	42.09185	36.89737
12	11	113.7644	52.97789	43.74305	38.98079

（4）soilsolute_out2

不同层次土壤铵态氮含量，单位为 mg N/kg，同上，输出深度可在 soilmodel in.xls 文件里面灵活设置

	A	B	C	D	E
1	C(mg/kg)	30	60	90	120
2	1	37.29877	9.152085	0.851576	5.6E-06
3	2	62.95734	3.621906	0.966459	3.14E-05
4	3	29.67428	1.933771	1.027084	8.71E-05
5	4	9.535213	1.391259	1.067167	0.000185
6	5	2.490587	1.221459	1.090037	0.000302
7	6	0.586759	1.161702	1.104098	0.000453
8	7	0.131547	1.119919	1.110388	0.000676
9	8	0.017675	1.067386	1.111169	0.000909
10	9	1.26E-08	1.037147	1.104648	0.001189
11	10	6.39E-07	1.016748	1.088057	0.00156
12	11	2.97E-08	0.98651	1.066191	0.002019

12.4.2 作物输出 cropmodel_out.xls

1）当作物模块采用 PS123 时，cropmodel_out.xls 文件总结了作物模型模拟结果，如下图。

	A	B	C	D	E	F	G	H	I	J	K	L	M
1	Day	RDS	Wleaf(kg/hm^2)	Wroot(kg/hm^2)	Wstem(kg/hm^2)	Wso(kg/hm^2)	Wtotal(kg/hm^2)	LAI	xR(cm)	cf_water	cf_N	R_N	S_N
2	1	0	0	0	0	200	200	0	0	1	1	0	0
3	2	0	0	0	0	200	200	0	0	1	1	0	0
4	3	0	0	0	0	200	200	0	0	1	1	0.018	0.04
5	4	0	27.64800072	69.12	39.7440033	0	136.5120068	0	0	1	1	0.018	0.04
6	5	0	29.16045761	73.05913544	42.00189972	0	144.2214928	0.0774	0.935352	0.99109	1	0.018	0.04
7	6	0.0066	30.79167557	77.18567657	44.46561813	0	152.4429703	0.0816	1	0.99166	1	0.018	0.04
8	7	0.0136	32.36749268	81.0944519	46.90338516	0	160.3653297	0.0862	1.069084	0.99218	1	0.018	0.04
9	8	0.0225	34.16748047	85.35842133	49.70363617	0	169.229538	0.0906	1.142903	0.9927	1	0.018	0.04
10	9	0.0303	35.94868088	89.43753815	52.49465561	0	177.8808746	0.0957	1.221778	0.99316	1	0.018	0.04
11	10	0.0369	37.74813843	93.45922089	55.35660934	0	186.5639687	0.1007	1.306049	0.99364	1	0.018	0.04
12	11	0.0441	39.81175232	97.89488983	58.64825821	0	196.3549004	0.1057	1.396078	0.99405	1	0.0178	0.0394
13	12	0.0507	41.76404953	101.9930496	61.83361816	0	205.5907173	0.1115	1.49225	0.99442	1	0.0176	0.0388
14	13	0.0593	43.9813118	106.4543686	65.47415161	0	215.909832	0.1169	1.594976	0.99479	1	0.0174	0.0381
15	14	0.0672	46.24341583	110.8355637	69.23091888	0	226.3098984	0.1231	1.704693	0.99512	1	0.0172	0.0374
16	15	0.0755	48.61838913	115.2416306	73.21611023	0	237.0761299	0.1295	1.821864	0.99543	1	0.017	0.0368
17	16	0.0844	51.30181885	120.0089035	77.74499512	0	249.0557175	0.1361	1.946983	0.99573	1	0.0168	0.0362
18	17	0.0926	54.01710129	124.6679459	82.37332916	0	261.0583763	0.1436	2.080574	0.99599	1	0.0166	0.0356
19	18	0.1004	56.7301178	129.4124756	87.10951233	0	273.2521057	0.1512	2.223194	0.99625	1	0.0164	0.0349
20	19	0.1093	59.75626373	134.7710571	92.47838593	0	287.0057068	0.1588	2.375434	0.99649	1	0.0163	0.0344
21	20	0.1176	62.78086853	140.2209473	97.96083832	0	300.9626541	0.1673	2.537919	0.99672	1	0.0161	0.0338
22	21	0.1257	65.68231964	145.5564117	103.3516006	0	314.590332	0.1758	2.711314	0.99693	1	0.0159	0.0333
23	22	0.1342	67.62502289	149.2328949	107.0761337	0	323.9340515	0.1839	2.896324	0.99712	1	0.0158	0.033
24	23	0.1409	70.4044342	154.3124542	112.2381516	0	336.95504	0.1894	3.093693	0.99731	1	0.0158	0.0328
25	24	0.1452	70.47315979	154.4707947	112.3965759	0	337.3405304	0.1971	3.304209	0.99748	1	0.0158	0.0329
26	25	0.1459	72.11927032	157.4367371	115.4148636	0	344.970871	0.1973	3.528706	0.99763	1	0.0157	0.0325
27	26	0.1473	75.20721436	163.1744843	121.2630463	0	359.6447449	0.2019	3.768064	0.99778	1	0.0155	0.0321
28	27	0.1521	78.54233551	169.3807068	127.6051178	0	375.5281601	0.2106	4.023213	0.99793	1	0.0154	0.0316
29	28	0.1565	81.8846817	175.8943634	134.267868	0	392.0469131	0.2199	4.295131	0.99806	1	0.0152	0.0311
30	29	0.164	84.43734741	181.0953979	139.5919495	0	405.1246948	0.2293	4.584849	0.99818	1	0.0151	0.0307
31	30	0.1717	87.52780151	187.3978119	146.0888824	0	421.0144958	0.2364	4.893455	0.9983	1	0.0149	0.0303
32	31	0.18	89.62792969	191.7245789	150.5588684	0	431.911377	0.2451	5.222086	0.9984	1	0.0149	0.0302
33	32	0.1852	91.01531219	194.4884644	153.4307556	0	438.9345322	0.251	5.571939	0.9985	1	0.0149	0.0301
34	33	0.1873	92.21648407	196.888443	155.9267273	0	445.0316544	0.2548	5.944269	0.9986	1	0.0149	0.0301

参数说明：

Day，1 代表 manage_in.xls 文件里面的第一次播种日期，依次；

RDS，作物生长相对发育阶段，0 为播种，1 为成熟；

W_{leaf}、W_{root}、W_{stem}、W_{so} 和 W_{total}，分别是叶、根、茎、籽粒和总干物质重（kg/hm^2）；

LAI，叶面积指数；

xR，根系长度（cm）；

*cf*_water，水分胁迫校准因子；

*cf*_N，氮素胁迫校准因子；

*R*_N，根系干物质氮浓度（0～1）；

*S*_N，地上部干物质氮浓度（0～1）。

2）当作物模块采用 EPIC 时，cropmodel_out.xls 文件总结了作物模型模拟结果，如下图。

	A	B	C	D	E	F	G	H
1	Day	RDS	W_DM(kg/hm^2)	LAI	xR(cm)	cf_water	cf_N	DM_N
2	1	0	300	0	0	1	1	0
3	2	0	300	0	0	1	1	0
4	3	0	300	0	0	1	1	0
5	4	0	300	0	0	1	1	0
6	5	0	300	0	0	1	1	0.041249
7	6	0	300	0	0	1	1	0.041249
8	7	0	333.6026306	0.3	1.036605	0.957836	1	0.037708
9	8	0.01475	375.092041	0.301013	1.074521	0.956224	0.890782	0.034142
10	9	0.030562	400.3224487	0.302526	1.113792	0.955322	0.780328	0.032604
11	10	0.049062	416.4989014	0.304237	1.154464	0.955579	0.733282	0.031891
12	11	0.06575	443.0163879	0.306303	1.196586	0.95641	0.712013	0.030733
13	12	0.08175	453.7750549	0.309235	1.240205	0.95626	0.677175	0.030857
14	13	0.0995	469.0118408	0.312595	1.285372	0.955823	0.683102	0.030691
15	14	0.115688	480.5266724	0.317519	1.33214	0.955211	0.679898	0.030781
16	15	0.134062	510.8181458	0.32243	1.38056	0.95458	0.684841	0.029717
17	16	0.148625	541.5187378	0.327922	1.430689	0.954182	0.653013	0.028742
18	17	0.162	569.7218628	0.335019	1.482583	0.953657	0.623838	0.027945
19	18	0.176625	584.5913086	0.344053	1.536299	0.956605	0.600103	0.027932
20	19	0.192188	610.0702515	0.356311	1.591898	0.955634	0.601777	0.027463
21	20	0.2095	636.112793	0.374283	1.649441	0.954055	0.58881	0.027011
22	21	0.229438	661.3391724	0.398825	1.70899	0.953273	0.57634	0.026589
23	22	0.250688	667.2935181	0.426293	1.77061	0.95638	0.564687	0.026969
24	23	0.2695	680.0420532	0.4589	1.834367	0.95585	0.579093	0.027075
25	24	0.287563	711.4279785	0.500759	1.90033	0.955323	0.584623	0.026502
26	25	0.306063	744.9024658	0.551455	1.968568	0.954647	0.568222	0.025911
27	26	0.324188	779.1101685	0.615883	2.039152	0.949977	0.551135	0.025401
28	27	0.34325	816.3804321	0.676801	2.112156	0.953047	0.536829	0.024925
29	28	0.358562	836.6691284	0.738531	2.187655	0.946084	0.523891	0.025057
30	29	0.372125	868.8388672	0.793736	2.265724	0.946604	0.53129	0.024939
31	30	0.383063	906.1577148	0.852771	2.346443	0.945283	0.530865	0.024665

参数说明：

Day，1 代表 manage_in.xls 文件里面的第一次播种日期，依次；

RDS，作物生长相对发育阶段，0 为播种，1 为成熟；

*W*_DM，作物总干物质重；

LAI，叶面积指数；

xR，根系长度；

*cf*_water，水分胁迫校准因子；

*cf*_N，氮素胁迫校准因子；

*DM*_N，根系干物质氮浓度（0～1）。

3）当作物模块采用蔬菜时，cropmodel_out.xls 文件总结了作物模型模拟结果，如下图。

	A	B	C	D	E	F	G	H
1	Day	RDS	Total Dry Matter(kg/hm^2)	Root depth(cm)	Water stress	N stress	N_DM	Fresh Marketable yield(kg/hm^2)
2	1	0	200	0	1	1	0.113433	836.2070313
3	2	0	200	0	1	1	0.113433	836.2070313
4	3	0	258.427002	2.002745152	0.995844841	1	0.101071	1930.327148
5	4	0.008667	310.3988647	2.723562479	0.996938884	0.887542	0.101395	2760.517578
6	5	0.017333	363.3252563	3.695687056	0.997746825	0.902528	0.103707	3484.087158
7	6	0.026	418.4463806	5	0.998333693	0.938962	0.104913	4163.612305
8	7	0.034667	475.1349792	6.737973213	0.998762727	0.964899	0.106126	4820.486816
9	8	0.043333	533.44	9.032607079	0.999077082	0.991819	0.105471	5472.137207
10	9	0.052	591.992981	12.02571392	0.995750248	0.999135	0.103993	6112.8
11	10	0.060667	646.5830688	15.86880207	0.978037655	0.997305	0.102996	6702.710938
12	11	0.068907	705.4122925	20.70453644	0.999597013	0.999658	0.10174	7333.397949
13	12	0.077573	764.2724609	26.63692284	0.999687374	0.999965	0.100399	7960.996094
14	13	0.08624	822.5313721	33.69232941	0.99025178	0.999072	0.099231	8579.908203
15	14	0.094907	881.3508911	41.78023911	0.998943031	0.999817	0.097972	9203.174805
16	15	0.103573	939.9733887	50.66983795	0.995919108	0.999412	0.096761	9823.199219
17	16	0.11224	998.3132324	60	0.991149664	0.999309	0.095639	10439.3916
18	17	0.120907	1057.210938	69.33016968	0.999879718	0.999994	0.094466	11060.83105
19	18	0.129573	1116.112793	78.21976471	0.999893188	0.999996	0.093312	11681.81641
20	19	0.13824	1175.018311	86.30767822	0.999903679	0.999997	0.092175	12302.45117
21	20	0.146907	1233.92688	93.36307526	0.999910235	0.999997	0.091054	12922.80762
22	21	0.155573	1292.804199	99.29546356	0.999360144	0.999976	0.089952	13542.58789
23	22	0.16424	1351.717163	104.1311951	0.999916494	0.999989	0.088863	14162.53809
24	23	0.172907	1410.572632	107.9742889	0.998954177	0.99994	0.087775	14781.71777
25	24	0.181573	1468.957031	110.967392	0.99118489	0.999681	0.086742	15395.80273
26	25	0.19024	1527.585449	113.2620239	0.995159328	0.999823	0.085694	16012.33789
27	26	0.198907	1585.79187	115	0.988186181	0.999606	0.084689	16624.33789
28	27	0.207573	1644.120972	116.3043137	0.990182459	0.999668	0.083677	17237.54492
29	28	0.21624	1702.130615	117.2764359	0.98495543	0.999447	0.082689	17847.32031
30	29	0.224907	1759.667847	117.9972534	0.977104247	0.999251	0.081723	18452.07031
31	30	0.233573	1816.587524	118.5296936	0.966781199	0.999063	0.080791	19050.27734
32	31	0.24224	1873.306641	118.921875	0.963406384	0.999012	0.07987	19646.33203
33	32	0.250907	1929.689697	119.210144	0.957808256	0.998881	0.07897	20238.8125

参数说明：

Day，1 代表 manage_in.xls 文件里面的第一次播种日期，依次；

RDS，作物生长相对发育阶段，0 为移栽，1 为最后一次收获；

Total Dry Matter，蔬菜的总干物质重（整株作物）；

Root depth，蔬菜根系深度；

Water stress，蔬菜生长的水分胁迫因子；

N stress，蔬菜生长的氮素胁迫因子；

N_DM，蔬菜总干物质的氮浓度（0～1）；

Fresh Marketable yield，蔬菜可售卖的鲜重。

12.4.3 水分平衡输出 waterbal_out.xls

Waterbal_out.xls 文件汇总了土壤-作物系统农田水分平衡各项，如下图。

	A	B	C	D	E	F	G	H	I	J	K	L
1	Day	ET_0(mm)	ET_p (mm)	ET_a (mm)	E_p (mm)	E_a (mm)	T_p (mm)	T_a (mm)	Draining(mm)	IRRI(mm)	PREC(mm)	Runoff(mm)
2	1	2.891081	3.431317	2.708547	2.708547	2.708547	0.72277	0	1.976380348	60.60606	0	0
3	2	5.79549	6.878452	4.219389	5.42958	4.219389	1.448873	0	2.432948351	0	0	0
4	3	5.919204	7.025284	5.644392	5.545483	4.17074	1.479801	1.473652	1.698374748	0	0	0
5	4	5.622832	6.67353	4.306851	5.267822	2.905446	1.405708	1.401405	1.038477719	0	0	0
6	5	3.682339	4.370431	3.312685	3.449847	2.394175	0.920585	0.91851	0.471033156	0	0	0
7	6	4.167963	4.9468	3.977856	3.904809	2.937602	1.041991	1.040254	0.280801058	0	0	0
8	7	6.366722	7.556425	5.36902	5.964745	3.779309	1.59168	1.589711	0.295725167	0	0	0
9	8	1.776216	2.108125	2.107715	1.664071	1.664071	0.444054	0.443644	1.467814744	0	0	0
10	9	2.302219	2.732418	2.729972	2.156864	2.156864	0.575555	0.573109	0	0	0	0
11	10	1.435984	1.704317	1.696432	1.34532	1.34532	0.358996	0.351112	0	0	0	0
12	11	1.473998	1.749434	1.749285	1.380934	1.380934	0.3685	0.368351	0.64034909	0	0	0
13	12	3.120794	3.703954	3.454911	2.923756	2.674957	0.780198	0.779954	0	0	0	0
14	13	1.602708	1.902194	1.898288	1.501517	1.501517	0.400677	0.396771	0	0	0	0
15	14	1.93565	2.297351	2.29684	1.813439	1.813439	0.483912	0.483401	0.59368968	0	0	0
16	15	5.264091	6.247755	4.746566	4.931732	3.435914	1.316023	1.310652	0	0	0	0
17	16	3.586009	4.256101	3.606927	3.359599	2.718359	0.896502	0.888568	0	0	0	0
18	17	3.119248	3.702119	3.702026	2.922307	2.922308	0.779812	0.779718	0.584096909	32.46753	0	0
19	18	5.580515	6.623306	5.286185	5.228178	3.891205	1.395129	1.39498	0	0	0	0
20	19	3.184008	3.778981	3.652541	2.982979	2.856616	0.796002	0.795925	0	0	0	0
21	20	3.489383	4.141419	3.78936	3.269073	2.917093	0.872346	0.872267	0	0	0	0
22	21	2.423568	2.876442	2.876055	2.27055	2.27055	0.605892	0.605504	0	0	0	0
23	22	3.846751	4.565566	3.988963	3.603878	3.027356	0.961688	0.961607	0	0	0	0
24	23	3.375319	4.006041	3.566812	3.162211	2.723865	0.84383	0.842947	0.074593425	0	0	0
25	24	1.212323	1.438861	1.436189	1.13578	1.13578	0.303081	0.300409	0	0	0	0
26	25	1.43881	1.70767	1.705929	1.347968	1.347968	0.359703	0.357961	0.757226348	0	0	0
27	26	1.078586	1.280349	1.277017	0.998311	0.998311	0.282038	0.278706	0	0	0	0
28	27	2.285762	2.714151	2.587006	2.085673	1.964698	0.628478	0.622308	0.740229636	0	0	0
29	28	7.049692	8.374367	5.85035	6.338728	3.845336	2.035639	2.005014	0	0	0	0
30	29	5.732716	6.81352	4.964582	5.077104	3.267922	1.736417	1.69666	0	0	0	0
31	30	2.290127	2.723652	2.688448	1.996825	1.985765	0.726828	0.702683	0	0	0	0

参数说明：

Day，同上；

ET_0，参考作物蒸散量（mm）；

ET_p，作物潜在蒸散量（mm）；

ET_a，作物实际蒸散量（mm）；

E_p 和 E_a，分别为潜在和实际土面蒸发量（mm）；

T_p 和 T_a，分别为潜在和实际作物蒸腾量（mm）；

Drainage，水分渗漏量（mm）；

IRRI，灌溉量（mm）；

PREC，降雨量（mm）；

Runoff，径流量（mm）。

12.4.4　氮平衡输出 Nbal_out.xls

Nbal_out.xls 文件汇总了土壤-作物系统农田氮素平衡各项，如下图。

	A	B	C	D	E	F	G	H
1	Day	Upt_N(kg N/hm^2)	leak_NO3(kg N/hm^2)	leak_NH4(kg N/hm^2)	N-Gas(kg N/hm^2)	N-Nitr(kg N/hm^2)	N-Vola(kg N/hm^2)	N-mine(kg N/hm^2)
2	1	0	0.767626962	2.46614E-14	0.348264337	181.8770752	59.74114609	-1.244835019
3	2	0	0.995651045	2.54489E-12	0.352959335	127.6671677	35.32142639	-1.515232444
4	3	0	1.024079707	1.94294E-11	0.284485847	61.8579483	11.80569267	-1.383508801
5	4	3.432791948	0.748152756	6.40625E-11	0.238497496	16.29925346	3.020058594	-1.299296379
6	5	5.353396893	0.386288881	8.25602E-11	0.222416669	4.170166969	0.824365318	-1.331390262
7	6	6.206447124	0.252300393	1.21037E-10	0.152951047	1.02694726	0.186799884	-0.966808081
8	7	6.221345425	0.289203963	3.32119E-10	0.086569227	0.423624843	0.037221313	-0.602906048
9	8	6.523489475	1.550953065	3.20573E-09	0.051897515	0.25350225	0.000358291	-0.421978414
10	9	5.838339329	0	0	0.037563171	0.2804268	6.56184E-17	-0.355044276
11	10	5.300843716	0	0	0.028592346	0.334802568	1.47689E-12	-0.306774139
12	11	5.032089233	0.814318995	7.21367E-09	0.029380646	0.332181036	1.68302E-17	-0.282288969
13	12	5.173226833	0	0	0.027001258	0.274347186	3.31305E-19	-0.26978308
14	13	4.963754654	0	0	0.021184053	0.293582439	1.63084E-14	-0.250623167
15	14	4.888156891	0.862747146	2.34276E-08	0.021988239	0.268252075	5.57504E-18	-0.247361407
16	15	4.727162361	0	0	0.022220014	0.237787932	1.14739E-18	-0.269899905
17	16	4.605430126	0	0	0.019545805	0.226745605	1.30806E-18	-0.259435922
18	17	4.52414608	0.914409038	5.78798E-08	0.145594522	0.155008733	3.63697E-16	-0.842266023
19	18	4.393693447	0	0	0.04371386	0.050286874	1.82934E-23	-0.31374374
20	19	4.275737762	0	0	0.035725556	0.025097528	3.23369E-23	-0.293401301
21	20	4.160595417	0	0	0.044992108	0.012889145	3.02033E-23	-0.414714277
22	21	4.046162605	0	0	0.032701667	0.008602438	9.76408E-20	-0.350924075
23	22	3.937298059	0	0	0.02922909	0.005109659	2.29256E-21	-0.319341183
24	23	3.826310158	0.128957431	8.4865E-08	0.024884451	0.002649694	7.46167E-22	-0.292663455
25	24	3.696166039	0	0	0.01893292	0.001526711	4.02683E-17	-0.262382805
26	25	3.606556416	1.36411613	1.57675E-06	0.018964281	0.000864068	7.0164E-21	-0.247662976
27	26	3.484991074	0	0	0.01563655	0.00044948	7.57682E-18	-0.230561495
28	27	3.394379854	1.381644526	2.16166E-06	0.016918862	0.000253054	7.53838E-21	-0.24489449
29	28	3.276820421	0	0	0.018717321	0.000125745	6.08068E-22	-0.299323559
30	29	3.170763493	0	0	0.015813861	6.71768E-05	2.65535E-22	-0.282366693
31	30	3.058249235	0	0	0.012361191	3.51954E-05	2.52709E-21	-0.248938113

参数说明：

Day，同上；

Upt_N，作物吸氮量（kg N/hm^2）；

Leak_NO$_3$，硝态氮淋失量（kg N/hm^2）；

Leak_NH$_4$，铵态氮淋失量（kg N/hm^2）；

N-Gas，反硝化量（kg N/hm^2）；

N-Nitr，硝化量（kg N/hm^2）；

N-Vola，氨挥发量（kg N/hm^2）；

N-min，氮净矿化量（kg N/hm^2）。

12.4.5 有机质输出 organic_out.xls

Organic_out.xls 文件汇总了土壤各个有机质库的动态变化及 CO_2 的排放量，如下图。

	A	B	C	D	E	F	G	H
1	Day	AOM1(kg C/hm²)	AOM2(kg C/hm²)	SMB1(kg C/hm²)	SMB2(kg C/hm²)	SOM1(kg C/hm²)	SOM2(kg C/hm²)	CO2(kg C/hm²)
2	1	0	0	177.9112091	169.6605988	13233.14844	4410.82959	5.52177763
3	2	0	0	177.9867401	159.7056427	13233.10938	4410.388184	6.736646175
4	3	0	0	178.0522614	150.6808319	13233.07227	4409.876953	6.169462681
5	4	0	0	178.1141357	142.266449	13233.03418	4409.289551	5.811372757
6	5	0	0	178.1926575	133.7092743	13232.99512	4408.546387	5.973608971
7	6	0	0	177.9694214	127.5374832	13232.97363	4408.424805	4.347853661
8	7	0	0	177.931778	123.7165756	13232.95508	4408.121094	2.719975948
9	8	0	0	177.9550018	121.0565872	13232.94141	4407.796875	1.908250332
10	9	0	0	177.9677582	118.8258286	13232.92969	4407.523438	1.607498527
11	10	0	0	177.9922638	116.9042816	13232.91797	4407.25293	1.390782237
12	11	0	0	177.9946899	115.1401215	13232.9082	4407.032227	1.280584335
13	12	0	0	177.9966888	113.4579697	13232.89941	4406.814941	1.225119829
14	13	0	0	177.9953003	111.8988953	13232.8916	4406.612793	1.139049649
15	14	0	0	177.995636	110.3636093	13232.88086	4406.404297	1.125231028
16	15	0	0	177.999939	108.6924286	13232.87207	4406.163086	1.22887969
17	16	0	0	178.0037384	107.0899506	13232.8623	4405.924316	1.182480693
18	17	0	0	178.0351105	101.9012375	13232.83105	4405.091797	3.843086243
19	18	0	0	178.0470734	99.98503113	13232.81934	4404.751465	1.436289072
20	19	0	0	178.0571594	98.19911194	13232.80859	4404.425293	1.344839215
21	20	0	0	178.0982513	95.68453217	13232.79102	4403.899414	1.903895378
22	21	0	0	178.1255035	93.56652832	13232.77539	4403.450684	1.613853931
23	22	0	0	178.1463623	91.64712524	13232.76172	4403.035156	1.470839739
24	23	0	0	178.1630249	89.8948822	13232.72	4402.646973	1.349915028
25	24	0	0	178.1719513	88.32952118	13232.73926	4402.299805	1.211712718
26	25	0	0	178.1807861	86.85705566	13232.72754	4401.961914	1.145245671
27	26	0	0	178.1851807	85.49062347	13232.71777	4401.646484	1.067355275
28	27	0	0	178.1950073	84.04423523	13232.70703	4401.293945	1.135210872
29	28	0	0	178.2199097	82.28367615	13232.69336	4400.827637	1.389674783
30	29	0	0	178.2425537	80.63026428	13232.67969	4400.376465	1.312996268

参数说明：

Day，同上；

AOM1 和 AOM2，分别是添加有机质慢库和快库的碳含量动态（kg C/hm²）；

SMB1 和 SMB2，分别是微生物有机质慢库和快库的碳含量动态（kg C/hm²）；

SOM1 和 SOM2，分别是土壤有机质慢库和快库的碳含量动态（kg C/hm²）；

CO_2，二氧化碳的排放量（kg C/hm²）。